D0901263

Calentamiento Global Imparable

cada 1.500 años

S. Fred Singer y Dennis T. Avery

Traducción del inglés por
JORGE AMADOR BARDELÁS

ROWMAN & LITTLEFIELD PUBLISHERS, INC.
Lanham • Boulder • New York • Toronto • Plymouth, UK

ROWMAN & LITTLEFIELD PUBLISHERS, INC.

Editado en los Estados Unidos de América
por Rowman & Laittlefield Publishers, Inc.
Subsidiaria en propiedad absoluta de, The Rowman & Littlefield Publishing Group, Inc.
4501 Forbes Boulevard, Suite 200, Lanham, Maryland 20706
www.rowmanlittlefield.com

Estover Road
Plymouth PL6 7PY
Reino Unido

© S. Fred Singer y Dennis T. Avery, 2007
Edición actualizada y ampliada © S. Fred Singer y Dennis T. Avery, 2008
Edición en español © S. Fred Singer y Dennis T. Avery, 2009

Reservados todos los derechos. Ninguna parte de este libro puede ser reproducida, almacenada
en un sistema de informática o transmitida de ninguna forma ni por ningún medio, sea éste
electrónico, mecánico, fotocopia, grabación o cualquier otro, sin previo permiso de la Editorial.

British Library Cataloguing in Publication Information Available

Library of Congress Cataloging-in-Publication Data
Singer, S. Fred (Siegfried Fred), 1924-
Unstoppable global warming : every 1,500 years / S. Fred Singer and Dennis T. Avery.
p. cm.
ISBN-13: 978-0-7425-9972-7 (pbk. : alk. paper)
ISBN-10: 0-7425-9972-8 (pbk. : alk. paper)
ISBN-13: 978-0-7425-9973-4 (e-book)
ISBN-10: 0-7425-9973-6 (e-book)
1. Global warming. 2. Global temperature changes. 3. Greenhouse effect, Atmospheric. I.
Avery, Dennis T. II. Title.
QC981.8.G56S553 2006
551.6-dc22 2006009308

Descuentos para las compras al mayoreo, comunicarse con
Sales Department
Rowman & Littlefield Publishing Group
15200 NBN Way, Bldg. C, Blue Ridge Summit, PA 17214
Tel: (717) 794-3800; Fax: (717) 794-3857
email: rlpgsales@rowman.com

Impreso en los Estados Unidos de América - Printed in the United States of America

™El papel utilizado para producir este libro cumple con los requisitos mínimos del American
National Standard for Information Sciences-Permanence of Paper for Printed Library Materials
(Norma Nacional Americana para la Informática, Permanencia del Papel para los Materiales
Impresos de Biblioteca), ANSI/NISO Z39.48-1992.

ROWMAN & LITTLEFIELD PUBLISHERS, INC.

Published in the United States of America
by Rowman & Littlefield Publishers, Inc.
A wholly owned subsidary of The Rowman & Littlefield Publishing Group, Inc.
4501 Forbes Boulevard, Suite 200, Lanham, Maryland 20706
www.rowmanlittlefield.com

Estover Road
Plymouth PL6 7PY
United Kingdom

Copyright ©2007 by S. Fred Singer and Dennis T. Avery
Updated and expanded edition © 2008 by S. Fred Singer and Dennis T. Avery.
Spanish-language edition © 2009 by S. Fred Singer and Dennis T. Avery

All rights reserved. No part of this publication may be reproduced, stored
in a retrieval system, or transmitted in any form or by any means, electronic,
mechanical, photocopying, recording, or otherwise, without the prior permission
of the publisher.

British Library Cataloguing in Publication Information Available

Library of Congress Cataloging-in-Publication Data
Singer, S. Fred (Siegfried Fred), 1924-
  Unstoppable global warming : every 1,500 years / S. Fred Singer and Dennis T. Avery.
    p. cm.
  Includes bibliographical references and index.
  ISBN-13: 978-0-7425-9972-7 (pbk. : alk. paper)
  ISBN-10: 0-7425-9972-8 (pbk. : alk. paper)
  ISBN-13: 978-0-7425-9973-4 (e-book)
  ISBN-10: 0-7425-9973-6 (e-book)
  1. Global warming. 2. Global temperature changes. 3. Greenhouse effect, Atmospheric. I.
Avery, Dennis T. II. Title.
QC981.8.G56S553 2006
551.6-dc22 2006009308

For bulk order discounting, contact
Sales Department
Rowman & Littlefield Publishing Group
15200 NBN Way, Bldg. C, Blue Ridge Summit, PA 17214
Tel: (717) 794-3800; Fax: (717) 794-3857
email: rlpgsales@rowman.com

Printed in the United States of America

™The paper used in this publication meets the minimum requirements of American National
Standard for Information Sciences-Permanence of Paper for Printed Library Materials,
ANSI/NISO Z39.48-1992.

DEDICATORIA

Esta obra la dedicamos a los miles de científicos que altamente capacitados, han documentado las pruebas físicas de la existencia del ciclo climático de 1.500 años alrededor del mundo. Cientos de sus estudios apoyan la realidad de la existencia de este ciclo. Han viajado, literalmente, hasta el fin del mundo, a menudo en condiciones difíciles, escalando altas montañas y enormes glaciares, surcando mares frígidos, sentados en sus estrechas cabinas en aviones de larga distancia, cavando esmeradamente en lugares remotos en búsqueda de polen y de artefactos humanos: todo con el fin de ayudarnos a comprender los cambios en el clima de nuestra Tierra. Lo han hecho casi sin ningún apoyo por parte de la prensa o del público. Con demasiada frecuencia han tenido que laborar frente a la hostilidad de sus colegas dentro de la comunidad del modelado climático, los que propugnan el falso "consenso" del calentamiento global antropogénico. Los felicitamos y les agradecemos las labores que han realizado.

En 1996 los tres científicos que estuvieron a la cabeza del descubrimiento del ciclo de 1.500 años, es decir, el danés Willi Dansgaard, el suizo Hans Oeschger y el francés Claude Lorius, ganaron el Premio Tyler (el "Nobel del medio ambiente"). Sin embargo, las citaciones del premio no mencionan ni el ciclo climático que ellos descubrieron ni la facultad que éste tiene para pronosticar los cambios moderados en el clima. El público permanece prácticamente ignorante de que el ciclo de 1.500 años ofrece la única explicación del calentamiento moderado que la evidencia física apoya.

Preámbulo

A medida que estaba en preparación esta nueva edición de, *Calentamiento Global Imparable cada 1.500 años* (en septiembre de 2007), se publicaron nuevas investigaciones respecto al cambio climático que hicieron aun más irresistible la tesis de los autores, de que el calentamiento moderno es un fenómeno moderado y no causado por el hombre.

En primer lugar, la NASA reconoció haber exagerado, por accidente, el registro oficial de las temperaturas de la superficie en Estados Unidos a partir del año 2000. Ahora los datos revisados muestran que el año más caliente ha sido el 1934, seguido de los años 1998, 1921, 2006, 1931, 1999 y 1953. Entre los diez años más calientes de que se disponen datos, ahora resulta que cuatro datan de la década de los 30, antes de que las emisiones humanas pudieran haberlos causado, mientras que sólo tres (el 1998, el 2006 y el 1999) son de los últimos diez años.

El hecho de que no haya habido ninguna tendencia al calentamiento en EE.UU. desde los años 30, pone seriamente en duda las afirmaciones de que los efectos del calentamiento global ya vienen sintiéndose en EE.UU.

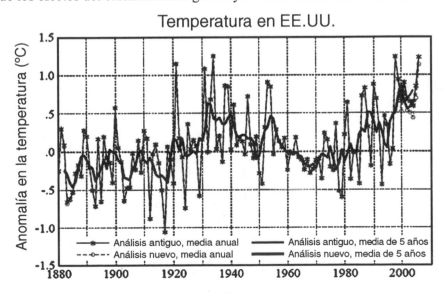

Además han surgido nuevos datos que aumentan las dudas acerca de la veracidad de los registros de la temperatura de la superficie, no solamente en EE.UU. sino alrededor del mundo. El meteorólogo Anthony Watts ha lanzado un proyecto con el propósito de fotografiar 1.221 estaciones de vigilancia de las temperaturas de la superficie en Estados Unidos, para ver si los cambios en el empleo de los terrenos pudieran haber contaminado los registros. Las imágenes de las estaciones que han podido fotografiar hasta la fecha (www.surfacestations.org), muestran numerosos casos en los que las estaciones parecen reportar un calentamiento causado bien por edificios y estacionamientos o bien por actividades que engendran calor.

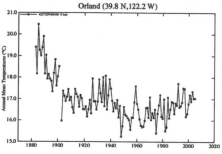

Orland (39.8 N,122.2 W)

Por ejemplo, la estación de temperaturas en Orland, en el estado de California, ha permanecido en el mismo sitio durante más de un siglo y no muestra indicio alguno de haber sido afectada por el desarrollo cercano. Esta estación muestra un descenso en las temperaturas entre el 1880 y el 2007.

Por contraste, la vecina estación de temperaturas en Marysville, California, ha quedado rodeada de construcción en la forma de un camino de asfalto, la base de una torre celular grande y unidades de acondicionamiento de aire en los edificios vecinos. Esta estación muestra una tendencia al calentamiento.

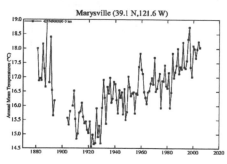

Marysville (39.1 N,121.6 W)

A medida que el equipo de Watts halla más estaciones como la de Marysville, se pone de manifiesto que el registro de temperaturas en EE.UU. muestra un grado mayor de calentamiento que el que realmente ha ocurrido. Hay que preguntarse, ¿cuál parte de la tendencia más reciente al calentamiento representa algo real, y cuál es resultado de las mediciones erróneas?

También en agosto, una investigación de Roy Spencer, científico investigador principal en el Centro de Ciencias del Sistema Terrestre de la Universidad de Alabama en Huntsville, y publicada con coautores en la edición en línea de la revista *Geophysical Research Letters*, de la Unión Geofísica Americana, volvió a confirmar la existencia de la válvula tropical del calor climático, del que tratamos en el Capítulo 5 y en otras secciones. Este "termostato natural," que los modelos del clima global no tienen en cuenta, pudiera por sí solo neutralizar gran parte del alarmismo sobre el calentamiento global.

Está claro que la ciencia ha vuelto la espalda a las teorías dudosas y a los pronósticos de catástrofes climáticas. Los autores de, *Calentamiento Global Imparable cada 1.500 años*, han quedado vindicados. Asimismo, queda por verse si los dirigentes del mundo llegarán a tomar nota de ello y a detener su estampida hacia la implantación de leyes costosas y perjudiciales para rectificar un problema que no existe.

Joseph L. Bast
Redactor
20 de septiembre de 2007

Prefacio

Tenemos el gusto de presentar esta edición, revisada y actualizada, de *Calentamiento Global Imparable cada 1.500 años*. Al salir la primera edición en el 2007, teníamos pocas esperanzas de que este libro fuera a convertirse en un artículo "caliente." Después de todo, las obras de índole académica rara vez venden más de 1000 copias antes de agotarse. Para nosotros ha sido una grata sorpresa el que *Imparable* se haya incorporado a la lista de éxitos del *New York Times*, permaneciendo en la misma durante varios meses.

Pese a haber sido preparada con el lector no profesional en mente, esta obra trata de un tema complejo: las pruebas de la existencia de un ciclo persistente de calentamiento global, que ha dominado las temperaturas en la Tierra durante los últimos 10.000 años y que además se extiende a través de varias edades de hielo y de períodos interglaciales cálidos durante un plazo de al menos un millón de años. La evidencia muestra que este ciclo es el responsable de la mayor parte del calentamiento visto en la Tierra desde el año 1850.

La popularidad de la primera edición se debió en parte a la especulación por parte del público en torno al tema del calentamiento global. Actualmente se desempeña una campaña de relaciones públicas de enormes proporciones, con el objeto de convencernos de que el calentamiento global no solamente es creación del hombre, sino que también constituye una crisis. El ex-vicepresidente de Estados Unidos, Al Gore, ha surgido como estrella en esta campaña, y tanto las organizaciones ambientalistas como los organismos estatales y hasta la prensa no han escatimado gastos en difundir su espantoso mensaje.

La evidencia de la historia, sin embargo, nos muestra dos períodos semejantes de calentamiento en el pasado reciente: el Calentamiento Medieval (950-1300 a. C.) y el Calentamiento Romano (200 a. C. – 600 d. C.). Los núcleos de hielo excavados en Groenlandia y en la Antártida indican que ha habido 600 de estos ciclos durante el último millón de años, todos ellos de nivel moderado.

La evidencia de que nuestro calentamiento es natural, se halla en los más de cien artículos citados en esta obra, los que han sido revisados inter pares y editados en revistas para profesionales, con cientos de coautores. Podríamos haber incluido, al menos, el doble de artículos revisados inter pares, pero ello se hubiera convertido en un ejercicio repetitivo.

Esta nueva edición de *Imparable*, es sólo un poco más larga que la original pero varía marcadamente en la manera de organizar el texto. En vez de repartir los capítulos que tratan de los "temores infundados" entre los capítulos más densos, hemos reordenado el libro con más lógica: Ahora toda la evidencia y los comentarios sobre el ciclo de 1.500 años, se dan en la Parte Uno. Los defectos de la teoría del efecto invernadero y de los modelos del clima global se presentan en la Parte Dos. Los temores infundados se tratan en la Parte Tres, mientras que los enormes costos y la inutilidad del Protocolo de Kioto son el tema de la Parte Cuatro.

La segunda edición inglesa se ha beneficiado del minucioso trabajo de redacción y de revisión del texto la talentosa y bien informada pareja de Joseph y Diane Bast, que constituyen la raíz y el tronco del árbol del Heartland Institute, una organización sin fines de lucro basada en Chicago. No existe un autor que haya gozado de mejor apoyo que el que ellos nos han proporcionado.

En nuestro criterio, esta edición mejorada de, *Calentamiento Global Imparable cada 1.500 años*, representa una contribución importante a la discusión internacional relativa al cambio climático. Consideramos que es imposible el leer esta obra y todavía seguir creyendo que "la discusión está terminada" o que existe un "consenso entre los científicos" de que el calentamiento global constituye un fenómeno desastroso o de que es uno causado por el hombre. Persistimos en creer que, a la larga, la verdad siempre gana y que la persona promedio es plenamente capaz de distinguir entre la verdad y la propaganda.

Después de haber terminado de escribir el libro, se publicaron datos nuevos e importantes respecto al tema central: *El origen del calentamiento actual, ¿es natural o es antropogénico*, o sea causado por la emisión de gases de invernadero proveniente de la actividad humana? El cuarto y último informe (2007) del Panel Intergubernamental del Cambio Climático, patrocinado por las Naciones Unidas, propugna una casi certidumbre de que la causa es de origen humano. Pero otro informe, éste del Programa de las Ciencias del Cambio Climático de EE.UU., editado en abril del 2006[*], presenta claras pruebas al contrario. En particular, las mejores observaciones disponibles muestran un patrón de calentamiento global (tanto en latitud como

---

[*] Véase la Carta al redactor, escrita por S. Fred Singer, en *Geotimes*, septiembre de 2006.

en longitud) que difiere dramáticamente del patrón calculado por los modelos de invernadero más modernos. En otras palabras, *las "huellas digitales" que la teoría señala no corresponden a las que se observan en la realidad.* Por lo tanto podemos declarar con confianza, que el tamaño de la contribución humana al calentamiento actual es insignificante y excedido por la variabilidad natural del clima. El PINCC (Panel Internacional No Gubernamental del Cambio Climático) presenta evidencias completas en contra de la tesis que propone la existencia de alguna contribución de importancia, por parte del hombre, al calentamiento global. Su informe, "Es la Naturaleza y no el hombre el que gobierna el clima," ha sido editado por The Heartland Institute (Chicago, Illinois) y está disponible en línea de, http://www.sepp.org/publications/NIPCC_final.pdf.

Tenemos el orgullo de expresarnos en un momento en el cual la verdad parece ser escasamente estimada. Esperamos que otros científicos y economistas decidan expresarse igualmente sobre una de las polémicas públicas de mayor importancia para nuestros tiempos.

S. Fred Singer, Ph.D.   1° de enero de 2009
Dennis T. Avery

Índice

Parte Tres: Temores infundados acerca del calentamiento global

Parte Cuatro: Cómo responder al calentamiento global

Figuras

Breve resumen del clima terrestre a través del tiempo

La historia del clima de la Tierra es la de un proceso de cambio constante. Durante al menos el último millón de años, se ha sobreimpuesto un ciclo moderado de calor y de frío, de 1.500 años de duración, sobre los plazos más largos y más fuertes de las edades de hielo y de los períodos interglaciales cálidos. En el Atlántico Norte, durante los llamados "ciclos Dansgaard-Oeschger," la temperatura varía en unos 4° C desde el máximo hasta el mínimo. Los cambios a menudo han sido bien súbitos.

EL CICLO CLIMÁTICO DE 1.500 AÑOS EN GROENLANDIA

Cuando Erik el Rojo llevó a un grupo de familias nórdicas para asentarse en Groenlandia a fines del siglo X, no tenía la más mínima idea de que él y sus descendientes iban a demostrar en forma dramática el ciclo largo y moderado del clima en la Tierra.

Partiendo de Islandia rumbo al oeste hacia el año 985, los vikingos se alegraron de hallar una isla enorme y deshabitada, con la costa vestida de pasto verde para el ganado y las ovejas, rodeada de mares sin hielo donde abundaban el bacalao y las focas. Pudieron cultivar verduras para sus familias y heno para alimentar los animales durante el invierno. No había madera pero sí podían enviar a otros puertos escandinavos cargas de pescado, pieles de foca y cuerda fuerte hecha de cuero de morsa para cambiarlas por lo que necesitaban. La colonia prosperó y llegó a consistir, hacia el año 1100, de unas tres mil almas, con doce iglesias y su propio obispo. El poblado inicial se dividió en dos, uno en la costa suroeste y el otro más hacia el norte, también sobre la costa oeste.

Los vikingos no supieron que se habían beneficiado del Calentamiento

Medieval, un cambio importante en el clima que duró unos cuatro siglos y que dejó a la Europa septentrional unos 2° C más cálida de lo que había sido anteriormente. Ni tampoco diéronse cuenta de que, al terminar el calentamiento, sus lozanos terrenos estaban condenados a sufrir quinientos años de frío (la Pequeña Edad de Hielo) sin la modulación de la Corriente del Golfo que calentó las poblaciones nórdicas en Noruega e Islandia.

Según avanzaba la Pequeña Edad de Hielo, los colonos tenían mayores dificultades para subsistir. Los bancos de hielo se acercaron a Groenlandia. Las naves de abastecimiento tuvieron que adoptar rutas más meridionales a fin de evitar las peligrosas banquisas. Durante los veranos que se hacían progresivamente más cortos y más fríos, pudieron cosechar cantidades cada vez menores de heno para alimentar el ganado durante los inviernos, los que a su vez se volvían más largos y más frígidos. Las tormentas se hicieron más recias.

Hacia el 1350 los glaciares ya habían aplastado el poblado groenlandés del norte. El último barco de abastecimiento alcanzó los poblados del sur en el 1410, después de lo cual éstos quedaron aislados. Hubo pugnas con cazadores inuitas, los que el hielo creciente había impulsado hacia el sur, poniéndolos en competencia por las focas con los noruegos. El bacalao siguió las aguas cálidas hacia el sur, lejos de las colonias. Los restos de esqueletos en los cementerios de estos poblados tienen estaturas más cortas, indicio de mala alimentación.

No se sabe si los últimos colonizadores murieron bajo las lanzas de los inuitas o si murieron de frío o de hambre, ni tampoco cuándo exactamente desaparecieron. Lo que sí se sabe es que habían consumido las últimas vacas lecheras, acto de desesperación para los granjeros. Las mediciones de los cambios en los isótopos de oxígeno en el esmalte dental de los esqueletos nórdicos groenlandeses, señalan un descenso de 1,5° C en la temperatura promedio entre los años 1100 y 1400.

Dinamarca no volvería a colonizar Groenlandia hasta el 1721, cuando la Pequeña Edad de Hielo ya venía amainando en la gran isla. Hoy día, a 150 años del Calentamiento Moderno, Groenlandia goza de 50.000 seres humanos y de 20.000 ovejas. La mayor parte de los pobladores se ganan la vida mediante la pesca de camarones y del pescado, aunque también hay una temporada de verano corta para los turistas aventureros. Las ruinas de la catedral noruega y el palacio del obispo han sido restaurados en parte, como bello monumento a la época vikinga de Groenlandia.

Mientras dure el Calentamiento Moderno, Groenlandia probablemente se convertirá en una atracción turística aun más popular por varios cientos de años más. Sin embargo tanto los núcleos de hielo como los sedimentos en el fondo del mar nos cuentan de la existencia de seiscientos ciclos climáticos naturales de 1.500 años, durante el último millón de años. Tarde o temprano el ciclo cambiará nuevamente de signo y Groenlandia volverá a quedar sumida en el hielo y en las dificultades con éste relacionadas.

Probablemente la única diferencia de importancia entre la Pequeña Edad de Hielo del siglo XV y la próxima, será la tecnología humana de la que dispondremos para hacerle frente. Los groenlandeses del siglo XXV tendrán mejores métodos de aislamiento y botes de pesca más grandes y más resistentes que sus antecesores, además de comunicaciones por satélite y poderosos buques de abastecimiento que podrán romper los hielos.

EL CLIMA DE LA TIERRA A TRAVÉS DEL TIEMPO

Esta obra hace referencia a la temperatura y al clima de muchas épocas distintas. Para ayudar al lector a orientarse por ellas, presentamos el resumen siguiente del clima terrestre a través del tiempo.

Historia antigua del clima

Hace
4,5 mil millones de años: Creación de la Tierra.
3,8 mil millones de años: Creación de los organismos unicelulares.
1,9 mil millones de años: La atmósfera rica en contenido de oxígeno reemplaza la anterior, dominada por el nitrógeno.
540 millones de años: Aparentemente la Tierra cambió de ser una "bola de hielo" a un mundo cálido y húmedo. Los microbios simples en los océanos se transforman en miles de especies nuevas y comienzan el proceso de evolución hacia las formas de vida de la actualidad.
de 350 millones a 250 millones de años: Los mantos de hielo aparecen en las latitudes más altas. Existe una sola gran masa continental, Gondwana, en el Hemisferio Austral.
300 millones de años: La Tierra es un planeta todo cálido y húmedo, con la superficie de tierra dominada por los pantanos y las selvas tropicales.
250 millones de años: El Período Pérmico es tan caliente y tan seco que se forman enormes depósitos de sal a consecuencia de la evaporación de los océanos.
100 millones de años: La Edad de los Dinosaurios. La Tierra sigue siendo cálida, vuelve a ser húmeda, y el clima es globalmente uniforme. Los continentes van separándose lentamente mediante el proceso de las placas tectónicas.
60 millones de años: El mundo se encuentra en condición de "invernadero," sin que haya circulación de los océanos ni regiones polares.

30 millones de años: La Antártida se separa de Suramérica, dando lugar al
    Océano Antártico. Poco después los glaciares comienzan a crecer en el
    continente antártico.

5 millones de años: El clima moderno empieza a desarrollarse a medida que la
    separación de los continentes produce el gran transportador de las
    temperaturas oceánicas en el Atlántico Norte. El enfriamiento del
    Hemisferio Norte conduce a la formación de una cantidad mayor de
    glaciares y de mantos de hielo.

2 millones de años: Los ciclos en la relación de la Tierra con el Sol producen
    períodos alternantes de edades de hielo (que duran de 90.000 a 100.000
    años) con "interglaciales" (que duran de 10.000 a 20.000 años). El
    período glacial comienza lentamente pero termina abruptamente en el
    momento de transición al período cálido. La temperatura global promedio
    cambia de 5° a 7 ° C cuando la transición, pero en las latitudes más altas
    puede aumentar hasta 10° ó 15° C en espacio de menos de setenta y cinco
    años.[1]

Figura P.1: 219.000 años de variaciones en las temperaturas

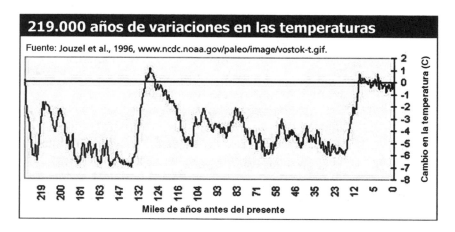

de 130.000 a 110.000 años: Período interglacial Eemiense, cálido. (Véase la
    Figura P.1.)

110.000 años: Cambio bastante repentino a condiciones glaciales mucho más
    frías que en el presente, en espacio de acaso unos cuatrocientos años o aun
    menos. Los bosques septentrionales retroceden hacia el sur y los mantos

---

[1] Mikkelsen, N. y A. Kuijpers, *The Climate System and Climate Variations*, "Las
variaciones climáticas naturales desde un punto de vista geológico," Encuesta
Geológica de Dinamarca y de Groenlandia, 2001.

de hielo comienzan a cubrir grandes partes del Hemisferio Norte. Los árboles ceden a las hierbas y luego al desierto, según cantidades mayores de agua quedan congeladas en los mantos de hielo en vez de caer sobre la vegetación en forma de lluvia.

de 60.000 a 55.000 años: Fase intermedia, con descongelación parcial de los glaciares.

de 21.000 a 17.000 años: La última Edad de Hielo alcanza su nivel más frío. Grandes extensiones de la superficie terrestre se convierten en zonas desérticas o semiáridas. Los niveles marinos son inferiores a los actuales en razón de unos cuatrocientos pies.

14.000 años: Calentamiento súbito que aumenta las temperaturas en la Tierra a los niveles actuales, aproximadamente. Los bosques comienzan a expandirse y los mantos de hielo a retroceder. El nivel del mar empieza a subir.

12.500 años: El Período Joven Dryas. Después de apenas unos 1.500 años de proceso de recuperación de la Edad de Hielo, la Tierra vuelve de repente a caer en una nueva edad de hielo de duración breve. Este enfriamiento dramático parece haberse producido en el espacio de cien años o menos. Siguen unos mil años más de hielo, antes de volver de modo igualmente repentino al calentamiento climático.

11.500 años: El período interglacial actual, el Holoceno. El clima se calienta desde el nivel de las edades de hielo, hasta alcanzar casi los niveles actuales de temperatura mundial en menos de cien años. La mitad del calentamiento puede haberse producido dentro de un plazo de quince años. Los mantos de hielo se descongelan, el nivel del mar vuelve a subir y los bosques vuelven a crecer. Los árboles desplazan las hierbas y las hierbas desplazan los desiertos.

de 9.000 a 5.000 años: El Óptimo Climático, más caluroso y lluvioso que el clima terrestre actual. Los desiertos de Arabia y del Sahara se vuelven más lluviosos y pueden sostener las prácticas de caza, de pastoría y cierto grado de agricultura. El clima puede haberse visto "puntuado" por una fase fría y seca hace 8.200 años, con el África más seca que antes.

2.600 años: Evento de enfriamiento con condiciones relativamente húmedas en muchas partes del mundo.

Historia moderna del clima

Desde el año
600 hasta el 200 a. C.: Período frío, sin nombre, anterior al Calentamiento Romano.

Figura P.2: Los últimos 1.000 años de temperaturas en la Tierra, derivadas de los anillos de crecimiento de loa árboles, de los núcleos de hielo y de las mediciones con termómetro

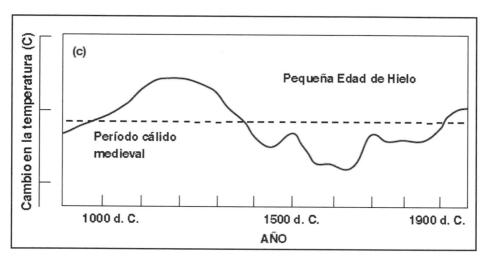

Figura 22, *Climate Change 1995*, Panel Intergubernamental del Cambio Climático.

200 a. C. hasta el 600 d. C.: El Calentamiento Romano.

600 d. C. hasta el 900 d. C.: Período frío de la Edad de las Tinieblas.

900 d. C. hasta el 1300 d. C.: Calentamiento Medieval, o Pequeño Óptimo Climático. (Figura P. 2)

1300 d. C. hasta el 1850: Pequeña Edad de Hielo (en dos etapas).

1850 hasta el 1940: Calentamiento, particularmente entre el 1920 y el 1940.

1940 hasta el 1975: Tendencia de enfriamiento.

1976 hasta el 1978: Racha súbita de calentamiento.

1979 hasta el presente: Tendencia moderada al calentamiento, bien ligera según los satélites y los globos sonda algo más destacada según los termómetros de superficie. (Figura P. 3)

Figura P.3: Registro de las temperaturas tomadas por satélite, 1979-2004, subiendo módicamente a 0,125° C por década. Un evento El Niño fuerte se produjo en 1998.

Temperatura troposférica inferior global v5.2 UAH

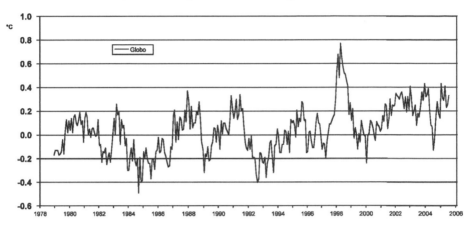

Compilado por John Christy, Universidad de Alabama en Huntsville.

¿Debemos temer
el calentamiento global?

Esta obra se propone presentar la evidencia, relativamente nueva pero ya convincente, de la existencia de un ciclo moderado de 1.500 años, irregular y dirigido por el sol, el que gobierna la mayor parte de las fluctuaciones casi ininterrumpidas en el clima del planeta Tierra. En esta Introducción resumimos brevemente algunas de las pruebas que apoyan esta tesis. Las extensas investigaciones científicas e históricas que documentan esta evidencia se citan en los capítulos siguientes.

EL CICLO DE 1.500 AÑOS

Los romanos experimentaron un plazo de calentamiento desde el año 200 a. C. hasta el 600 d. C., aproximadamente, el que se vio principalmente en la extensión hacia el norte de la vinicultura tanto en Italia como en las Islas Británicas. Las historias tanto de Europa como del Asia nos dicen que hubo un Calentamiento Medieval, el que duró desde el año 900, más o menos, hasta el 1300; a causa de sus inviernos templados, la estabilidad de las estaciones y la falta de tormentas violentas, este período también se conoce como el Óptimo Climático Medieval. Las crónicas de los pueblos también registran la Pequeña Edad de Hielo, la que duró desde el 1300, aproximadamente, hasta el 1850. Pero la gente percibió estos cambios en el clima como eventos apartes y no como partes de un ciclo continuo.

Ello comenzó a cambiar en 1984, cuando el danés Willi Dansgaard y el suizo Hans Oeschger publicaron sus análisis de los isótopos de oxígeno en los primeros núcleos de hielo sacados de Groenlandia.[2] Estos núcleos proporcionaron 250.000 años de historia del clima de la Tierra en un solo conjunto de "documentos." Los científicos compararon la proporción de isótopos "pesados" de oxígeno-18 con la de los isótopos más "ligeros" de oxígeno-16, lo cual sirve para indicar la temperatura existente en el momento en que cayó la nieve. Habían esperado descubrir en el hielo evidencia de las ya conocidas edades de hielo de 90.000 años y de los períodos interglaciales benignos, y así mismo fue. Sin embargo, no habían anticipado hallar ningún ciclo intermedio. Quedaron sorprendidos de encontrar claramente un ciclo, moderado aunque abrupto, y producido cada 2.550 años, más o menos, el que persiste durante las dos fases conocidas. (Este período en breve sería revaluado a 1.500 años, más o menos 500 años.)

Los núcleos de hielo señalaron que este ciclo, recién comprendido, de 1.500 años había dominado el clima terrestre durante los 11.000 años que han transcurrido desde la última Edad de Hielo. Por otra parte, desde entonces las huellas digitales de este ciclo se han descubierto alrededor del mundo. Dado que los núcleos de hielo y los sedimentos del fondo del mar son los valores sustitutivos a largo plazo de mayor importancia y—debidamente tratados—de la mayor precisión, vamos a inspeccionar muchos de ellos. También vamos a echar un vistazo a las turberas, repletas de residuos orgánicos antiguos y de fósiles de polen, de alrededor del mundo. Vamos a examinar los anillos de crecimiento antiguos de árboles muy viejos, de árboles que han queado enterrados por largo tiempo y hasta de árboles que hace mucho tiempo fueron convertidos en madera de construcción. Vamos a dar datos derivados de las estalagmitas en las cuevas, donde han goteado cantidades variables de líquidos y de minerales de la superficie siglo tras siglo, de los arrecifes de coral cuyos ínfimos constructores han dejado pistas de las temperaturas marinas cuando estuvieron activos, así como de polvo de hierro antiguo que revela enormes sequías, relacionadas con los ciclos, en el África y la Patagonia prehistóricas. Los ciclos se remontan a por lo menos un millón de años en la historia del planeta, pasando por las edades de hielo y por los períodos interglaciales cálidos anteriores.

Nuestros conocimientos de la historia del clima de la Tierra se va enriqueciendo con la ayuda de instrumentos científicos novedosos tales como los satélites de vigilancia solar y las mediciones, mediante la espectrometría de masas, de los isótopos de oxígeno y de carbono. Estos instrumentos permiten, por primera vez, que la Tierra misma nos cuente acerca de su propia

---

[2] W. Dansgaard et al., "Oscilaciones climáticas en el Atlántico Norte reveladas por los núcleos de hielo profundo de Groenlandia," en *Climate Process and Climate Sensitivity*, red. por J.E. Hansen y T. Takahashi (Washington, D.C.: Unión Geofísica Americana, 1984), Monografía Geofísica 29, 288-98.

historia climática.

Vamos a discutir la evidencia de que los ciclos climáticos pasados, tales como el Calentamiento Medieval y la Pequeña Edad de Hielo, fueron verdaderamente eventos a escala global y no solamente fenómenos europeos como algunos recientemente han propuesto. Nuestra búsqueda de la evidencia nos llevará desde los castillos europeos hasta los naranjales chinos y los brotes de las flores de cerezo en el Japón, desde los lagos del Sahara hasta los glaciares andinos y a una cueva en Sudáfrica.

Ningún valor sustitutivo climático por sí solo puede equivaler por completo a tener registros de termómetro de la Edad Media o de la Roma antigua. Los anillos de crecimiento de los árboles reflejan no solamente los factores de temperatura y de la luz del Sol, sino también otros factores que afectan el árbol, entre ellos la cantidad de precipitación, la cantidad de árboles en competencia, los insectos y las enfermedades que pueden afligir a los árboles. Las señales de temperatura de los pozos de sondeo, se vuelven más débiles según son más profundas.

Cada artículo de evidencia por valor sustitutivo podría ponerse en duda individualmente. Es por ello que iremos a examinar una amplia gama de ellos, extensamente difundidos geográficamente y con una variedad casi vertiginosa. Para empezar:

- Un núcleo de hielo del glaciar de Vostok en la Antártida, al otro extremo del mundo de Groenlandia, fue excavado en 1987 y mostró el mismo ciclo climático de 1.500 años a lo largo de su extensión de 400.000 años.

- Los resultados de los núcleos de hielo correlacionan con los avances y los retrocesos conocidos en los glaciares del Ártico, de Europa, del Asia, de Norteamérica, de Latinoamérica, de Nueva Zelandia y de la Antártida.

- El ciclo de 1.500 años se ha descubierto en núcleos de sedimento del fondo del mar tomados de mares tan distantes como lo son el Océano Atlántico Norte y el mar de Omán, el Pacífico Occidental y el mar de los Sargazos.

- Las estalagmitas desde las cuevas irlandesas y alemanas, en el Hemisferio Boreal, hasta las surafricanas y neozelandesas en el Hemisferio Austral, dan evidencias de la Pequeña Edad de Hielo, del Calentamiento Medieval, de la Edad de las Tinieblas, del Calentamiento Romano y del período frío sin nombre anterior al Calentamiento Romano.

- Los fósiles de polen de todas partes de Norteamérica muestran la existencia de nueve reorganizaciones totales de los árboles y de las plantas durante los últimos 14.000 años, o sea una cada 1.650 años.

• Tanto en Europa como en América del Sur, los arqueólogos tienen evidencia de que los humanos prehistóricos mudaron sus viviendas y sus fincas hacia las cimas de las montañas durante los siglos de calor, y de vuelta hacia las bases durante los siglos de frío.

La Tierra se enfría y se calienta de manera continua. El ciclo es indudable, antiguo, a menudo repentino y global en su extensión. Además es imparable. Los isótopos en los núcleos de hielo y de sedimento, los anillos de los árboles antiguos y las estalagmitas todas nos dicen que el ciclo está vinculado a pequeños cambios en la actividad del Sol.

El cambio en las temperaturas es moderado. Durante los períodos de calentamiento las temperaturas en la latitud de Nueva York y de París cambiaron unos 2° C por sobre la media a largo plazo, con incrementos de 3° ó más en las latitudes polares. Durante las fases frías del ciclo las temperaturas bajaron en proporciones semejantes por debajo de la media. En las tierras ecuatoriales la temperatura varía poco, aunque la cantidad de lluvia a menudo sí cambia.

Los cambios del ciclo se han producido más o menos con regularidad, independientemente de si los niveles de CO_2 fueran altos o bajos. Con base en ello, la Tierra se encuentra a unos 150 años dentro de un Calentamiento Moderno moderado, el que durará por varios siglos más. Este calentamiento básicamente llegará a restablecer el magnífico clima del Óptimo Climático Medieval.

LA RELACIÓN DEL CLIMA DE LA TIERRA CON EL SOL

A causa de las variaciones en las manchas solares, la humanidad ha estado consciente de la relación entre los ciclos climáticos de la Tierra y la variabilidad solar durante más de cuatrocientos años. El período más dramático, el Mínimo de Maunder, se produjo entre el 1640 y el 1710, cuando casi no hubo manchas solares durante un plazo de setenta años. Ello marcó el momento más débil del Sol en el pasado reciente: y este mismo fue el punto más frígido de la Pequeña Edad de Hielo. Los observadores además han sabido que los ciclos de manchas solares que duran más que el promedio de once años (la variación va de ocho a catorce años), producen temperaturas más calientes sobre la Tierra. Lo que nuestros antecesores no pudieron saber, es cómo funciona la relación de la actividad solar con el clima de la Tierra.

Hasta llegar a la edad de los satélites, no sabíamos ni siquiera de la existencia de los pequeños ciclos de variación en la irradiación solar. Hasta hace poco los científicos se referían a "la constante solar." Ahora que podemos realizar mediciones por encima de las nubes y de los gases de la atmósfera de la Tierra, nos damos cuenta que la intensidad del Sol varía en fracciones del uno por ciento.

En el 2001, la revista *Science* editó una refinada investigación que nos dio la historia del clima terrestre durante los últimos 32.000 años, además de la relación de nuestro clima con el sol, realizada por el fallecido Gerard Bond y un equipo del Observatorio Terrestre Lamont-Doherty en la Universidad de Columbia.[3]

En aquel entonces Richard Kerr, de *Science*, escribió acerca de este artículo que,

> El paleooceanógrafo Gerard Bond y sus colegas nos informan que el clima del Atlántico Norte septentrional ha experimentado fases de calentamiento y de enfriamiento nueve veces durante los últimos 12.000 años, llevando el paso de los altibajos del Sol.
>
> "En verdad tal parece que el Sol tiene importancia para el clima," dice el glaciólogo Richard Alley de la Universidad Estatal de Pensilvania. ..."Los datos de Bond et al. son tan convincentes que actualmente [la variabilidad solar] es la hipótesis principal para explicar la oscilación climática de aproximadamente 1.500 años, vista desde la última Edad de Hielo, contando la Pequeña Edad de Hielo del siglo XVII," dice Alley.[4]

El elemento sorprendente de los resultados que obtuvo Bond, es la estrecha correlación descubierta al comparar los registros de la temperatura global con la potencia solar, como se da en la Figura I.1. La correlación de Bond entre el clima y el Sol depende de la combinación extraordinaria de historiales de larga duración, continuos y muy detallados, tanto del cambio climático como de la actividad del Sol. El historial del clima es la relación de Bond, laboriosa y bien conocida, de los trozos microscópicos de piedras soltadas por los témpanos de hielo, al éstos descongelarse, sobre el fondo del Atlántico Norte a lo largo de miles de años.

Bond y su equipo descubrieron que la cantidad de detritos aumentaba cada 1.500 años (más o menos 500) a medida que el hielo se adentraba más en el Atlántico, transitoriamente más frío. Durante los plazos más frígidos de la última Edad de Hielo, enormes cantidades de hielo fueron llevadas por la región polar del Atlántico y hacia el sur hasta Irlanda.

---

[3] Gerard Bond et al., "Influencia solar persistente sobre el clima del Atlántico Norte durante el Holoceno," *Science* 294 (16 de noviembre de 2001): 2130-136.

[4] Richard Kerr, "El sol variable marca el paso del clima milenario," *Science* 294 (16 de noviembre de 2001): 1431-433.

Figura I.1: Influencia del Sol sobre el clima

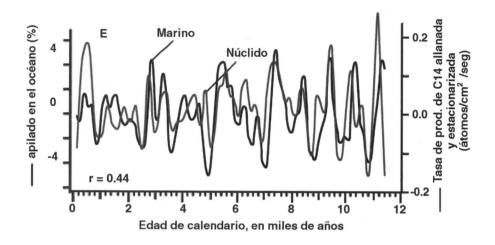

El ciclo de 1.500 años de Bond en depósitos de hielo flotante, tomados del fondo del Atlántico Norte (*Science* 294, 2001) tiene una correlación estrecha con la variedad solar del carbono14 de un conjunto global, de alta precisión, de anillos de crecimiento de los árboles (M. Stuiver et al., *Radiocarbon* 40, 1998). Los ciclos del fondo marino también manifiestan una estrecha correlación con las variaciones en el otro isótopo solar, el berilio[10], de los núcleos de hielo de Groenlandia. Sin embargo, el historial del berilio10 es menos completo.

Los vínculos de Bond a la actividad del Sol, son los isótopos de carbono-14 en los anillos de los árboles y los isótopos de berilio-10 en los núcleos de hielo groenlandeses. Los isótopos de carbono y de berilio se ven relacionados con la actividad solar, mediante la intensidad de los rayos cósmicos modulados por el Sol, y se producen cuando los rayos cósmicos caen sobre las capas superiores de la atmósfera.

¿Cómo puede un cambio infinitesimal en la irradiación solar causar una diferencia tan grande en el clima de la Tierra? Los rayos cósmicos son el amplificador clave. El Sol emite un "viento solar" que protege la Tierra de algunos de los rayos cósmicos que bombardean el resto del universo. Cuando el Sol se encuentra en una fase menguante, una mayor parte de estos rayos cósmicos pueden penetrar la atmósfera terrestre, donde aquéllos ionizan las moléculas de aire para crear los núcleos de las nubes. Estos núcleos a su vez producen nubes bajas y húmedas que reflejan la radiación solar hacia el espacio, lo cual enfría la Tierra. Los investigadores que utilizan cámaras de neutrones para medir los rayos cósmicos, han hallado recientemente que los cambios en el nivel de los rayos cósmicos en la Tierra se ven correlacionados con la cantidad y con el tamaño de las antedichas nubes de enfriamiento.

El segundo factor de amplificación, es la química del ozono en la atmósfera. Cuando el Sol está más activo, una mayor proporción de sus rayos ultravioletas llegan a la atmósfera de la Tierra y rompen mayores cantidades de moléculas de oxígeno (O_2), algunas de las cuales vuelven a reconstituirse en la forma de ozono (O_3). El exceso de moléculas de ozono absorbe del Sol una cantidad mayor de la radiación ultravioleta cercana, lo cual hace subir las temperaturas en la atmósfera. Los modelos de computación señalan que un cambio del 0,1 por ciento en la radiación solar podría causar un cambio del 2 por ciento en la concentración de ozono de la Tierra y así afectar el calor y la circulación atmosféricas.

EL CALENTAMIENTO GLOBAL RECIENTE

Recientemente la Tierra ha venido calentándose, de ello no cabe duda. Desde el 1850 se ha calentado lenta y erráticamente hasta un total de unas 0,8° C. Hubo una racha de calentamiento entre 1850 y 1870 y otra desde 1916 hasta 1940. Los termómetros oficiales sugieren que el calentamiento neto desde 1940 es de unas 0,3° C solamente. Al corregir los registros de termómetro para tener en cuenta los efectos de las crecientes islas de calor urbano, la intensificación extensa del uso del suelo y el enfriamiento, recién documentado, del Continente Antártico durante los últimos treinta años, el calentamiento neto desde 1940 llegaría a ser aun menor.

La evidencia física tomada alrededor del mundo, nos indica que el dióxido de carbono (CO_2) emitido por el hombre solamente ha desempeñado un papel menor en los incrementos recientes en la temperatura del planeta. Al contrario, este módico calentamiento parece deberse mayormente al ciclo natural de 1.500 años (más o menos 500 años) que ha existido durante al menos un millón de años.

Pese a lo que pretenden los alarmistas del calentamiento global, no hay ningún "consenso entre los científicos" en torno a la supuesta inminencia de un desastre climático. Muchos científicos, aunque de ningún modo todos, están de acuerdo con la tesis de que el aumento en las emisiones de CO_2 pudiera representar un peligro. Sin embargo, las encuestas de los científicos capacitados en las ciencias del clima, muestran que muchos de ellos dudan de los espantosos pronósticos que los modelos globales de computación producen. Esta misma obra cita a cientos de investigadores cuyos trabajos dan testimonio del ciclo moderado de 1.500 años, lo cual sugiere la existencia de dudas acerca de la tesis que propone grandes incrementos en la temperatura, impulsados por el CO_2.

Por otra parte, el concepto del consenso carece de importancia para la ciencia. Galileo habrá sido el único en su tiempo que haya creído que la Tierra gira alrededor del Sol, pero tuvo razón. La ciencia es el proceso de desarrollar teorías y de probarlas contra las observaciones hasta establecer su veracidad o falsedad.

Si podemos probar, no solamente que la Tierra se va calentando, sino también que se va calentando hacia niveles peligrosos a causa de los gases de invernadero emitidos por el hombre, la política pública tendrá que evaluar los remedios posibles, tales como la prohibición de los automóviles y del acondicionamiento del aire. Hasta el momento, no tenemos ninguna evidencia al respecto.

Si el calentamiento es un fenómeno natural e imparable, la política pública tendrá que enfocarse en los métodos de adaptación, tales como los mejoramientos en la tecnología de acondicionamiento del aire y la construcción de diques alrededor de tierras bajas como Bangla Desh.

Y, ¿qué de la afirmación del Panel Intergubernamental del Cambio Climático (siglas en inglés: IPCC) de las Naciones Unidas, de que han encontrado una "huella digital humana" en el calentamiento global actual?

Esta declaración se incluyó en el sumario del informe del IPCC, *Climate Change 1995*, por motivos políticos y no científicos. Luego el "volumen científico" fue sometido a revisión para eliminar cinco declaraciones distintas, todas las cuales habían sido aprobadas por el panel de consejeros científicos, que habían señalado específicamente que no se había hallado ninguna tal "huella digital humana."

El autor del capítulo científico del IPCC, empleado del gobierno de EE.UU., admitió ante el público haber hecho los cambios a escondidas, los que eran indefensibles desde el punto de vista científico. Altos funcionarios del gobierno estadounidense lo habían presionado a hacer los cambios.[5] El Panel Intergubernamental del Cambio Climático de las Naciones Unidas nunca ha presentado pruebas reales en apoyo de la tesis de la causa humana del calentamiento.

Los pronósticos aterradores de un supuesto sobrecalentamiento planetario, dependen del concepto de que el efecto calentador del CO_2 adicional resultará amplificado por incrementos en la cantidad de vapor de agua en la atmósfera. El calentamiento sí llevará cantidades mayores de humedad de los océanos al aire. Pero, ¿qué si el aire más húmedo y caliente mejorara la eficiencia de la precipitación y dejara la atmósfera superior tan seca o más que antes? No tenemos la más mínima evidencia que indique que la atmósfera superior esté reteniendo una cantidad mayor de vapor de agua para poder amplificar el CO_2.

---

[5] Frederick Seitz, ex-presidente de la Academia Nacional de las Ciencias, "Un gran engaño en torno al calentamiento global," *Wall Street Journal*, 12 de junio de 1996, página editorial. S. Fred Singer, *Climate Policy from Rio to Kyoto: A Political Issue for 2000 and Beyond* (Palo Alto: Hoover Institution, Universidad de Stanford, 2000), 19.

Al contrario, un equipo de investigadores de la NASA y del Instituto de Tecnología de Massachusetts recientemente descubrieron una enorme válvula del calor climático en la atmósfera de la Tierra, la cual aparentemente incrementa la eficiencia de la precipitación cuando la temperatura de la superficie marina pasa de los 28° C. Este efecto parece ser lo suficientemente grande como para dejar escapar todo el calor que, según los pronósticos de los modelos, sería causado por una duplicación del nivel de CO_2.[6] En el 2001, la NASA emitió un comunicado de prensa acerca del descubrimiento de la válvula del calor y del hecho de que los modelos del clima no lo tienen en cuenta, pero ello provocó escaso interés entre los medios de información.[7]

¿POR QUÉ TEMER EL CALENTAMIENTO GLOBAL?

Tanto la historia como la ciencia y hasta nuestros propios instintos, nos dicen que el frío es más temible que el calor. Es un misterio de la psicología, el porqué de que tantos residentes del Primer Mundo, armados con aire acondicionado por primera vez en la historia de los calentamientos, hayan decidido temer el "calentamiento global." Los que preconizan la teoría del calentamiento causado por el hombre, han tratado de reforzar su tesis, débil desde el punto de vista científico, con varios escenarios horrorosos pero carentes de fundamento. Más adelante iremos a tratar de estos temores infundados en mayor detalle, pero a continuación damos algunos resúmenes breves de nuestras conclusiones.

Efectos sobre el nivel del mar

Con base en las mediciones realizadas en los arrecifes de coral, los niveles marinos han venido creciendo desde el punto máximo de la última Edad de Hielo, hace unos 18.000 años. La crecida en su totalidad desde entonces ha alcanzado los cuatrocientos pies. El nivel del mar subió al paso más rápido durante el Óptimo Climático del Holoceno, cuando los inlandsis (*n. del tr.: eso es, los mantos de hielo*) principales que cubrían Eurasia y Norteamérica se fundieron. Durante los últimos 5.000 años, aproximadamente, la tasa de

---

[6] Richard Lindzen, Ming-Dah Chou y Arthur Hou, "¿Tiene la Tierra un iris infrarrojo adaptable?" *Bulletin of the American Meteorological Society* 82 (2001): 417-32.

[7] Comunicado de prensa, " 'Válvula del calor' natural en la cobertura de nubes del Pacífico podría disminuir el calentamiento por invernadero," Centro Goddard de Vuelos Espaciales de la NASA, 28 de febrero de 2001.

crecimiento ha sido de unas siete pulgadas por siglo. Los datos de los medidores de marea de los últimos cien años muestran un crecimiento de unas seis pulgadas, aun después del período de calentamiento fuerte visto entre los años 1916 y 1940.

Cuando el clima es más cálido, las aguas del océano se dilatan y los glaciares se deshielan, de modo que el nivel del mar sube. Pero el océano más caliente también evapora una cantidad mayor de agua, de la cual cierta parte termina en la forma de nieve y de hielo sobre Groenlandia y la Antártida, donde estas fases del agua no se descongelan. Ello hace bajar el nivel del mar. Los incrementos en el calentamiento y en la evaporación actualmente van espesando las masas del manto de hielo de Groenlandia y del casquete antártico, pese a la presencia de cierto deshielo de menor importancia por los bordes. Por lo tanto no hay motivo alguno para anticipar ninguna gran aceleración en la subida del nivel del mar durante el siglo XXI. Los investigadores dicen que pasarían 7.000 años más antes de derretirse el manto de hielo de la Antártida Occidental, que apenas constituye una pequeña fracción del hielo que cubre el Polo Sur, y antes de ello es casi seguro que vayamos a experimentar otra edad de hielo.

Efectos sobre la fauna

Es sabido que las especies pueden adaptarse al calentamiento global repentino, porque en el ciclo de 1.500 años los cambios en el clima a menudo han sucedido de repente. Además, durante el último millón de años las especies del mundo ya han podido sobrevivir al menos seiscientos ciclos de calentamiento y de enfriamiento.

El efecto mayor que surtirá el calentamiento global, será un grado mayor de biodiversidad en los bosques, a medida que la mayor parte de las especies de árboles, de plantas, de pájaros y de animales lleguen a extender sus zonas de habitación. Ello ya viene sucediendo. Algunos biólogos opinan que un calentamiento de 0,8° C más terminará por destruir miles de especies. Sin embargo, durante el Óptimo Climático del Holoceno, que tuvo lugar de 8.000 a 5.000 años antes del presente, la Tierra se calentó mucho más que eso y ninguna especie conocida quedó extinta a causa del incremento en las temperaturas.

Efectos sobre la agricultura

Históricamente, un clima más cálido ha sido una bendición para los agricultores del mundo. En las zonas tropicales, donde la producción de alimentos sigue siendo insuficiente, las temperaturas apenas se verán afectadas. Las llanuras septentrionales del Canadá y de Rusia se volverán más calientes y podrán producir mayores cantidades de alimentos. La sociedad moderna bien puede ayudar a introducir la alta tecnología en la agricultura tropical, o bien puede transportar más alimentos de Siberia a la población de la India o de Nigeria que gozará de nuevos empleos fuera de la agricultura. En el futuro la carestía de comestibles será culpa, no del clima sino de la humanidad, provocada por la guerra, por los gobiernos corruptos o por la oposición irracional a las tecnologías novedosas.

Efectos sobre el tiempo

Tanto la historia como la paleontología nos indican que los períodos más calientes han visto condiciones del tiempo más estables y más propicias para el hombre, que los períodos de frío. Durante el calentamiento del último siglo y medio no ha habido incremento alguno ni en la frecuencia ni en la severidad de los huracanes, de las ventiscas, de los ciclones, de los tornados ni de ningún otro tipo de tormenta. Ello tiene sentido porque las tormentas son regidas por la diferencia en las temperaturas entre la zona ecuatorial y las regiones polares. Dado que el calentamiento por el efecto invernadero debería aumentar las temperaturas polares mucho más que cerca de la línea del ecuador, el calentamiento habría de disminuir la diferencia y así amainar las tormentas.

Efectos sobre las corrientes de los océanos

Algunos activistas del calentamiento global, dicen que el incremento en la cantidad de las aguas descongeladas, provocado por la elevación de las temperaturas, podría llegar a detener el Gran Cinturón Transportador del Atlántico, la enorme corriente marina que distribuye el calor del ecuador hacia los polos. La Corriente del Golfo terminaría y el mundo regresaría a una nueva edad de hielo. Esto ya pasó una vez, en un episodio denominado la Joven Dryas al final de la última Edad de Hielo, pero en aquel caso el mundo disponía de billones (*n. del tr.: eso es, millones de millones*) de toneladas adicionales de hielo en las capas del Canadá y de Siberia para ser fundidas por el calentamiento. Ello no puede suceder durante el Calentamiento Moderno, porque a la Tierra no le queda cantidad suficiente de hielo para ser descongelado y así crear este efecto.

Efectos sobre la salud y las enfermedades del hombre

El clima helado mata a mucha más gente que el caliente, y durante el Calentamiento Moderno habrá una incidencia menor de clima frígido de invierno. El temor, de que el calentamiento vaya a conducir a una mayor incidencia de enfermedades llevadas por mosquitos, está basado en una mala interpretación de la historia. La malaria una vez fue endémica en las regiones árticas y el brote más grande en la historia sucedió en Rusia en la década del 20. Los insecticidas y las telas metálicas en las ventanas, y no el tiempo frío, fueron los que ayudaron a deshacernos de la mayor parte de la malaria y de la fiebre amarilla en el mundo.

Efectos sobre los arrecifes de coral

Muchos arrecifes de coral se "blanquean" (es decir, pierden las algas que viven con ellos en sociedad simbiótica) cuando las temperaturas del mar aumentan. Pero aquéllos también se descoloran cuando las temperaturas caen. Ello sucede porque el coral se asocia con las variedades de algas que mejor se adapten a la temperatura actual. Cuando las aguas se vuelven más calientes, el coral expulsa sus socios de agua fría y da la bienvenida a amigos de clima más cálido, y vice versa. Así es cómo han podido sobrevivir los años de variaciones climáticas durante millones de años.

HAY QUE TEMER LA PRÓXIMA EDAD DE HIELO

El temor contemporáneo al clima cálido representa un contraste marcado con nuestros antepasados, que adoraban los climas más calientes y detestaban las mini-edades de hielo. Fue durante la fría Edad de las Tinieblas que cayeron los imperios de los romanos y de los mayas, después de haber prosperado durante un calentamiento que llegó a ser más candente que el de la actualidad. Y fue igualmente durante los fríos de la Pequeña Edad de Hielo, que Europa sufrió las peores hambres e inundaciones.

El evento climático que verdaderamente debería preocuparnos, es la próxima gran Edad de Hielo. Ésta se nos acerca ineludiblemente, aunque todavía pudieran pasar miles de años antes de llegar. Cuando al fin llegue, las temperaturas podrían bajar 15° C, con disminuciones de hasta 40° C en las latitudes altas. A medida que los enormes mantos de hielo se extiendan por el Canadá, por Rusia y por los países escandinavos, la humanidad y la producción de alimentos se verán obligadas a mudarse más cerca de la línea del ecuador. Hasta los estados de Ohio e Indiana poco a poco se verían encerrados en una capa de hielo gruesa y permanente, mientras que California y la comarca de las Grandes Planicies podrían sufrir sequías de cien años de duración.

El problema crítico será cómo mantenerse protegido del frío, día y noche. La provisión de alimento suficiente para ocho o nueve mil millones de seres humanos, con la cantidad reducida de tierras cultivables no congeladas, podría resultar un proyecto desesperado. Las llanuras amplias y fértiles de Alberta y de Ucrania se convertirán en yermos subárticos. Pese a haber sobrevivido tales fríos anteriormente, la fauna enfrentará un desafío extremo, porque esta vez habrá más humanos en competencia por el suelo libre de hielos. Es entonces que los conocimientos del hombre y los métodos de la agricultura de alta tecnología serán verdaderamente indispensables.

¿Por qué hemos decidido los humanos asustarnos sobre la perspectiva de que nuestro planeta regrese a lo que muy probablemente sea el mejor clima, para la civilización humana, que la Tierra haya conocido en todos sus millones de años de existencia? ¿Acaso pudiera ser un sentimiento de culpabilidad porque los alarmistas del clima dicen que somos nosotros los que hemos causado el cambio? De ser así se vuelve tanto más importante el examinar la evidencia en su totalidad.

Parte Uno

El ciclo climático de 1.500 años

Capítulo 1

¿Cómo dimos con el ciclo climático de 1.500 años de la Tierra?

Las edades de hielo, las que han dominado el 90 por ciento del clima de la Tierra durante los últimos varios millones de años, se juzgan haber sido resultado de la órbita excéntrica de la Tierra alrededor del Sol. La órbita de la Tierra se vuelve en su forma unas veces más elíptica y otras veces menos, en un ciclo que dura unos 100.000 años. Ello hace variar la distancia entre la Tierra y el Sol y hace que la radiación solar tenga que viajar un 3 por ciento más lejos para alcanzar nuestro orbe durante las edades de hielo, lo cual disminuye su intensidad al llegar. Actualmente la órbita de la Tierra no se encuentra en fase muy elíptica y la diferencia entre la radiación solar en enero y la de julio, es de un 6 por ciento solamente. Cuando la órbita toma una ruta más elíptica, la energía que recibimos puede variar en razón de hasta el 20 ó el 30 por ciento.

La Tierra tiene además una inclinación axial, por lo cual los mapamundis se inclinan en un ángulo de unos 23° en vez de presentarse perpendiculares con el Polo Norte en la cima. La energía del Sol llega a la superficie de la Tierra en un ángulo que oscila no solamente con la latitud y con la estación, sino también con el grado de inclinación, el que varía en su propio ciclo de unos 41.000 años. En el presente, la inclinación del eje se encuentra en la mitad, aproximadamente, de su zona de variación.

Para colmo, la Tierra se tambalea lentamente según gira sobre su eje. Este tambaleo fluctúa en un ciclo de 23.000 años. Este fenómeno, llamado "la precesión," tiene importancia para el clima cuando el Polo Norte apunta hacia la estrella Vega, una de las marcas más brillantes y cercanas a la Tierra en el sistema solar. En tal momento, la Tierra experimenta inviernos crudos y veranos calurosos. Al otro extremo del tambaleo, cuando la precesión pone el verano en lo que se denomina "el perihelio," la Tierra experimenta veranos más benignos y mayores proporciones de los mantos de hielo resisten hasta el invierno siguiente. Actualmente, de acuerdo con el ciclo de tambaleo, debemos estar entrando en un período largo de crecimiento de las capas de hielo.

Si todo esto luce muy complicado, es porque efectivamente lo es. Los pronosticadores del clima tienen que tener en cuenta el ciclo elíptico de 100.000 años, el ciclo de la inclinación axial de 41.000 años y el ciclo del tambaleo o de la precesión de 23.000 años, además del ciclo solar de 1.500 años.[8] Sin embargo, durante los períodos interglaciales como el actual, el ciclo de 1.500 años es el que determina la mayor parte de los cambios climáticos de la Tierra.

EL DESCUBRIMIENTO

En el 1983, el danés Willi Dansgaard y el suizo Hans Oeschger fueron de los primeros en el mundo en ver dos núcleos de hielo, cada uno de casi una milla de longitud, que estaban sacándose de agujeros profundos en el Inlandsis de Groenlandia y que traían con ellos 250.000 años de la historia climática estratificada de la Tierra. Luego Dansgaard y Oeschger comenzaron la tarea, fría y trabajosa, de contar las capas y de analizar los contenidos de las mismas a fin de revelar los cambios climáticos del planeta.

Durante los doce años anteriores, los dos investigadores habían introducido métodos novedosos para realizar perforaciones similares a las que se usan en la industria petrolera, con el fin de extraer núcleos de hielo en vez de petróleo. Entre otras cosas, habían aprendido que la proporción de los isótopos de oxígeno-18 a los de oxígeno-16 en el hielo podría revelar la temperatura del aire que prevalecía cuando cayeron los copos de nieve. Ello significaba que estos núcleos de hielo, largos y nuevos, uno del extremo septentrional de la gran isla y el otro de la zona meridional, representaban una crónica de las temperaturas en Groenlandia, apuntada casi año por año durante más de 2.500 siglos. Nunca antes se había dispuesto de tal historial climático a largo plazo.

Los científicos esperaron ver las grandes edades de hielo representadas en el registro de las capas de hielo. Sin embargo, al examinarlo Dansgaard y Oeschger quedaron asombrados de hallar un ciclo de temperatura más corto, moderado y persistente, sobreimpuesto sobre las grandes oscilaciones climáticas entre las edades de hielo y los interglaciales. Calcularon la longitud promedio de este ciclo más corto en 2.550 años. El ritmo de los ciclos parecía corresponder estrechamente con lo que se conocía de la historia de los avances

---

[8] John D. Imbrie y Katherine Palmer Imbrie, *Ice Ages: Solving the Mystery* (Cambridge, Massachusetts: Harvard University Press, 1986).

y las retiradas recientes de los glaciares en el norte de Europa. El informe que prepararon en 1984 fue algo casi misterioso en su precisión, en el grado completo en que presentaba los datos y en su relación lógica de los ciclos climáticos moderados con el Sol.[9]

La única corrección importante que las investigaciones posteriores han dictaminado, consiste en la adición de más ciclos aun que los que contaron Dansgaard y Oeschger. La longitud promedio de los ciclos se ha acortado casi por la mitad, del estimado original de 2.550 años a 1.500 años (más o menos 500 años). Los ciclos se han presentado con suma regularidad durante las Edades de Hielo, y más erráticos durante los períodos de calor.

Dansgaard y Oeschger tuvieron razón al decirnos que los cambios en el clima eran moderados y que oscilaban sobre un tramo de unos 4° C en la Groenlandia septentrional, pero sólo 0,5° C al promediar todo el Hemisferio Norte. Observaron que los ciclos se veían confirmados por:

- El hecho de que aparecieron en dos núcleos de hielo distintos, tomados de sitios separados por más de 1.000 millas;

- Su correlación con los avances y las retiradas glaciales conocidas en el norte de Europa y con datos de un núcleo de sedimento marino que había sido taladrado en el fondo del Océano Atlántico, al oeste de Irlanda, diez años antes.[10]

Buscando la explicación de ello, propusieron que los ciclos no se mostraban tan evidentes en el Hemisferio Sur a causa de la gran diferencia en la distribución de las superficies de tierra y de mar. Descartaron los volcanes como factor posible, porque no existe ningún ciclo tal en la actividad volcánica. Notaron que los cambios en el ciclo eran súbitos, manifestando a veces la mitad del cambio total en la temperatura en cuestión de apenas unos diez años. Ello sugirió la existencia de algún factor externo de forzado, acaso amplificado y transmitido globalmente por los vientos y por las corrientes oceánicas. Escribieron que:

Dado que la radiación solar constituye el único insumo importante de energía

---

[9] W. Dansgaard et al., "Las oscilaciones climáticas en el Atlántico Norte, reveladas por los núcleos de hielo profundo de Groenlandia," en *Climate Processes and Climate Sensitivity*, red. por J.E. Hansen y T. Takahashi (Washington, D.C.: Unión Geofísica Americana, 1984), Monografía Geofísica 29, 288-98.

[10] N.G. Pisias et al., "Análisis espectral de los sedimentos de fines del Pleistoceno y del Holoceno," *Quaternary Research* (marzo de 1973): 3-9.

al sistema climático, lo más evidente es buscar la explicación en los procesos del Sol. Desgraciadamente conocemos mucho menos acerca de la producción de la radiación solar, que de las emisiones de las partículas solares en el pasado.[11]

Los dos científicos, sin embargo, sí sabían que tanto los isótopos de carbono-14 como los de berilio-10 varían a la inversa de la potencia de la actividad solar. Los isótopos de los dos elementos, en los núcleos de hielo de Groenlandia, mostraron valores máximos históricos durante el Mínimo Solar de Maunder (del 1645 al 1715), o sea la fase absolutamente más fría de la Pequeña Edad de Hielo.[12]

Las especulaciones también se formularon con base en los períodos conocidos de calentamiento y de enfriamiento: ya se sabía que el Imperio Romano prosperó durante un plazo relativamente cálido y se desmoronó durante la Edad de las Tinieblas, más fría. El Calentamiento Medieval (del 950 al 1300), período de cosechas abundantes y de tiempo estable, así como la misma Pequeña Edad de Hielo, un período relativemente frío desde el 1300 hasta el 1850, se ven ampliamente registrados en la historia de los pueblos. Los investigadores llegaron a la conclusión de que, "la elevación repentina de las temperaturas en la década de los 20 podría, por lo tanto, ser el miembro más nuevo de una muy larga serie de eventos semejantes que sucede cada 2.550 años aproximadamente, a un grado modulado por el nivel de la glaciación y que depende de la latitud."[13]

OTROS DESCUBREN EL CICLO DE 1.500 AÑOS

La importancia de los ciclos de 1.500 años aumentó de manera dramática un año más tarde, cuando el mismo tipo de evidencia se encontró al extremo opuesto del mundo, en un núcleo de hielo del Glaciar de Vostok en la Antártida. El descubrimiento se debió a las labores de un equipo de

---

[11] W. Dansgaard et al., "Las oscilaciones climáticas en el Atlántico Norte reveladas por los núcleos de hielo profundo de Groenlandia," 288-98. Véase también Hans Oeschger, "Estabilidad climática a largo plazo: Estudios del sistema ambiental," *The Ocean in Human Affairs*, red. por S. Fred Singer (Nueva York: Paragon House, 1990).

[12] Para una discusión más a fondo del Mínimo de Maunder, véase Willie E. Soon y Steven H. Yaskell, *The Maunder Minimum and the Variable Sun-Earth Connection* (Singapur: World Scientific Publishing, 2004).

[13] Dansgaard et al., op. cit., "Las oscilaciones climáticas en el Atlántico Norte reveladas por los núcleos de hielo profundo de Groenlandia," 288-98.

investigadores rusos y franceses. Claude Lorius, el líder del equipo francés, posteriormente compartió el Premio Tyler con Dansgaard y Oeschger.[14]

El mundo de las ciencias ya había tenido conciencia de la conexión del clima terrestre con las manchas solares por unos cuatro siglos, aunque nunca habíamos llegado a comprender cómo funciona esta relación. La conexión entre la profundidad de la Pequeña Edad de Hielo y el Mínimo de Maunder, era manifiesta aun para los observadores del siglo XVII que no tenían más que telescopios primitivos.

En el 1996, Lloyd Keigwin relató haber hallado el ciclo de 1.500 años en las temperaturas de la superficie marina del mar de los Sargazos, las que pudo reconstruir basado en los isótopos de oxígeno en los ínfimos organismos unicelulares de un núcleo de sedimento del fondo del mar.[15]

En 1999, E. Friis-Christensen y K. Lassen observaron que la correlación entre la actividad solar y las temperaturas del suelo en el Hemisferio Norte, se presentaba aun más fuerte al emplear la longitud del ciclo solar, en vez de la cantidad de manchas solares, para representar las variaciones del Sol.[16] El artículo que publicaron en la revista *Science* llevó el título, "Longitud del ciclo solar: Indicador de la actividad del Sol estrechamente relacionado con el clima." Los autores llegaron a la conclusión de que la conexión solar sirve para explicar del 75 al 85 por ciento de la variación reciente en el clima.

Numerosos investigadores durante los últimos diez años han encontrado el mismo ciclo en muchos valores sustitutivos de la temperatura a largo plazo, especialmente en los isótopos de oxígeno, de carbono, de berilio y de argón capturados por el hielo glacial, así como en los registros de polen fósil y en las colecciones de quistes de alga en los sedimentos de los fondos marino y lacustre.

En un principio, algunos investigadores sostuvieron que el ciclo pudiera regirse por los cambios en las corrientes del viento y de los océanos que distribuirían el calor del Sol alrededor del mundo. Pero no pudieron descubrir ninguna causa interna para explicar los cambios, de índole súbita y a largo plazo, del calor al frío y de vuelta al calor.

El investigador que mayormente contribuyó a difundir entre el público el

---

[14] C. Lorius et al., "Registro climático de 150.000 años extraído del hielo antártico," *Nature* 316 (1985): 591-96.

[15] L. Keigwin, "La Pequeña Edad de Hielo y el Período Cálido Medieval en el mar de los Sargazos," *Science* 274 (1996): 1503-508.

[16] E. Friis-Christensen y K. Lassen, "Longitud del ciclo solar: Indicador de la actividad del Sol estrechamente relacionado con el clima," *Science* 254 (1999): 698-700.

conocimiento del ciclo climático de los 1.500 años, fue el ahora fallecido Gerard Bond, del Observatorio Terrestre Lamont-Doherty en la Universidad de Columbia. Bond analizó los derrubios transportados por el hielo en los sedimentos del fondo del Atlántico Norte meridional y descubrió que cada 1.500 años, más o menos, se producía un aumento en la cantidad de trozos de piedra recogidos por los glaciares, a medida que éstos avanzaban a través del este del Canadá y por Groenlandia para luego flotar hacia la alta mar. Esta abundancia de detritos transportados por el hielo además flotó mucho más hacia el sur antes de caer al fondo del mar según los témpanos se descongelaron. Tanto el aumento en la cantidad de derrubios como el hecho de que éstos habían flotado mucho más en la dirección sur, son indicadores de la existencia de períodos de frío intenso.

El informe de Bond, que salió en la revista *Science* en 1997, comienza así: "La evidencia de los núcleos profundos del Atlántico Norte, señala que hubo cambios repentinos que puntuaron lo que convencionalmente se cree haber sido el clima relativamente estable del Holoceno (interglacial). Durante cada uno de estos episodios, las aguas frías y cargadas de hielo del norte de Islandia fueron llevadas por el movimiento horizontal climático hacia el sur hasta las latitudes británicas. Al mismo tiempo aproximadamente, la circulación atmosférica sobre Groenlandia cambió de repente.... Juntos, estos episodios constituyen una serie de cambios climáticos con una regularidad de cerca de 1.470 años (más o menos 500 años). Por lo tanto los eventos del Holoceno parecen ser la manifestación más reciente de un ciclo climático, penetrante y a escala milenaria, que funciona independientemente del estado climático glacial-interglacial."[17]

El equipo de Bond analizó dos núcleos profundos del fondo del mar, tomados de lados opuestos del Atlántico Norte, que los remontaron 30.000 años en la prehistoria, a la misma Edad de Hielo. Para realizar la datación por carbono de los fósiles de plancton (y por ende de las capas) en los sedimentos, emplearon espectrómetros de masa de alta resolución. Estos valores representativos sustitutivos apuntaron definitivamente a la existencia de una serie de intrusiones de hielo que eran lo suficientemente grandes como para poder repartir cantidades incrementadas de sedimentos de témpano a dos sitios meridionales separados por más de 1.000 kilómetros.

Los ciclos de Bond corresponden a los de los núcleos del Inlandsis de Groenlandia, lo cual hace mucho para reforzar nuestro nivel de confianza en que los ciclos sean un fenómeno real e importante. El estudio posterior de Bond, también publicado en *Science*, demostró la conexión entre el Sol y el ciclo de calentamiento y enfriamiento de la Tierra, mediante el empleo de

---

[17] G. Bond et al., "Ciclo penetrante a escala milenaria en el clima glacial y del Holoceno del Atlántico Norte," *Science* 278 (1997): 1257-266.

carbono-14 y berilio-10 como valores sustitutivos para el calentamiento y el enfriamiento provocados por la actividad solar. Luego Bond preparó un estudio de seguimiento, editado en 2001, en el que contó las proporciones de isótopos de carbono y de berilio en los sedimentos. En esta investigación descubrió que estos valores sustitutivos solares manifiestan una muy estrecha relación con los ciclos vistos en los derrubios de los témpanos. Halló nueve de estos ciclos durante los últimos 12.000 años.[18] (Véase la Figura I.1, pág. 6.)

Ulrich Neff, de la Academia de Ciencias de Heidelberg, observó los mismos ciclos del fondo del Atlántico en una estalagmita localizada en una cueva en la lejana Península Arábica, lo cual llevó la realidad documentada mucho más allá de Europa y del Atlántico Norte.[19]

Según L. Keigwin,

> El ciclo de hielo de deriva más reciente, que tuvo lugar de 100 a 1.100 años antes del presente, corresponde a ciclos en las temperaturas en el mar de los Sargazos y en la surgencia frente al África Occidental, lo cual sugiere la presencia de una respuesta regional amplia en el Atlántico Norte subpolar y subtropical. El intervalo también abarca una serie de incrementos notables en la surgencia superficial oceánica en la Cuenca de Cariaco [próxima a la costa de Venezuela], cambios prominentes en los niveles lacustres en el África Oriental ecuatorial y episodios claros de sequía en la Península de Yucatán, todos los cuales han sido relacionados con episodios de disminución de la irradiación solar.... Los vínculos entre el Sol y el clima que nuestro registro propone, resultan haber sido tan dominantes a lo largo de los últimos 12.000 años que parece ser casi cosa segura el que la conexión, bien documentada, entre el Mínimo Solar de Maunder y las décadas frígidas de la Pequeña Edad de Hielo no puede haber sucedido por casualidad.[20]

UN VALOR SUSTITUTIVO PARA EL CICLO CLIMÁTICO DE OTRA PARTE DEL MUNDO

La referencia que hizo Keigwin a un estudio de, "la surgencia frente al África Occidental," nos conduce al trabajo de Peter deMenocal, colega de

---

[18] G. Bond et al., "Influencia solar persistente sobre el clima del Atlántico Norte durante el Holoceno," *Science* 294 (2001): 2130-136.

[19] U. Neff et al., "Alto grado de coherencia entre la disponibilidad solar y el monzón en Omán entre 9 mil y 6 mil años antes del presente," *Nature* 411 (2001): 290-93.

[20] L. Keigwin, "La Pequeña Edad de Hielo y el Período Cálido Medieval en el mar de los Sargazos," *Science* 274 (1996): 1504.

Bond en el Observatorio Lamont-Doherty, quien dirigió a un equipo que se
dedicó a estudiar fósiles de plancton y polvo llevado por el aire, en un núcleo
marino profundo de la costa atlántica africana, en Cap Blanc, Mauritania.[21]
Cap Blanc se encuentra en la línea que normalmente divide las aguas
subpolares, más frías, del Atlántico Norte y las masas más calientes de agua
tropical del Atlántico Sur. Allí además se acumulan sedimentos rápidamente
(lo cual tiene importancia para la precisión de los métodos de datación),
gracias a la alta tasa de producción de plancton ocasionado por la vecina
surgencia de las aguas, así como porque queda dentro del penacho de polvo
mineral soplado desde el África por el viento en la temporada seca.

Los resultados que obtuvo deMenocal sirvieron para confirmar el mismo
conjunto de ciclos que pudieron identificarse con los derrubios de témpanos
del Atlántico Norte de Bond, sólo que esta vez fue a miles de kilómetros más
cerca de la línea del ecuador, donde el hielo nunca se forma. Pese a que las
temperaturas del suelo no cambien mucho cerca del ecuador durante el ciclo,
los núcleos marinos profundos del equipo de deMenocal documentan un
historial de cambios de gran envergadura en las temperaturas de la superficie
marina al oeste del África, los que se ven relacionados con la misma tendencia
en el cambio climático hallada por Bond en el Atlántico Norte. Como
veremos, en este caso lo que cambia es la cantidad de la precipitación, y no
los registros de termómetro.

Para el equipo de deMenocal, los cambios en la cantidad y en las especies
de plancton rindieron registros de la temperatura oceánica en el pasado,
mientras que las cantidades del polvo venido del África son indicadores de
sequía. Estos valores sustitutivos nos dicen que, al caer la temperatura de la
superficie del mar al oeste del África, gran parte del continente se volvió más
seca durante siglos. Luego el clima rápidamente revirtió a su estado más
caliente, provocando lluvias tan copiosas que muchos lagos pudieron formarse
en el Desierto del Sahara.

El enfriamiento más reciente en la región, fue una Pequeña Edad de Hielo
en dos etapas, la que duró del 1300 al 1850, básicamente al mismo tiempo que
otros enfriamientos semejantes registrados en los núcleos de hielo
groenlandeses, en los sedimentos del fondo del mar del Atlántico Norte
hallados por Bond y en las temperaturas de la superficie marina reconstruidas
del mar de los Sargazos.[22]

Durante el Calentamiento Medieval, el equipo dirigido por deMenocal en

---

[21] P. deMenocal et al., "Variabilidad climática coherente en latitudes altas y bajas
durante el Período Caliente del Holoceno," *Science* 288 (2000): 2198.

[22] L. Keigwin, "La Pequeña Edad de Hielo y el Período Cálido Medieval en el mar de
los Sargazos," *Science* 274 (1996): 1503-508.

el África Occidental descubrió que hubo sequedad, seguida de un período húmedo durante una Pequeña Edad de Hielo en dos etapas cerca de Cap Blanc. Dirk Verschuren, de la Universidad de Gante en Bélgica, trabajó con un núcleo de sedimento de 1.100 años de antigüedad, tomado de un lago en el África Oriental. Su equipo también observó que durante el Calentamiento Medieval hubo un clima africano más seco, así como una Pequeña Edad de Hielo más húmeda, pero que el período frío y húmedo se vio interrumpido por tres sequías prolongadas.

Bond llegó a la conclusión de que, cada 1.500 años, se producen períodos de frío intenso que disminuyen las temperaturas oceánicas del Atlántico Norte entre 2° y 3,5° C. DeMenocal dice que las temperaturas oceánicas fuera de la costa africana descendieron al mismo tiempo y aun más bruscamente que en el Atlántico Norte, entre 3° y 4° C.

DeMenocal y Bond nos muestran un sistema climático dinámico, en el que la temperatura y la precipitación varían ininterrumpidamente. Además, el ciclo que ellos descubrieron precede por mucho la actividad industrial del hombre y se ve relacionada con la variabilidad en la actividad del Sol. Los dos estudios por valores sustitutivos se reafirman mutua y enfáticamente, y concuerdan con los núcleos de hielo. Ello prácticamente destruye la idea antigua de que, entre las edades de hielo, nuestro clima cambia poco y de manera lenta.

Los fósiles de polen en los registros de la Base de Datos del Polen Norteamericano, muestran nueve incidencias de una gran reorganización de la flora por toda Norteamérica durante los últimos 14.000 años, "con una periodicidad de 1.650 años más o menos 500 años."[23] ¿Cuánto se acerca esto a un ciclo errático de 1.500 años? El análisis del polen fue realizado por un equipo que dirigió André E. Viau de la Universidad de Ottawa, Canadá. Escribieron lo siguiente: "Sugerimos que la variabilidad en el clima a escala milenaria en el Atlántico Norte tiene relación con reorganizaciones de la circulación atmosférica, con influencias trascendentales sobre el clima."[24]

Los sedimentos tomados de un lago en el suroeste de Alaska, revelan las mismas variaciones cíclicas en el clima y en los ecosistemas que hallaron Bond en el Atlántico Norte y deMenocal fuera de la costa occidental del África. F.S. Hu, de la Universidad de Illinois, dirigió a un equipo que analizó el sílice que producen los organismos vivos, el carbono orgánico y el nitrógeno orgánico con el fin de reconstruir el historial de las temperaturas. Sus resultados son evidencia de que los cambios en el clima han sido

---

[23] A.E. Viau et al., "Amplia evidencia de variabilidad climática de 1.500 años en Norteamérica durante los últimos 14.000 años," *Geology* 30 (2002): 455-58.

[24] Ibíd.

parecidos en las regiones subpolares tanto del Atlántico Norte como del Pacífico Norte, "posiblemente debido a conexiones entre el Sol, los océanos y el clima."[25]

En el Mar de Joló, cerca de las Filipinas, la productividad del fitoplancton se ve estrechamente relacionada con la potencia del monzón de invierno. La producción de fitoplancton fue mayor durante los períodos glaciales que durante los interglaciales, pero los investigadores encontraron que, "el ciclo de 1.500 años... parece ser una característica persistente del sistema climático del monzón."[26]

La noruega Carin Andersson con su equipo construyó un historial de las temperaturas en el mar de Noruega a lo largo de 3.000 años, con base tanto en los isótopos estables en el plancton como en la cantidad y en los tipos de esqueletos de protozoos de los núcleos de sedimentos del fondo del mar.[27] El historial del clima muestra un plazo largo de frío antes del Calentamiento Romano, seguido de la Edad de las Tinieblas, el Calentamiento Romano y la Pequeña Edad de Hielo. Andersson además hace la observación que, "las condiciones de la superficie oceánica, más calientes que en el presente, fueron comunes durante los últimos 3.000 años."[28]

Tres estalagmitas en una cueva situada en Sauerland, Alemania, proporcionan un historial climático de más de 17.000 años, pasando claramente por la Edad de las Tinieblas, el Calentamiento Medieval, la Pequeña Edad de Hielo, el Calentamiento Romano y el período frío y sin nombre que sucedió antes del Calentamiento Romano. Stefan Niggemann de la Academia de las Ciencias de Heidelberg y sus coautores observan en particular que los registros de temperatura en las estalagmitas, "tienen parecido a los registros de una estalagmita irlandesa."[29] A su vez, la

---

[25] F.S. Hu et al., "Variación cíclica y forzado solar del clima durante el Holoceno en el subártico de Alaska," *Science* 301 (2003): 1890-893.

[26] T. De Garidel-Thoron y L. Beaufort, "Dinámica de alta frecuencia del monzón en el mar de Joló durante los últimos 200.000 años," informe presentado en la Asamblea General de la EGS en Niza, Francia, abril de 2000.

[27] C. Andersson et al., "Condiciones de la superficie oceánica en el mar de Noruega (Meseta de Vøring) a fines del Holoceno," *Paleoceanography* 18 (2003): 10.1029/2001PA000654.

[28] Ibíd.

[29] S. Niggemann et al., "Registro paleoclimático de los últimos 17.600 años en estalagmitas de la Cueva B7, en Sauerland, Alemania." *Quaternary Science Reviews* 22 (2003): 555-67.

estalagmita irlandesa de McDermott corrobora las estalagmitas de Sauerland.[30]

Los desprendimientos de tierras suceden más a menudo durante los tiempos más fríos y húmedos. En una cronología de los desprendimientos de tierras en los Alpes suizos, los tres períodos más recientes y que gozan de la mejor documentación sucedieron durante el período innominado de antes del Calentamiento Romano (600-200 a. C.), la Edad de las Tinieblas (300-850 d. C.) y la Pequeña Edad de Hielo (1300-1850).[31]

En el mar de Omán, al oeste de Karachi en Pakistán, dos núcleos de sedimento del fondo marino se remontan a casi 5 milenios y muestran "el ciclo de 1470 años reportado anteriormente en el registro del hielo de la edad glacial en Groenlandia."[32] Los autores, W.H. Berger y U. von Rad, proponen la tesis de que los ciclos son mareomotrices porque tantos de ellos fueron múltiplos de los ciclos mareomotores básicos. Sin embargo, también observan que, "las oscilaciones internas del sistema climático son incapaces de producirlos," y consideran el Período Cálido Medieval como uno más en una serie de ciclos propulsados por fuerzas externas.[33]

Maureen Raymo[34] de Boston College dice que la Tierra ya venía experimentando ciclos climáticos de tipo Dansgaard-Oeschger hace más de un millón de años. Con su equipo de investigadores, Raymo recuperó un núcleo bien largo de sedimento del fondo marino profundo al sur de Islandia. Los sedimentos muestran la misma tendencia que vio Bond a producirse saltos periódicos en los derrubios transportados por el hielo, pero comenzando mucho antes.

---

[30] F. McDermott et al., "Variabilidad climática a escala centenaria durante el Holoceno, descubierta mediante un registro, de alta resolución, de O-18 tomado de un espeleotema en el suroeste irlandés," *Science* 294 (2001): 1328-333.

[31] F. Dapples et al., "Registro nuevo de la actividad de desprendimiento de tierras durante el Holoceno en los Alpes suizos occidentales y orientales: Implicaciones de los cambios en el clima y la vegetación," *Ecologae Geologicae Helvetiae* 96 (2003): 1-9.

[32] W.H. Berger y U. von Rad, "Regularidad de decadal a milenaria en varvas y turbiditas del Mar de Omán: La hipótesis del origen mareomotriz," *Global and Planetary Change* 34 (2002): 313-25.

[33] Ibíd.

[34] Maureen Raymo recibió un Premio Nacional para los Investigadores Jóvenes de la Fundación Nacional para las Ciencias, así como el Premio Cody del Instituto Scripps de Oceanografía.

PERO ES QUE NO EXISTE NINGÚN CICLO SOLAR DE 1.500 AÑOS

La Tierra muestra la presencia de un ciclo climático de 1.470 años (más o menos 500 años), pero el Sol no. El Sol manifiesta claramente el ciclo de Gleissberg, de 87 años, y el ciclo De Vries-Suess, de 210 años, pero no se ha podido encontrar ningún ciclo solar con 1.470 años de duración. Según un comunicado de prensa del Instituto Potsdam en el 2001, emitido para anunciar la publicación de un estudio por Holger Braun et al.:

> Investigadores de varios institutos alemanes... emplearon un modelo de computadora para mostrar que pequeños cambios en el Sol podrían haber desatado una serie de calentamientos repentinos en la última Edad de Hielo. ... Algunos investigadores teorizan que las variaciones en el Sol podrían haber causado el ciclo de 1.470 años. Las [observaciones de las manchas solares] muestran ciclos solares con períodos de unos 87 y 210 años. Sin embargo, hasta el momento no se ha dado con ningún ciclo que dure 1.470 años.... Dado que éstos se encuentran cercanos a factores de 1.470 años, los ciclos del Sol de 210 años y de 87 años podrían combinarse para constituir un período de 1.470 años y así explicar el ciclo climático de la Edad de Hielo.[35]

Los colegas de Holger Braun en el Instituto Potsdam para las Investigaciones de los Impactos Sobre el Clima, ya habían publicado un artículo sobre un posible mecanismo para el ciclo, bajo la suposición de que los cambios en la circulación oceánica durante la Edad de Hielo podría servir para explicar los cambios súbitos en el clima.[36] Sin embargo, nadie había podido explicar la regularidad de este fenómeno.

Durante la última Edad de Hielo, el hielo groenlandés mostró que el ritmo del ciclo varió en razón de menos del 10 por ciento, durante un mínimo de veinte eventos a lo largo de decenas de miles de años. Ello implica la existencia de un fuerte factor de forzado externo y nos lleva de nuevo a la especulación original de Dansgaard y Oeschger en 1984, de que el Sol es el factor impelente. Y no olvidemos la declaración de Gerard Bond, al efecto de que "durante los últimos 12.000 años, prácticamente todos los incrementos a escala centenaria en el hielo de deriva, que se hayan documentado en nuestros

---

[35] "Científicos de Potsdam explican los cambios misteriosos en el clima," Instituto Potsdam para las Investigaciones de los Impactos Sobre el Clima (5 de enero de 2001).

[36] A. Ganopolski y S. Rahmstorf, "Cambios rápidos en el clima glacial, simulados en un modelo climático emparejado," *Nature* 409 (6817) (2001): 153-58.

registros del Atlántico Norte, se vieron ligados a un mínimo solar."[37]

Pero, ¿cómo?

Está claro que durante el Calentamiento del Holoceno actual el ciclo se ha presentado con menor regularidad: el Óptimo Climático del Holoceno duró unos 4.000 años, desde 9.000 años hasta 5.000 años antes de nuestra época. La Edad de las Tinieblas (600-950) y el Calentamiento Medieval que le siguió (950-1300) juntos solamente duraron unos 700 años. No obstante, el ciclo moderado de calentamiento y de enfriamiento manifiestamente siguió funcionando durante el Calentamiento Romano, la Edad de las Tinieblas, el Óptimo Medieval, la Pequeña Edad de Hielo y—¿acaso nos atrevemos a decir, también el Calentamiento Moderno?

El ciclo evidentemente sigue funcionando. Pudiera tener un impacto inmediato menor porque la Tierra carece de grandes mantos de hielo capaces de engendrar grandes crecidas de agua si aquéllos se derriten rápidamente. Pero sí sigue con nosotros.

Holger Braun y sus colegas especularon que los ciclos solares conocidos de 87 años y de 210 años deberían verse sobreimpuestos. Las dos cifras se acercan a factores primos de 1.470. Siete de los ciclos más largos de 210 años, así como diecisiete de los ciclos más cortos de 87 años, encajan bien en el ciclo climático de 1.470 años de la Tierra. Si estos dos tipos de ciclos independientes sucedieran al mismo tiempo, podrían bien potenciarse o bien cancelarse mutuamente para crear el ciclo climático más largo y complejo de 1.470 años.[38]

El equipo pasó la idea por un modelo de computadora, y la idea funcionó. Nos informan que, "un modelo climático de complejidad intermedia con condiciones climáticas glaciales" pudo simular los cambios rápidos en el clima de cada 1.470 años de los eventos Dansgaard-Oeschger, "al ser impelido por la agregación periódica de agua dulce en el Océano Atlántico Norte en ciclos de 86 y de 210 años."[39]

Los investigadores no intentaron presentar los mecanismos de la fuerza solar impelente. Carecían de datos clave: una reconstrucción confiable y detallada de la actividad solar a lo largo de las decenas de miles de años de las edades de hielo, así como detalles tanto de la química atmosférica como de la dinámica de los mantos de hielo continentales y del hielo marino. Sin

---

[37] G. Bond et al., "Influencia solar persistente sobre el clima del Atlántico Norte durante el Holoceno," *Science* 294 (2001): 2130-136.

[38] H. Braun et al., "Posible origen solar del ciclo climático glacial de 1.470 años, demostrado en un modelo emparejado," *Nature* 438 (2005): 208-11.

[39] Ibíd.

embargo, pudieron establecer que, "los ciclos climáticos glaciales de 1.470 años podrían haber sido causados por la fuerza impelente solar pese a la ausencia de un ciclo solar de 1.470 años."[40]

El informe que prepararon dice que los ciclos de 1.470 años terminaron con la Edad de Hielo, pero claro está que los calentamientos y los enfriamientos moderados y naturales de la Tierra siguen produciéndose. Uno de los autores de Potsdam, Stefan Rahmstorf, ha observado en otra parte que, "la llamada 'Pequeña Edad de Hielo' de los siglos XVI al XVIII pudiera representar la fase fría más reciente de este ciclo."[41]

¿Es esta la corroboración definitiva de que el ciclo climático de 1.500 años es la fuerza motriz en nuestro Calentamiento Moderno?

EVALUACIÓN DE LA EVIDENCIA PREHISTÓRICA DE LOS CAMBIOS EN EL CLIMA

Ahora veamos lo que conocemos acerca de este evento climático, misterioso y periódico. *En primer lugar*, sabemos que es extenso. Puede trazarse desde el Atlántico Norte, al ecuador cerca de la costa africana y hasta el mar de Omán, desde Alaska hasta las Islas Filipinas y la Antártida. No se trata de ningún fenómeno regional y limitado.

En segundo lugar, sabemos que los eventos son resultado de causas naturales. Las huellas comienzan hace más de un millón de años, mucho antes de que hubiera actividad humana alguna que pudiera haber afectado el clima.

Tercero, sabemos que la fuerza impelente sobre el clima es lo suficientemente potente como para seguir persistiendo durante las edades de hielo. Cuando la fuerza motriz puede calentar la Tierra pese a la presencia de billones de toneladas adicionales de hielo que cubren los continentes del Hemisferio Norte, se trata de algo bien poderoso. En efecto, debe de ser una de las fuerzas más poderosas que la humanidad jamás haya comprendido.

Cuarto, sabemos por medio de los isótopos y de la historia que el ciclo es moderado en su intensidad. Sabemos que nuestros antepasados y los de las especies silvestres (la mayor parte de las cuales han existido durante millones de años), han podido sobrevivir toda una serie de estos ciclos climáticos, sin gozar ni de calefacción central ni de aire acondicionado. El hombre primitivo pudo sobrevivir hasta los azotes de las edades de hielo, mediante el método sencillo de trasladarse fuera de la zona de las aguas crecientes y de los

---

[40] Ibíd.

[41] S. Rahmstorf, "El ritmo del cambio climático abrupto: Un reloj preciso," *Geophysical Research Letters* 30 (2003): 10.1029/2003GLo17115.

glaciares invasores. Evidentemente gran parte de la fauna hizo lo mismo; las especies que no pudieron mudarse volvieron a asentarse al desaparecer los hielos y/o los calores abrumadores. Sabemos que las enormes extinciones de especies en épocas pasadas de la Tierra no han tenido ninguna relación con los cambios internos en la temperatura, sino con eventos provocados desde el exterior, tales como las colisiones con asteroides y los pases cercanos de los cometas.

El cambio típico en el clima, producido por las fuerzas impelentes cíclicas, tiene un principio, el que a menudo consiste en un cambio climático repentino y errático de hasta 2° C en las latitudes septentrionales medianas, con cambios aun mayores en las temperaturas por el Ártico. Tiene una fase media, la que es estable desde el punto de vista climático e inestable durante las "pequeñas edades de hielo." Luego la fase del ciclo llega a un final. Cuando el Calentamiento Medieval terminó de repente, enormes tormentas azotaron Europa al principio de la Pequeña Edad de Hielo. Esto sí debe ser motivo de preocupación. La dificultad radica en poder pronosticar el final de la fase actual de calentamiento, en una fecha que hoy día se manifiesta completamente incierta. Llegará a ser necesario invertir en métodos para protegernos de las tormentas intensificadas, pero nadie sabe cuándo.

Lo más importante que hay que tener en mente, es que el ciclo climático de 1.500 años no es ninguna teoría falta de pruebas, como lo son los pronósticos, basados en el conjunto de modelos, que emplean los que abogan por la teoría del calentamiento global causado por el hombre. El ciclo de 1.500 años es una realidad documentada que se basa en una gran variedad de pruebas físicas provenientes de todas partes del mundo. Los núcleos de hielo fueron extraídos de mantos de hielo del mundo real, los que tomaron miles de años para acumularse en capas. Los satélites miden realmente los rayos variables del Sol. Los espectrómetros de masa contaron físicamente los isótopos de los núcleos que confirmaron el ritmo de la variación solar. Los conteos de las manchas solares de los últimos cuatro siglos están escritos a mano en las hojas amarillentas de los diarios de los observadores. El registro solar del Observatorio de Armagh ha sido mantenido diaria y esmeradamente durante más de doscientos años. Las erupciones solares están grabadas en película. Los anillos de crecimiento de los árboles esperan a ser contados una y otra vez. Los núcleos de sedimentos están almacenados, listos a someterse a nuevas investigaciones. Los isótopos de oxígeno pesado son manifiestamente distintos a los más ligeros. Las cabezas de las moscas que se hallan en los sedimentos, en realidad vivieron. Los granos de polen cayeron de plantas, hará poco tiempo o hará mucho, pero las plantas sí vivieron. Las estalagmitas se acumularon pacientemente durante miles de años.

No existe ningún ciclo solar de 1.470 años que corresponda al de la Tierra. Pero el modelo de computadora de Holger Braun descubrió que al sobreimponer los bien conocidos ciclos del Sol, de 87 años y de 210 años, éstos podrían crear nuestro ciclo más largo de 1.470 años.

Dansgaard, Lassen y Bond proponen la tesis de que la fuerza que provoca los ciclos, es la del Sol. Berger y von Rad dicen que, "las oscilaciones internas del sistema climático son incapaces de producir" los cambios rápidos en los ciclos de 1.500 años.

Mientras más aprendemos acerca del ciclo de 1.500 años, menos probable parece ser que el calentamiento reciente pudiera ser causado por el hombre o aun resultar peligroso.

Capítulo 2

La relación entre el Sol y el clima

Los científicos han sospechado por mucho tiempo, que las variaciones en la actividad del Sol son responsables, al menos en parte, de la variabilidad natural en el clima de la Tierra. Como ya escribió Henrik Svensmark en el 1999:

> Durante más de cien años ha habido informes de una aparente conexión entre la actividad solar y el clima de la Tierra. Basándose en la observación de que cuando había pocas manchas solares caía menos lluvia, William Herschel, un científico famoso radicado en Londres, sugirió en 1801 que el precio del trigo estaba regido directamente por la cantidad de las manchas solares.... Actualmente la actividad solar se conoce bien hasta el pasado remoto, gracias a la producción de isótopos en la atmósfera por los rayos cósmicos galácticos. De estos registros se desprende una concordancia cualitativa sorprendente, entre los períodos de clima fríos o calientes y la actividad solar disminuida o aumentada durante los últimos 10.000 años.[42]

Pero es sólo recién que los científicos han podido dar con el mecanismo que explica cómo los cambios pequeños en la irradiación solar pueden provocar cambios grandes en el clima de la Tierra. En el 2002, el noticiario de la BBC reportó el descubrimiento:

> Científicos alemanes han encontrado una importante evidencia para conectar los rayos cósmicos con el cambio climático. Han detectado grupos de partículas cargadas en la atmósfera baja que probablemente hayan sido causados por los [rayos cósmicos]. Dicen que estos grupos pueden conducir a

---

[42] Henrik Svensmark, "Influencia de los rayos cósmicos sobre el clima de la Tierra," *Physical Review Letters* 81 (1999): 5027-30.

los núcleos de condensación que se convierten en nubes densas.... La cantidad de rayos cósmicos que alcanzan la Tierra es en gran parte controlada por el Sol, y a juicio de muchos científicos solares, la influencia indirecta del astro sobre el clima global terrestre ha sido subestimada.[43]

He aquí la hipótesis que liga al Sol con nuestro clima: pequeñísimas variaciones en la irradiación solar son amplificadas, hasta producir cambios mayores en el clima de la Tierra, por al menos dos factores distintos: (1) los rayos cósmicos crean cantidades mayores o menores de las nubes bajas enfriadoras en la atmósfera de la Tierra; y (2) los cambios en el ozono, regidos por el Sol, en la estratosfera causan un calentamiento mayor o menor de la atmósfera baja. Un tercer proceso, el bucle de realimentación de mineral de hierro en el océano, también podría desempeñar un papel importante.

VARIACIÓN EN LA IRRADIACIÓN SOLAR

Hace cincuenta años, los científicos hablaban de, "la constante solar." El Sol era la fuente, enorme e invariable, de la energía de la Tierra.

No fue hasta la década del 60, que los satélites pudieron medir con precisión las variaciones solares, mediante los rayos ultravioleta allá fuera en la claridad del espacio.

En 1961, Minze Stuiver de la Universidad de Washington, quien algunos han caracterizado como el segundo científico más citado en las geociencias, pudo publicar una correlación entre la actividad solar y las variaciones en el carbono-14, en los registros de anillos de crecimiento de los árboles de los últimos 1.000 años.[44] Stuiver llegó a concluir que, cuando el Sol es más activo y ocasiona una cantidad mayor de viento solar para proteger la Tierra de los rayos cósmicos, queda menos carbono-14 para ser absorbido por los árboles.

Mediante la aplicación de un modelo de luminosidad solar basado en las variaciones en los isótopos relacionados con el Sol, Charles Perry, de la Encuesta Geológica de EE.UU., y Kenneth Hsu recientemente llevaron la conexión entre el Sol y los anillos de crecimiento de los árboles por un ciclo glacial completo de 90.000 años. Los investigadores descubrieron que el modelo posee un grado bueno de correlación con las indicaciones de carbono-14 de anillos de crecimiento de los árboles datados cuidadosamente, hasta la época del Calentamiento Medieval. Perry y Hsu concluyen que la idea

---

[43] Alex Kirby, "Los rayos cósmicos 'conectados con las nubes,'" Noticias de la BBC, octubre 19 de 2002 <news.bbc.co.uk/2/hi/science/nature/2333133.stm>

[44] M. Stuiver, *Journal of Geophysical Research* 66 (1962): 273-76.

de que, "el aumento moderno en las temperaturas haya sido causado solamente por un incremento en las concentraciones de CO_2, parece dudoso."[45]

Drew Shindell, del Instituto Goddard de Estudios Espaciales de la NASA, utilizó el modelo del clima global de esa institución para comparar el clima de la Tierra durante el Mínimo Solar de Maunder (de 1645 a 1710 d. C.) con un período cien años más tarde, cuando la salida de energía solar se mantuvo relativamente alta durante varias décadas. Shindell halló que el aumento en la actividad solar sólo condujo a un calentamiento moderado (de unos 0,35° C) para la Tierra en total a lo largo de los cien años posteriores al Mínimo de Maunder. Pero sorprendentemente, el calentamiento modesto general sí produjo una respuesta cinco veces mayor para los continentes del Hemisferio Norte en el invierno; las temperaturas en la Europa septentrional aumentaron de 1° a 2° C. De acuerdo con los investigadores, los resultados del modelo corresponden estrechamente con la evidencia física tanto del Mínimo de Maunder como del período solar más activo de un siglo después, según aquélla se ha preservado en los anillos de crecimiento de los árboles, en los núcleos de hielo, en el coral y en los archivos históricos.[46]

La Figura 2.1 muestra cómo las temperaturas en el Ártico se correlacionan con la actividad solar y no con las concentraciones de CO_2. El Ártico es donde la variabilidad en las temperaturas más claramente se pone de manifiesto. La gráfica superior muestra la muy fuerte correlación entre las temperaturas del Ártico y la actividad del Sol durante los últimos 130 años, mientras que la inferior muestra la débil relación entre las temperaturas aéreas en el Ártico y el CO_2. Las temperaturas son de Polyakov et al. (2003), provenientes de estaciones costaneras en la región del Ártico, de estaciones marinas rusas y de boyas del Programa Internacional de las Boyas Árticas. Los datos de la actividad solar son un registro compuesto de cinco valores sustitutivos históricos, entre ellos la amplitud de los ciclos de las manchas solares, la longitud de los ciclos, la tasa de rotación y la fracción de las manchas penumbrales. La potencia relativa de la relación entre las temperaturas y la actividad solar, ha seguido reforzándose desde el 2000, a medida que los niveles de CO_2 han seguido creciendo mientras que las temperaturas y la actividad solar no.

---

[45] C.A. Perry y K.J. Hsu, "La evidencia geofísica, arqueológica e histórica apoya un modelo de energía solar para explicar el cambio climático," *Proceedings of the National Academy of Sciences USA* 97 (2000): 12433-438.

[46] D.T. Shindell et al., "Forzado solar del cambio climático regional durante el Mínimo de Maunder," *Science* 294 (2001): 2149-152.

Figura 2.1: Las temperaturas en el Ártico corresponden con la actividad del Sol y no con el CO₂

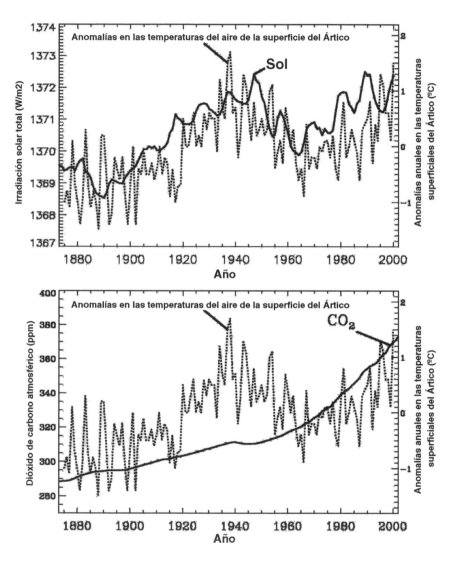

Fuente: W. Soon, "La irradiación solar variable como agente plausible para las variaciones multidecadales en el registro de los últimos 130 años de las temperaturas del aire de la superficie del Ártico," *Geophysical Research Letters* 32, 2005.

Richard Willson, científico afiliado con la Universidad de Columbia y la NASA, informó que la radiación del Sol ha crecido desde fines de los años 70 a razón de casi el 0,05 por ciento por década.[47] Willson empleó datos de tres satélites ACRIM de la NASA que vigilan el Sol, para recopilar un registro de 25 años de la irradiación solar total entre 1978 y 2003. Dado que la producción total de energía del Sol es tan enorme, la tendencia es importante.

La energía que el Sol produce es igual a todo el uso de energía del hombre. Willson dice que no puede estar seguro de si la tendencia a aumentos en la radiación del Sol se remonta hasta antes del 1978, pero observa que, de haber persistido a lo largo del siglo XX, la tendencia habría producido "un componente importante" del calentamiento que se ha observado.

LOS RAYOS CÓSMICOS Y EL SOL

El Sol emite un raudal ininterrumpido de partículas cargadas (el viento solar) que ofrecen a la Tierra un grado parcial de protección contra los rayos cósmicos. Este viento solar varía con la irradiación del Sol. Cuando la actividad del Sol es débil y el viento solar sopla con menos fuerza, más rayos cósmicos penetran nuestra atmósfera y crean una cantidad mayor de nubes bajas, las que a su vez mejoran la capacidad de la Tierra de reflejar el calor del Sol de tramo visible, de vuelta al espacio. Ello surte un efecto de enfriamiento.

Cuando el Sol es más vigoroso, tal y como lo ha sido en tiempos recientes, el viento solar sopla más fuerte y la Tierra goza de una mayor protección de los rayos cósmicos. Ello significa la presencia de menos nubes bajas y por lo tanto de un grado mayor de calentamiento.

Svensmark comparó los datos sobre los rayos cósmicos del monitor de neutrones situado en Climax, estado de Colorado, con las mediciones por satélite de la irradiación solar desde 1970 hasta 1990. Sobre el plazo entre 1975 y 1989, Svensmark vio que los rayos cósmicos disminuyeron en un 1,2 por ciento anual, lo cual cuadruplicó el cambio en la irradiación solar, y llegó a concluir que, "La influencia directa de los cambios en la irradiación solar se calcula en sólo 0,1 grado C. Sin embargo, para esta sensibilidad el forzado por nubes rinde de 0,3 a 0,5° C, y por lo tanto ésta pudiera explicar casi todos los cambios en las temperaturas vistos durante el período de estudio." Reconoció que, "En la actualidad no hay conocimientos detallados del mecanismo microfísico que conecta la actividad solar con la cobertura de nubes de la

---

[47] "Comunicado de prensa, "Estudio de la NASA halla tendencia solar creciente que pudiera cambiar el clima," 'Noticia Más Importante' del Centro Goddard de Vuelos Espaciales, 20 de marzo de 2003.

Tierra."[48]

Como informó Philip Ball en la revista *Nature* en el 2000:

> En el 1997, Svensmark... demostró que existe una correlación entre la
> cubierta total de nubes sobre la Tierra, y el influjo de los rayos cósmicos. ...[49]
> Se piensa que los rayos chocan con partículas o con moléculas en la
> atmósfera y las dejan 'ionizadas,' o sea con una carga eléctrica. Luego estas
> partículas ionizadas siembran el crecimiento de gotitas de agua en las nubes.
> ... Las nubes que se forman bajas en el cielo son relativamente calientes y
> están compuestas de pequeñísimas gotitas de agua. Estas nubes tienden a
> enfriar el planeta, al reflejar la luz del Sol de vuelta hacia el espacio. Las
> nubes altas, que consisten mayormente de partículas de hielo y son más frías,
> pueden surtir el efecto opuesto.... Al estudiar las mediciones por satélite...
> desde 1980, Svensmark y Marsh han encontrado que sólo las nubes de baja
> altitud... parecen variar con los incrementos y las disminuciones en el flujo de
> los rayos cósmicos. Proponen que durante el último siglo la impresión del
> campo magnético solar en el viento solar ha aumentado, de modo que la
> protección de los rayos cósmicos se habría visto incrementada, así
> disminuyendo la formación y la influencia refrescante de las nubes bajas y
> proporcionando una posible contribución al calentamiento global que se ha
> observado.[50]

Svensmark anunció en el 2007 que su equipo de investigadores había
demostrado exactamente cómo los rayos cósmicos participan en la formación
de las nubes.[51] En el sótano del Centro Espacial Nacional de Dinamarca, el
equipo de Svensmark simuló la química de la atmósfera de la Tierra.
Colocaron mezclas realistas de los gases atmosféricos terrestres en una cámara
grande de reacción, con luz ultravioleta sirviendo de sustituto para el Sol. Al
encender la luz UV, empezaron a flotar por la cámara gotitas microscópicas de
agua y ácido sulfúrico: la siembra de nubes.

"Quedamos asombrados por la rapidez y la eficiencia con las que los
electrones [generados por los rayos cósmicos] desempeñan su tarea, de crear

---

[48] H. Svensmark, "Influencia de los rayos cósmicos sobre el clima de la Tierra,"
Instituto Danés de Meteorología, *Physical Review Letters* 81 (1998): 5027-30.

[49] N.D. Marsh y H. Svensmark, "Las propiedades de las nubes bajas son afectadas por
los rayos cósmicos," *Physical Review Letters* 85 (2000): 5004-7.

[50] Philip Ball, "El golpe solar a las nubes bajas podría calentar el planeta," *Nature* 6
(diciembre de 2000).

[51] H. Svensmark, "Cosmoclimatología: Surge una nueva teoría," *Astronomy &
Geophysics* 48 (2007): 1.18-1.24.

el elemento esencial para los núcleos de condensación de las nubes," dice Svensmark. Svensmark agrega que los documentos del experimento muestran cómo los rayos cósmicos amplifican las alteraciones pequeñas en la irradiación solar. Luego, para obtener un registro histórico de cómo la intensidad de los rayos cósmicos ha variado en el pasado, Svensmark dirige la atención al carbono-14 radioactivo y a otros isótopos poco usuales que los rayos cósmicos crean en la atmósfera. Según él, los isótopos explican los ciclos de 1.500 años de al menos los últimos 12.000 años. Siempre que el Sol se hallaba débil y la intensidad de los rayos cósmicos era alta, siguieron condiciones de frío, con el episodio más reciente durante la Pequeña Edad de Hielo que alcanzó su auge hace 300 años.

LOS RAYOS CÓSMICOS Y LA VÍA LÁCTEA

Jan Veizer, geólogo basado en la Universidad de Ottawa, en el Canadá, realizó una reconstrucción del registro de las temperaturas sobre la Tierra durante los últimos 500 millones de años, mediante los isótopos de calcio y de magnesio en las conchas marinas fosilizadas. (Quinientos millones de años es el tiempo durante el cual las conchas marinas han existido.) Quedó sorprendido al encontrar un ciclo trascendente de calentamiento y de enfriamiento cada 135 millones de años, plazo de tiempo que no coincide con ningún fenomeno terrestre.

Fue entonces que Nir Shaviv, astrofísico en la Universidad Hebrea de Jerusalén, realizó una visita a Toronto y le dijo a Veizer que los rayos cósmicos que golpean la Tierra tienen un ciclo de 135 millones de años, a medida que nuestro Sistema Solar atraviesa alguno de los brazos brillantes de la Vía Láctea. Los brazos de la Vía Láctea presentan niveles intensos de rayos cósmicos, los que tienden a enfriar la Tierra mediante el estímulo de la formación de aquellas nubes bajas que reflejan la radiación solar de vuelta hacia el espacio.

En un estudio interdisciplinario, recientemente publicado por la Sociedad Geológica de América, Veizer y Shaviv concluyen que el 75 por ciento de la variabilidad en la temperatura de la Tierra durante los últimos 500 millones de años, se debe a los cambios en el bombardeo ocasionado por los rayos cósmicos según entramos y salimos de los brazos en espiral de la Vía Láctea.[52] Escriben que, "Nuestro planteamiento, el que se basa por completo en estudios independientes de la astrofísica y de la geociencia, rinde un marco sorprendentemente uniforme de la evolución climática en escala de tiempo

---

[52] N. Shaviv y J. Veizer, "¿Motor celeste del clima fanerozoico?" *Geological Society of America* 13 (2003): 4-10.

geológico. El clima global posee una realimentación negativa estabilizadora. Un candidato probable para esta realimentación, es la cubierta de nubes."[53]

Veizer y Shaviv hallan un grado escaso de correlación entre el clima de la Tierra y el dióxido de carbono (CO_2) durante estos 500 millones de años. Observan que, durante el registro de las temperaturas que preparó Veizer, los niveles de CO_2 han llegado a ser hasta 18 veces mayores que en la actualidad, y que éstos fueron 10 veces mayores que en el presente durante el período glacial del Ordovícico, hace unos 440 millones de años. Para los investigadores ello sugiere que, "no es probable que el CO_2 sea el motor principal del clima."[54]

En el informe que Veizer publicó en *Geosciences Canada*, dice que, "Ni el dióxido de carbono atmosférico ni la variabilidad solar pueden por sí mismos explicar la magnitud del aumento de unos 0,6° C que se ha observado en las temperaturas durante el último siglo." Por lo tanto es necesario tener un amplificador. "En los modelos climáticos [globales], la mayor parte del incremento calculado en las temperaturas [se supone que] es la realimentación positiva del vapor de agua. En la alternativa, la regida por el Sol, pudiera serlo el flujo de los rayos cósmicos, partículas de energía que golpean la atmósfera para así potencialmente generar núcleos de condensación de las nubes. Luego las nubes se enfrían y reflejan la energía del Sol de vuelta al espacio."[55]

¿Cómo decidir entre la teoría del CO_2 y la de la conexión del Sol con el clima? Dice Veizer: "Los rayos cósmicos... además generan los [llamados 'isótopos solares'] tales como el berilio-10, el carbono-14 y el cloro-36. Estos pueden servir de valores sustitutivos indirectos para representar la actividad solar y son susceptibles de medición, v.g. en los sedimentos, en los árboles y en las conchas de la antigüedad. Otros valores sustitutivos, tales como los isótopos de oxígeno y de hidrógeno, pueden representar las temperaturas del pasado, mientras que los isótopos estables de carbono [reflejan] los niveles de dióxido de carbono."[56]

Veizer encuentra que, "las observaciones empíricas en todas las escalas de tiempo, apuntan a que son los fenómenos celestes los que constituyen la fuerza motriz principal del clima... con los gases de invernadero sirviendo de posibles amplificadores solamente.... El minúsculo ciclo de carbono va

---

[53] Ibíd.

[54] Ibíd.

[55] J. Veizer, "El motor celeste del clima: Perspectiva de cuatro mil millones de años del ciclo de carbono," *Geosciences Canada* 32, núm. 1 (2005): 13-30.

[56] Ibíd.

montado sobre el enorme ciclo del agua (contando las nubes), no lo conduce." Finalmente concluye que, "Tanto los modelos como las observaciones empíricas son instrumentos indispensables de la ciencia, pero cuando surgen diferencias, las observaciones deberían tener más peso que la teoría."[57]

La proyección de Veizer y Shaviv corresponde aproximadamente con la tasa de calentamiento que se ha observado con los satélites meteorológicos en la atmósfera baja desde 1979, o sea, por debajo de la tasa de aumento vista en los termómetros de la superficie.

Veizer y Shaviv llegan a la conclusión de que un incremento del doble en los niveles actuales de CO_2 serviría para aumentar la temperatura del globo en sólo un módico 0,75° C.[58] Mientras tanto, el IPCC de la ONU juzga que de haber tal incremento en el nivel de CO_2 habría de dos a siete veces la cantidad de calentamiento, o sea incrementos de entre 1,5° y 5,8° C. Algunos modeladores pronostican un calentamiento de 11,5° C.

EL AMPLIFICADOR DE OZONO

Joanna Haigh, del Imperial College en Londres, presentó un informe en la reunión de 1998 de la Asociación Americana para el Fomento de las Ciencias, acerca de "Los efectos del cambio en las emisiones ultravioletas del Sol sobre el clima." Según Haigh, cuando el Sol emite una cantidad mayor de "UV lejana" se produce más ozono en la atmósfera, y este ozono luego absorbe una cantidad mayor de la radiación UV del Sol. De su estudio por modelo de computadora vino la tesis de que una variación del 0,1 por ciento en la radiación solar podría causar un cambio del 2 por ciento en la concentración de ozono en la atmósfera de la Tierra.[59]

El ozono se produce mayormente en las capas superiores de la estratosfera, como resultado de la acción de los rayos de luz ultravioleta (UV) de alta energía ("lejanos") que vienen del Sol y golpean las moléculas de oxígeno (O_2) y las fraccionan. Algunas de estas moléculas se reconstituyen en ozono (O_3), el que forma un escudo estratosférico delgado que protege la Tierra misma contra la mayor parte de los rayos de luz UV "cercana." La energía absorbida por el ozono de la luz UV cercana del Sol, calienta la

---

[57] Ibíd.

[58] N. Shaviv y J. Veizer, "¿Motor celeste del clima fanerozoico?" 4-10.

[59] J.D. Haigh, "Los efectos del cambio en las emisiones ultravioletas del Sol sobre el clima," informe presentado en la reunión anual de la Asociación Americana para el Fomento de las Ciencias, Filadelfia, febrero de 1998.

estratosfera.

Shindell, el investigador de la NASA, dice que su equipo pudo confirmar la tesis de que el ozono es uno de los factores clave que amplifican los efectos de los cambios en la irradiación solar. Realizaron dos experimentos idénticos para simular el clima, con la salvedad de que en uno de ellos no incluyeron la respuesta de ozono, y hallaron "una respuesta, análoga pero más débil, sin el ozono interactivo."[60]

EL CIRCUITO DE REALIMENTACIÓN DE HIERRO EN EL OCÉANO

Gran parte de las aguas oceánicas del mundo se encuentran en un estado de carencia crítica de hierro, un micronutriente que necesitan las enormes masas de fitoplancton que constituyen el escalón más bajo de la cadena alimentaria marina. Los investigadores recientemente han descargado limaduras de hierro en las aguas con bajo contenido de hierro, provocando aumentos grandes en el crecimiento de fitoplancton.

Durante las frías edades de hielo, enormes extensiones de bosque y de pradera se convierten en desiertos. Por ejemplo, el polvo de hierro de la Patagonia sería llevado por los vientos a las aguas carentes de hierro del Océano Antártico. Luego un aumento en el crecimiento de fitoplancton sacaría grandes cantidades de CO_2 del aire. Este circuito de realimentación amplifica la tendencia global al enfriamiento.

Los océanos contienen más de 70 veces la cantidad de CO_2 que la atmósfera, mientras que el agua caliente retiene menores cantidades de gases de todo tipo que la fría. Por ende, cuando el Sol calienta los océanos, éstos liberan más CO_2 en el aire. El proceso es demasiado lento como para poder hacer gran diferencia durante el ciclo climático de 1.500 años. Sin embargo, algunos investigadores calculan que, al final de una edad de hielo, el circuito de realimentación de hierro en los océanos podría explicar la mitad del CO_2 liberado de los océanos y hacia la atmósfera. Ello a su vez amplificaría el calentamiento provocado por la variación solar. El circuito de realimentación de hierro en los océanos apoya la realidad de que son los procesos masivos a largo plazo los que han guiado los cambios en el clima que se han producido a lo largo de la historia de nuestro mundo.

---

[60] Drew Shindell et al., "La variabilidad en el ciclo solar, el ozono y el clima," *Science* 284 (9 de abril de 1999): 305-8.

PARA RESUMIR LA EVIDENCIA
DE LA CONEXIÓN DEL SOL CON EL CLIMA

El Observatorio de Armagh, en Irlanda del Norte, posee un registro de las observaciones del tiempo que data del 1795. Según Richard Butler, el director del observatorio, el registro señala que, "cuando el ciclo del Sol es más largo, hace más frío y cuando el ciclo es más corto, hace más calor en Armagh."[61]

Richard Willson, de la Universidad de Columbia y el Instituto Goddard, dice que la radiación del Sol ha aumentado a razón de un 0,05 por ciento por década a partir de fines de los años 70, cuando comienzan los datos de satélite de alta precisión. Willson no está seguro si la tendencia pudiera extenderse más allá de entonces, pero observa que, "otros estudios sugieren que así es."

Las observaciones y los experimentos que realizó Svensmark, ligan la formación de nubes bajas al ciclo solar y a un factor de forzado del clima cuatro veces más potente que las variaciones en la irradiación solar.

Veizer y Shaviv nos dan isótopos del mundo real para medir el impacto de los rayos cósmicos de nuestra galaxia, los que se ven correlacionados con la evidencia física de los cambios pasados en el clima de la Tierra.

Los modelos climáticos de Haigh y de Shindell parecen confirmar el papel de la química del ozono como segundo factor en la amplificación de las pequeñas variaciones en la irradiación del Sol.

La tendencia actual al calentamiento va siguiendo el mismo ritmo que los calentamientos, naturales y regidos por el Sol, de los ciclos anteriores de 1.500 años. El calentamiento comenzó muy temprano y muy de repente como para que el CO_2 emitido por el hombre pudiera ser un candidato probable para constituir la fuerza motriz.

---

[61] "La influencia calentadora del Sol ha sido 'subestimada,'" Noticias de la BBC, 28 de noviembre de 2000
<news.bbc.co.uk/hi/English/sci/tech/newsid_1045000/1045327.stm>

Capítulo 3

Los calentamientos y los enfriamientos en la historia de la humanidad

Nada expresa mejor los efectos del Calentamiento, que el hecho de que Terranova antaño se llamó "Vinlandia."

- J.R. Dunn, "Summer's Lease," *Analog Science Fiction and Fact*, diciembre de 2000

La nieve comenzó a caer alrededor del 10 de noviembre de 1779 y siguió cayendo casi todos los días hasta mediados del mes de marzo siguiente. El Noreste quedó prácticamente clausurado. Se conoció con el nombre del, Invierno Duro.... Fue un mundo de hielo.... El Juez Jones, que vivía en Fort Neck (hoy Massapequa), escribió en su libro que 200 trincos cargados de abastecimientos, cada uno llevado por dos caballos y todos escoltados por 200 soldados de caballería ligera, hicieron el viaje de cinco millas desde Nueva York hasta Staten Island.... Para defenderse, los británicos acarrearon cañones sobre el hielo desde Manhattan.... El periódico *New York City Packet* informó de un registro de temperatura de 16 bajo cero en la Ciudad.... El frío intenso se extendió por toda la costa, desde Maine hasta Georgia.

- George DeWan, "Historia de Long Island," *Newsday*, 28 de septiembre de 2005

EL CLIMA ES DIFÍCIL DE VER

Entre las Edades de Hielo plenas de 100.000 años, el clima de la Tierra se ha visto dominado por un ciclo moderado, natural e irregular de 1.500 años. Entre los ejemplos más recientes del ciclo se cuenta el Calentamiento Romano, el que comenzó a eso del año 200 a. C. y, emparejado con su otra mitad, la Edad de las Tinieblas, terminó alrededor del 900 d. C. El ciclo que

45

comprende el Calentamiento Medieval y la Pequeña Edad de Hielo duró desde el 900 hasta el 1850. Nuestro Calentamiento Moderno (del 1850 hasta el presente) constituye, probablemente, la primera mitad del próximo ciclo.

La gente que vivió durante los ciclos anteriores no tuvo conciencia de ellos. Desde su punto de vista, consideraban que gozaban de buen tiempo o que sufrían de tiempo malo. La longitud de 1.500 años del ciclo era muy larga como para que el hombre pudiera comprenderla antes de la introducción de la escritura, y las variaciones eran muy moderadas como para poder percibirlas sin usar termómetros de precisión. Es sólo recientemente, con datos escudriñados de la historia escrita antes del Calentamiento Romano y con la evidencia física de los núcleos de hielo y otros valores sustitutivos, que hemos podido empezar a comprender el ciclo largo y moderado que gobierna nuestro clima interglacial.

Entre las fuentes de mayor fascinación en la historia del clima, se encuentran los cuadros de los pintores a través de los años del ciclo de calentamiento y enfriamiento. Hans Neuberger estudió las nubes representadas en más de 6.000 pinturas realizadas entre 1400 y 1967.[62] Su análisis de estadística muestra un incremento lento en el grado de nubosidad entre principios del siglo XV y mediados del XVI. Las nubes bajas (un factor fuerte para el enfriamiento climático) aumentan después del 1550 y luego vuelven a disminuir a partir del 1850. Los artistas de los siglos XVIII y XIX regularmente pintaron una cubierta de nubes del 50 al 75 por ciento en las escenas *de verano*.

Últimamente los titulares acerca del calentamiento global nos han condicionado a pensar en el cambio climático como un evento dramático. En la vida real, la observación del calentamiento global, o aun del enfriamiento global, un acontecimiento mucho más drástico, es bastante menos emocionante que vigilar el crecimiento de la hierba. El cambio sucede principalmente en la forma de temperaturas que son escasamente superiores o inferiores, a mediados de invierno y durante la noche. Puede manifestarse en la forma de más tormentas o menos, pero las tormentas siempre forman parte de la vida en la Tierra. En la zona del ecuador, el cambio climático se refleja en los cambios en la precipitación, pero siempre existen sequías e inundaciones.

Poca gente durante la Pequeña Edad de Hielo, presenció cómo el hielo de un glaciar gigantesco se acercó a sus aldeas alpinas y las aplastó. Poca gente pudo divisar los kayacs de los inuitas acercándose a las costas de Escocia.

Los eslavos que se trasladaron a las colinas de los Alpes Orientales en las postrimerías del Calentamiento Medieval, no sabían que esas mismas tierras habían sido abandonadas durante el enfriamiento anterior. Es probable que

---

[62] Hans Neuberger, "El clima en el arte," *Weather* 25 (2) (1970): 46-56.

hayan creído que los colonos alemanes anteriores se habían vuelto muy blandos y ricos como para seguir subiendo las montañas. Ciertamente no tuvieron idea alguna de que el clima que los rodeaba estaba a punto de volver a convertir sus nuevas fincas, de repente, en terrenos inhabitables.

Aun el cambio climático "abrupto" puede tardar un siglo en entrar en la conciencia del público. Nuestro Calentamiento Moderno comenzó alrededor del 1850, pero pocos se dieron cuenta de ello hasta después del aumento en el calor que sucedió entre 1916 y 1940.

Por todo ello, todas las comunidades del globo siguieron experimentando fríos intensos, calores abrumadores, lluvias y/o nevadas fuertes y sequías devastadoras. Siguieron habiendo huracanes, ciclones, borrascas de nieve, tormentas de hielo e inundaciones.

Los romanos vivieron durante uno de los calentamientos de importancia, casi sin darse cuenta de él en sus prolijas escrituras. En sus mentes sólo la progresión paulatina hacia el norte de la vid (tanto en Italia como en la Gran Bretaña) y del olivo (en Italia) parece haber llamado la atención al Calentamiento Romano.

Para cuando los romanos tuvieron que lidiar con el enfriamiento global de la Edad de las Tinieblas, también tuvieron que luchar con los bárbaros invasores. A medida que las lanzas y las espadas chocaban con los escudos en los campos de batalla, ni los romanos ni los bárbaros habrían pensado mucho en los ciclos climáticos a largo plazo. Es solamente en nuestra época que podemos comprender que la sequía que se extendía y el hambre que la acompañó a causa del enfriamiento del clima, fue un factor que condujo a los bárbaros del centro de Europa a atacar las imponentes puertas del Imperio Romano.

Los islandeses vivieron por el ciclo de calentamiento y de enfriamiento global, entre el año 900 y el final de la Pequeña Edad de Hielo en 1850, en una de las comunidades más expuestas al clima que existe sobre el planeta. De este período sobreviven libros y registros oficiales, y las sagas proporcionan comentarios históricos aun más antiguos. Así y todo, hasta alrededor del 1920, aparentemente los islandeses estuvieron satisfechos de que no habían enfrentado nada más que un mal tiempo ocasional, en vez de cambios climáticos a largo plazo.

Sin embargo, aun cuando nuestros antecesores no reconocieran que el clima iba cambiando, los cambios en el clima se registraron en las crónicas de los monasterios, en los relatos de las estancias feudales, en los documentos jurídicos, en los registros de puertos y en las innumerables escrituras de los viajeros, de los eruditos y de la nobleza. Éstas serán las fuentes clave para nuestro viaje al pasado.

DESDE ALREDEDOR DEL 750 a. C. HASTA EL 200 a. C.: EL FRÍO ANTES DEL CALENTAMIENTO ROMANO

Los archivos egipcios documentan un enfriamiento sin nombre desde el año 750 a. C., aproximadamente, hasta el 450 a. C., justo antes de haberse fundado Roma. Los egipcios tuvieron que construir represas y canales para manejar la disminución de las beneficiosas crecidas del río Nilo que resultó del clima más frío y seco. También se registraron disminuciones en los niveles de las inundaciones en el África Central, donde los sedimentos muestran que el nivel del lago Victoria fue bajando progresivamente.

Los primeros autores romanos escribieron acerca del congelamiento del río Tíber y de las nieves que permanecían sobre el suelo durante largo tiempo. Hoy día estos eventos serían inconcebibles. En nuestra época también sabemos que los glaciares europeos avanzaron durante la primera parte de la civilización romana.

"La disminución que resultó en los niveles del mar [por motivo de que una cantidad mayor del agua quedara atrapada en los glaciares y en los mantos de hielo], la confirman muchas características culturales. Los puertos... fueron construidos y condicionados a un nivel marino más bajo que el de hoy. La evidencia de la zona del Mediterráneo se encuentra también en Egipto, donde el Sweetwater Canal, el que fue construido en respuesta a la bajada del nivel del mar, quedó obstruido por los sedimentos," escribe John E. Oliver, autor de la obra, *Climate and Man's Environment* (en español, El clima y el ambiente del hombre).[63]

DEL 200 a. C. AL 600 d. C.: EL CALENTAMIENTO ROMANO

A partir del primer siglo a. C., los romanos escribieron de un clima más cálido, con escasas cantidades de nieve y de hielo y con la vid y el olivo prosperando más hacia el norte de Italia que lo que había sido posible en siglos anteriores.

Oliver concluye que, "Ya en el 350 d. C., el clima se había hecho más benigno en las regiones septentrionales, mientras que en las zonas tropicales parecía haberse vuelto excesivamente húmedo. Las lluvias tropicales en el África causaron altas crecidas del Nilo y los templos que habían sido erigidos anteriormente... quedaron inundados. En esta misma época también, la América Central experimentó una precipitación copiosa y el Yucatán tropical

---

[63] John E. Oliver, *Climate and Man's Environment* (Nueva York: Wiley, 1973), 365.

se presentó bien húmedo."[64]

Hubert H. Lamb, fundador del Centro de Investigaciones del Clima en la Universidad de Anglia Oriental en Gran Bretaña, fue el primero en documentar los cambios en el clima del mundo durante los últimos 1.000 años. Dice que los romanos reportaron la primera cultivación de la uva alrededor del año 150 a. C. Otros informes también parecen corroborar el que durante la época romana el clima italiano y europeo iba volviéndose más caliente. Hubo "una recuperación desde un período alrededor del 500 a. C. que fue más frío que en el presente. Hacia el final de la era romana, y especialmente durante el siglo IV d. C., puede que haya habido más calor que en el presente."[65]

Según el historiador H.W. Allen, Columella, un romano que escribió entre los años 30 y 60 d. C., citó a autores anteriores que habían dicho que, en sus tiempos, "la vid y el olivo todavía seguían avanzando lentamente hacia el norte por la pierna de Italia.... Columella agregó que, 'Saserna... concluye que la posición de los cielos ha cambiado... las regiones que, a causa de la severidad regular del tiempo, antes no podían proteger los cultivos ni de uva ni de olivo, ahora que la frialdad anterior se había moderado y que el clima era más caliente, sí podían producir vendimias y cosechas de olivas en gran abundancia."[66]

"El mismo clima del Mediterráneo era distinto al del presente," dice Oliver. "Los archivos del tiempo que mantuvo Ptolomeo en el siglo II d. C., muestran que la precipitación se producía durante todo el año, en comparación con el máximo invernal que vemos en la actualidad."[67]

A medida que el calentamiento comenzaba, Roma además experimentó un aumento moderado en el nivel del mar. A juicio de Lamb, el aumento fue del orden de un metro o menos, según se descongeló una cantidad mayor del hielo glacial del mundo. Actualmente las ruinas de los puertos antiguos en Nápoles y en el mar Adriático se encuentran sumergidas a tres pies por debajo del nivel actual de las aguas.[68]

---

[64] Ibíd.

[65] H.H. Lamb, Climate, *History and the Future* (Londres: Methuen, 1977), 156.

[66] Notas de H.W. Allen compartidas con Lamb, citadas en la obra de Allen, *History of Wine* (Londres: Faber & Faber, 1961), 75.

[67] Oliver, *Climate and Man's Environment*, 365.

[68] H.H. Lamb, *Climate, History and the Modern World* (Londres: Routledge, 1982), 162.

África del Norte (lo que son ahora Túnez, Argelia y Marruecos) se presentaba lo suficientemente húmeda como para poder cultivar grandes cantidades de cereales, primero para Cartago y luego para el Imperio Romano. El Asia Central experimentó un crecimiento robusto en la población cuando el clima de la comarca comenzó a calentarse alrededor del año 300 d. C., según Robert Claiborne.[69]

DEL 440 d. C. AL 900 d. C.: LA EDAD DE LAS TINIEBLAS

Una catástrofe climática de mayor envergadura acompañó la llegada de la Edad de las Tinieblas. El profesor Michael Baillie, de Queens University en Irlanda del Norte, dice que los estudios de anillos de crecimiento de los árboles verifican este enfriamiento mayor. Además señala un período particular, el que denomina "el evento del 540 d. C.," cuando "los árboles dejaron de crecer." Baillie descubrió que la madera y los robles de pantano inundados de esta época manifiestan anillos delgados, lo cual indica que los árboles dejaron de crecer en el mundo de una manera repentina e inexplicable. Las temperaturas descendieron. Observa también que en la Europa meridional y en la costa de China cayó nieve durante el verano, mientras que tormentas despiadadas se extendieron desde Suecia hasta Chile.[70]

"Los árboles nos dicen inequívocamente que algo bien terrible sucedió," propone Baillie. "No solamente en Irlanda del Norte y en la Gran Bretaña, sino también por toda Siberia, América del Norte y del Sur, [tuvo lugar] un evento global de algún tipo."

Nota Baillie que, "Parecen haber habido cometas, meteoros, terremotos, cielos apagados e inundaciones y, posterior a las hambres de fines de la década del 530, la peste llegó a Europa entre el 542 y el 545 d. C."[71]

Los historiadores bizantinos registraron muchos cometas aterradores por los cielos. Los cometas que se acercan mucho a la Tierra pueden levantar el polvo cósmico, el que, ahora sabemos, puede provocar cambios pasajeros en las tendencias climáticas del planeta. El historiador Procopio describió el tiempo contemporáneo en Constantinopla y reportó que, "[e]l Sol dio su luz sin resplandor, como la luna durante todo el año, y se parecía muchísimo al Sol en eclipse, porque los rayos que vertía no eran claros, ni tampoco como

---

[69] Robert Claiborne, *Climate, Man and History* (Nueva York: Norton, 1970), 344-47.

[70] "Los anillos de crecimiento de los árboles presentan un reto para la Historia," Noticiario de la BBC, 8 de septiembre de 2000.

[71] Ibíd.

acostumbraba verter."[72] Juan de Éfeso escribió que, "El Sol se oscureció y la oscuridad duró 19 meses. Cada día brilló durante unas cuatro horas, y asimismo esta luz era apenas una débil sombra... los frutos no maduraron y el vino supo a uva verde."[73] Juan el Lidio escribió en *De Ostentis*: "El Sol se oscureció durante casi el año entero... los frutos perecieron fuera de temporada."[74]

"Al final del siglo VIII," dice Oliver, "la evidencia apunta a la existencia de un enfriamiento marcado. En el 800 y el 801 d. C., el mar Negro quedó congelado y en el 829 d. C. se formó hielo sobre el Nilo."[75]

¿Podrían las sequías asiáticas entre los años 300 y 800 haber impulsado a las tribus bárbaras del Asia y Europa Central, a atacar a Occidente? Los alemanes llaman este período el *Volkerwanderungen*, el "tiempo de los pueblos errantes," porque Europa Oriental se vio invadida por tantos "pueblos errantes."

¿Podrían las sequías asiáticas además haber desatado la primera gran epidemia de peste bubónica en azotar al Oeste? Es probable que la peste haya salido del Medio Oriente o del África Oriental (existe en las dos regiones). Se difundió por medio de las ratas y de sus pulgas, que transmitieron la bacteria mortal, *Yersinia pestis*, a nuevos grupos de humanos que no tenían resistencia. En espacio de cuatro meses la peste mató a quizás 200.000 ciudadanos del Imperio Bizantino y luego prosiguió a matar a la tercera parte de los seres humanos en Europa Oriental y a la mitad de la población de Europa Occidental. El saldo mortal de la peste puede haber alcanzado los 25 millones de almas.

El comercio se detuvo por completo. Las ratas viajaban en los barcos y se sospechó que los marineros eran los responsables de propagar la enfermedad. Algunas ciudades costeras no les permitieron desembarcar, pero de todos modos las ratas con sus pulgas saltaron a tierra para propagar la peste. "La peste parece haber sido resultado del hambre causada por la falta de luz del

---

[72] Lamb, *Climate, History and the Modern World*, 159.

[73] David Keys, *Catastrophe: An Investigation into the Origins of the Modern World* (Nueva York: Ballantine, 1999).

[74] M. Maas, *John Lydus and the Roman Past: Antiquarianism and Politics in the Age of Justinian* (Londres: Routledge, 1992).

[75] Oliver, *Climate and Man's Environment*, 365.

Sol," escribió el historiador del Imperio Bizantino, Cyril Mango.[76]

Fue denominada la "Plaga de Justiniano," porque sucedió precisamente cuando el Emperador Justiniano intentaba reconstruir el antiguo Imperio Romano a partir de su base en Constantinopla. Hasta quiso recobrar a Italia de las tribus bárbaras. Tanto los romanos mismos como los persas y los árabes vecinos vieron la Plaga de Justiniano como un castigo de Dios contra los romanos. Debilitados por la peste, las antiguas provincias orientales de Roma cayeron víctimas a de la rápida expansión del Islam después de la muerte de Mahoma en el 632.

Una vez que la Plaga de Justiniano llegara a su fin a eso del 590, la enfermedad no volvió a surgir hasta la década del 1320: otro cambio de signo climático, cuando el Calentamiento Medieval iba transformándose en la Pequeña Edad de Hielo.

DEL 900 AL 1300: EL CALENTAMIENTO MEDIEVAL

Durante largo tiempo se ha sabido que el mundo gozó de un clima bien propicio durante el Medievo, desde quizá el 900 hasta el 1300. Este período se conoce en la historia con el nombre del Calentamiento Medieval, el Pequeño Óptimo Climático. (El Óptimo Climático del Holoceno, mucho más caliente y más largo, sucedió hace de 5.000 a 9.000 años.)

Muchos de los castillos y de las catedrales europeas fueron construidos durante el Calentamiento Medieval, señal de buenas cosechas, de suministros amplios de alimentos y de mano de obra suficiente como para poder emprender grandes proyectos de construcción.

Hubert H. Lamb observa que, "[D]e lo que no existe ninguna duda razonable es que, durante los tres o cuatro siglos siguientes [al 800 d. C.]... vemos que el clima se iba calentando, hasta llegar el día cuando los límites del cultivo alcanzaron alturas en las montañas que son mayores que lo que han podido ser desde entonces.... Ciertamente el límite del arbolado en partes de la Europa Central fue de 100 a 200 metros más alta que durante el siglo XVII.... En las alturas de California, el registro de los anillos de crecimiento de los árboles señala que, entre el 1100 y el 1300 d. C., hubo un máximo abrupto de calor, semejante al de Europa."[77]

Los documentos escritos y las sagas nórdicas nos dicen que fue durante este período de calor que los escandinavos colonizaron Groenlandia. Los

---

[76] Cyril Mango, *Byzantium, the Empire of the New Rome* (Nueva York: Scribner, 1980).

[77] Lamb, *Climate, History and the Modern World*, 172.

colonos pudieron mantenerse mediante la pesca del bacalao y la caza de focas en los mares, libres de hielo, que posteriormente quedaron obstruidos por el hielo, así como mediante la ganadería en lugares que luego se convirtieron en tundra congelada durante quinientos años.

Según Richard D. Tkachuck, del Instituto de Investigaciones de las Geociencias:

Se han encontrado restos de humanos de los cementerios nórdicos en Groenlandia, en lugares que hoy día son suelos permanentemente congelados. Ello sugiere una temperatura local promedio, durante la ocupación noruega, de 2 a 4 grados C más alta que en la actualidad. Además, el hallazgo de raíces de plantas en el mismo nivel respalda esta suposición, dado que la capa de permafrost proporciona una barrera al crecimiento. Hay evidencia de que los esquimales americanos ocuparon zonas en el norte de Groenlandia, en la Isla de Ellsmere y en las Islas de Nueva Siberia. En estos sitios se han encontrado grandes viviendas hechas con madera de deriva. También hay evidencia arequeológica de grandes aldeas desarrolladas para la pesca y para la caza de ballenas. Estos establecimientos posteriormente fueron expulsados hacia el sur por el cambio climático, hasta entrar en contacto con las colonias vikingas en el sur de Groenlandia. Resultaron conflictos y las colonias vikingas finalmente desaparecieron durante el siglo XV.[78]

Los vikingos dieron a la actual Terranova el nombre de, "Vinlandia." Como ya hemos observado, la vid es uno de los valores sustitutivos clave para seguir los calentamientos y los enfriamientos de los últimos 1.200 años. El Domesday Book, libro de catastro mandado a hacer en Inglaterra por Guillermo el Conquistador, señala el crecimiento bien difundido de la vid en zonas donde actualmente la uva no puede crecer. Por ende el noroeste de Europa debe de haber sido más caliente y más seco de lo que es en nuestro tiempo.[79] Tkachuck lo corrobora:

La vinicultura fue extensa en las regiones meridionales de Inglaterra, desde allá por el 1100 hasta alrededor del 1300. Ello representa una extensión hacia el norte de unos 500 km a partir de donde la uva se cultiva actualmente en Francia y en Alemania.... Al llegar el siglo XV las temperaturas se volvieron muy frías para la viticulura y las viñas dejaron de existir en estas latitudes septentrionales.... Cabe observar que, en el presente, el clima sigue siendo desfavorable para la vinicultura en estas zonas.... Durante aquella época caliente, en Alemania hubo viñas a 780 metros por sobre la superficie del

---

[78] R.D. Tkachuck, "La Pequeña Edad de Hielo," *Origins* 10 (1983): 51-65.

[79] Oliver, *Climate and Man's Environment*, 365.

mar. Hoy en día se encuentran hasta los 560 metros. Suponiendo un cambio de 0,6/0,7° C por cada 100 metros de excursión vertical, los datos significan que la temperatura media promedio fue de 1,0 a 1,4° C más alta que en el presente.[80]

En su obra acerca de la Pequeña Edad de Hielo, Brian Fagan describe el impacto que tuvo el Calentamiento Medieval:

> En el centro de Noruega la zona de establecimiento de los poblados, de despeje de los bosques y de cultivo subió por los valles y las montañas, de 100 a 200 metros por sobre los niveles que habían permanecido estáticos durante más de 1.000 años. El trigo se cultivó alrededor de Trondheim, [casi a medio camino pasando por la Península de Escandinavia], y los cereales más resistentes como la avena tan al norte como Malagan [aun más cerca del Círculo Ártico].... El cambio en la altura sugiere elevaciones en las temperaturas de verano de aproximadamente un grado centígrado, un incremento parecido al que se vio en Escocia, al otro lado del mar del Norte.... A fines de la época prehistórica, prosperaron numerosas minas de cobre en los Alpes, hasta que el hielo creciente las sellara. Al retroceder el hielo, los mineros de fines del Medievo volvieron a abrir algunas de las excavaciones.[81]

Los arqueólogos que realizan excavaciones debajo de la ciudad inglesa de York, han encontrado restos del insecto de la ortiga, *Heterogaster urticae*, que vive hoy en las ortigas localizadas en las regiones soleadas del sur de Inglaterra. Tanto durante la época romana como en la Edad Media vivió mucho más hacia el norte, en York. Es evidente que durante esos dos períodos de tiempo las temperaturas deben de haber sido más altas que lo que son hoy en día.[82]

El Calentamiento Medieval alrededor del mundo

Se ha afirmado que el Calentamiento Medieval fue un evento regional solamente y por lo tanto supuestamente distinto de la tendencia actual al calentamiento. Ello no es cierto. Dada la polémica al respecto, resumamos la

---

[80] Tkachuck, "La Pequeña Edad de Hielo," *Origins* 10 (1983): 51-65.

[81] Brian Fagan, *The Little Ice Age: How Climatic Change Made History 1300-1850* (Nueva York: Basic Books, 2000), 17-18.

[82] Lamb, *Climate, History and the Modern World*, 181.

evidencia del alcance global del Calentamiento Medieval.

La región del Mediterráneo

La región del Mediterráneo, contando la costa de África del Norte, recibió cantidades mayores de precipitación que en nuestra época. Más hacia el sur, en las zonas desérticas de África del Norte, las escrituras de los grandes geógrafos árabes señalan que a lo largo de la Edad Media hubo más lluvia que en la actualidad.[83]

Asia

Basado en los datos del polen y en los límites meridionales del permafrost, las temperaturas en China fueron de 2° a 3° C más altas que en el presente durante el Óptimo Climático de China (del 8.000 a. C. al 3.000 a. C.).[84]

El clima chino desde el año 1000 a. C. hasta el 1400 d. C. se ha podido reconstruir con base a los registros de los palacios, a las historias oficiales, a los anuarios, a los diarios y a las gacetas.[85] Entre los elementos clave se cuentan las fechas de las aves migratorias, la distribución de las especies de plantas, de las arboledas de bambú y de los huertos de frutas, así como las tendencias en las migraciones de los elefantes, las fechas de florecimiento de los arbustos y las sequías y las indundaciones principales. Los registros confirman que los huertos de frutas cítricas fueron extendiéndose hacia el norte con el Calentamiento Medieval, para luego retroceder bajo el azote del enfriamiento posterior al año 1300.[86]

De acuerdo con el meticuloso análisis económico de la historia de China, realizado por Kang Chao, la riqueza del país, que había venido creciendo desde el 200 a. C., alcanzó su punto máximo alrededor del 1100 d. C. y luego entró en declive. Según Chao, los ingresos reales aumentaron desde el período

---

[83] Ibíd., 207.

[84] Z. Feng et al., "Variaciones temporales y espaciales del clima en China durante los últimos 10.000 años," *The Holocene* 3 (1993): 174-80.

[85] C. Ko-chen, "Estudio preliminar de las fluctuaciones climáticas de los últimos 5.000 años en China," *Scientia Sinica* 16 (1973): 483-86; W. Shao-Wu y Z. Zong-Ci, "Las sequías y las inundaciones en China," en *Climate and History: Studies in Past Climates and Their Impact on Man*, red. por T.M.L. Wigley et al. (Londres: Cambridge University Press, 1981), 271-87; y J. Zhang y T.J. Crowley, "Los registros históricos del clima en China y la reconstrucción de los climas anteriores," *Journal of Climate* 2 (1989): 830-49.

[86] Z. De'er, "Evidencia de la existencia del Período Cálido Medieval en China," *Climatic Change* 26 (1994): 289-97.

Han (del 206 a. C. al 220 d. C.), hasta su máximo durante la dinastía Song del Norte (del 961 al 1127).[87]

Y. Tagami recopiló colecciones de documentos históricos del Japón, entre ellos un grupo de registros oficiales, que datan del siglo VII, acerca de los "eventos" del tiempo tales como las sequías, las lluvias extensas, las grandes caídas de nieve, los inviernos benignos y semejantes.[88] Otros tipos de documentos, entre ellos los diarios de la nobleza japonesa, registraron eventos del tiempo relacionados con sus calendarios sociales, contando las fechas del florecimiento de los cerezos y de la congelación de los lagos. Este conjunto de documentos se extiende hasta el siglo X. Tagami además analizó el número de los días de nieve, relativo al de los días de lluvia:

> Las condiciones relativamente calientes persistieron hasta el siglo VIII, [luego] a fines del siglo IX se produjeron condiciones de frialdad por breve tiempo. Entonces las condiciones cálidas siguieron desde el siglo X hasta la primera mitad del XV. Después de la segunda mitad del siglo XV aparecieron condiciones de frío y entonces comenzaron condiciones de frío intenso a partir del siglo XVII. Así que, entre las dos épocas de frialdad, la condición de calor es manifiesta desde el siglo X hasta el XIV.[89]

En el sureste del Asia, los miles de famosos templos en Angkor Wat fueron erigidos durante la primera mitad del siglo XII, lo cual es probable que refleje el mismo clima propicio para la producción de alimentos y la expansión de la mano de obra marcada por los castillos y las catedrales que fueron construidas en Europa. Muchos de los fabulosos templos tallados de la India, datan de la misma época.

Norteamérica
En el suroeste, los pacíficos indios anasazis vivieron en dispersas fincas individuales de recolección de agua por la meseta del oeste de Colorado y en las zonas circundantes del norte de Arizona y Nuevo México. El maíz y la calabaza de la comunidad de los anasazis prosperó y su cultura se extendió desde quizás el año 2000 a. C. hasta el 1000 d. C., por lo menos.

---

[87] Kang Chao, *Man and Land in China: An Economic Analysis* (Palo Alto, California: Stanford University Press, 1986).

[88] Y. Tagami, "El cambio climático, reconstruido de los datos históricos en Japón," Actas del Simposio Internacional Sobre el Cambio Global, Programa Internacional de la Geosfera y la Biosfera, 1993, 720-29.

[89] Tagami, "El cambio climático, reconstruido de los datos históricos en Japón," 720-29.

La primera parte del Calentamiento Medieval favoreció a los anasazis con lluvias más copiosas y regulares. Sin embargo, los anillos de crecimiento de los árboles en el Sand Canyon muestran lluvias escasas de 1125 a 1180, de 1270 a 1274 y una sequía de 24 años a fines del siglo XIII. La sequía prolongada hizo escasear los alimentos y provocó conflictos. Los anasazis se vieron obligados a construir las viviendas tipo fortaleza en las escarpaduras de Mesa Verde y en el Cañón del Chaco. Finalmente hasta estas viviendas fueron agredidas y los almacenes de cereal fueron quemados o saqueados. Después del 1300, los sobrevivientes de la tribu anasazi llegaron a las pocas cuencas (tales como la del río Grande y la del río Colorado) donde todavía corrían aguas para la irrigación.[90]

Más hacia el este, la cultura, centrada en el maíz, de los constructores de túmulos había florecido en lo que es ahora la Franja Oriental del Maíz. Se calcula que Cahokia, en el estado de Illinois, debe habrá tenido 40.000 habitantes antes del año 1200. Pero el clima más frío y más seco que resultó después del 1200, dificultó el cultivo de maíz. Los árboles locales paulatinamente dieron paso a las hierbas, las que precisaban de menos lluvia, y los venados y los alces fueron reemplazados por el bisonte, difícil de matar sin los caballos que los españoles introdujeron más adelante. Sin el maíz, Cahokia se volvió una ciudad insostenible. Al llegar los primeros comerciantes franceses durante el siglo XVIII, éstos hallaron nada más que aldeas de indios aisladas.[91]

Los beneficios del calentamiento

El mayor impacto del Calentamiento Medieval sobre la mayoría de la gente, fue por medio de la producción de alimentos. En Europa la población creció en un cincuenta por ciento durante el Calentamiento Medieval. Ello significa que la producción de comestibles, o al menos la certeza de obtener cosechas relativamente buenas año tras año, debe haber mejorado más que eso, ya que las cifras de la población se habrían visto regidas por el suministro de alimentos en los años con cosechas más malas. Dado el estado primitivo de los almacenes y la perniciosa abundancia de las ratas y de los insectos en aquella época antes de los pesticidas, las provisiones que se guardaban para el año siguiente nunca eran muy grandes.

La abundancia de comestibles durante el Calentamiento Medieval,

---

[90] B. Fagan, *Floods, Famines and Emperors: El Niño and the Fate of Civilizations* (Nueva York: Basic Books, 1999), 159-77.

[91] Lamb, *Climate, History and the Modern World*, 186.

aseguró el crecimiento de la población, de las ciudades, del transporte y de las grandes estructuras. Una diferencia de apenas un grado en el clima de invierno, y en particular la falta de heladas inoportunas, significó una marcada diferencia en la duración de la estación de crecimiento.

En junio del 1253, el Westminster Abbey gozó de 428 obreros, casi la mitad de ellos albañiles y sopladores de vidrio, y hubo cientos de proyectos mayores de construcción por toda Europa.[92] Dado que en Europa en aquel entonces sólo vivía la décima parte de los que allá viven hoy, ello sería comparable a un proyecto moderno de construcción que empleara a 4.280 obreros—por varias décadas.

A fines del siglo XVII, Gregory King calculó la población británica en unos 5,5 millones de almas, gracias a los sistemas novedosos de cultivo que rindieron cantidades mayores de alimentos aun a pesar del tiempo relativamente desfavorable de la Pequeña Edad de Hielo. El historiador británico de la agricultura, Mark Overton, dice que es probable que la población haya alcanzado ese nivel dos veces anteriormente: primero durante el calentamiento de la época romana y luego en el 1300, durante el apogeo del Calentamiento Medieval.[93]

Con el análisis de los documentos de las tierras mantenidas en fideicomiso por los tribunales testamentarios, Overton establece que la productividad de las tierras británicas dedicadas a los cereales disminuyó notablemente entre el 1300 y el 1400, a medida que el clima se deterioraba. El rendimiento no volvió a recuperarse hasta alrededor del 1700, cuando los agricultores británicos adoptaron la técnica de rotación de cultivos, que permite un grado mayor de producción.[94]

El cabotaje y el comercio de ultramar fueron propiciados durante el Calentamiento Medieval por un declive en la cantidad de los vientos fuertes y de las tormentas violentas que pudieran azotar las naves. Los caminos se beneficiaron de la abundancia de la luz del Sol: aunque lloviera a menudo, los caminos podían secarse rápidamente de modo que era posible transportar los comestibles a las ciudades y los productos manufacturados de la ciudad al campo. Los pasos de montaña permanecieron abiertos durante más tiempo en el verano, de modo que los bienes de lujo, tales como las especias traídas del Oriente por las caravanas, el azúcar de Chipre y los cristales de Venecia podían cambiarse por las lanas inglesas y las pieles escandinavas.

---

[92] Jean Gimpel, *The Cathedral Builders* (Nueva York: Grove Press, 1961), 68.

[93] Mark Overton, "Historia agraria inglesa, 1500-1850" <www.neha.nl/publications/1998/1998_04overton.pdf> (accedido 4/VIII/07)

[94] Ibíd.

El clima medieval fue lo suficientemente caliente y seco como para fomentar la organización de las primeras ferias de comercio en Europa. En el año 1000, había más de setenta casas de moneda en la Gran Bretaña difundidas por los centros de comercio, las que acuñaban plata de Alemania recibida a cambio de lana y de pescados británicos. Además hubo un comercio europeo en el vino, las pieles, las telas y los esclavos.[95] Anteriormente la economía se había establecido en torno a las estancias autosuficientes, que además de producir sus propios comestibles, el lino y la lana, tejían su propia ropa y comerciaban poco con el mundo exterior.

DEL 1300 AL 1550: LA PEQUEÑA EDAD DE HIELO, 1ª FASE

Uno de los beneficios más importantes del Calentamiento Medieval, fue que el clima se volvió relativamente estable. La gente y la sociedad podían adaptarse bien a ello. Una de las mayores dificultades que presentó la Pequeña Edad de Hielo, fue la inestabilidad del clima. Según el arqueólogo Brian Fagan, la desviación estándar de las temperaturas invernales en Inglaterra y en los Países Bajos fue mayor en razón del 40 al 50 por ciento durante los siglos más fríos de la Pequeña Edad Media, que a principios del siglo XX.[96] Era casi imposible el adaptarse y, desgraciadamente, necesario el sufrir.

El clima fue impredecible durante la Pequeña Edad de Hielo, dando eventos meteorológicos a menudo violentos, así como veranos calurosos y bien secos algunos años y bien fríos y húmedos otros años, además de un aumento notable en las tormentas y en los vientos en el mar del Norte y en el Canal de la Mancha.

Según Brian Fagan:

> Un europeo moderno, trasladado a la época de la Pequeña Edad de Hielo, no hallaría el clima muy distinto, aun cuando los inviernos fueran a veces más fríos que hoy en día y los veranos de vez en cuando más calurosos. Nunca hubo una helada profunda y monolítica, sino que un vaivén climático que subía y bajaba constantemente.... Hubo inviernos de tipo ártico, veranos candentes, sequías serias, años de lluvias torrenciales, cosechas a menudo abundantes y largos períodos con inviernos benignos y veranos calientes. Los ciclos de frío excesivo y de lluvias insólitas podrían durar diez años, unos

---

[95] R. Lacey y D. Danziger, *The Year 1000: What Life Was Like at the Turn of the First Millennium* (Boston: Little, Brown, 1999), 67-81.

[96] Fagan, *Floods, Famines and Emperors*, 197.

cuantos años o apenas una sola temporada.[97]

Los primeros glaciares crecientes, señal indudable de que se acercaba la Pequeña Edad de Hielo, empezaron en Groenlandia a principios del siglo XIII. Luego el hielo lentamente invadió Islandia, Escandinavia y el resto de Europa.

En la mayor parte de Europa el tiempo bueno y predecible terminó de repente. El clima había comenzado a empeorar durante el siglo XIII en Europa Oriental. Ya para el XIV hubo una serie de años húmedos en toda Europa, particularmente durante los veranos, entre 1313 y 1321. El peor fue el 1315, cuando los cereales "no maduraron en ninguna parte de Europa."[98] Las lluvias catastróficas afectaron una zona enorme, de Irlanda a Alemania y por el norte hasta Escandinavia. En partes del norte de Inglaterra, enormes extensiones de tierra vegetal fueron llevadas por las lluvias, para dejar sólo piedras y barrancos.

Los peligros del enfriamiento

La suma importancia de la agricultura durante la fase inicial de la Pequeña Edad de Hielo, significó el que la mayoría de los europeos sufrieran por motivo de la disminución de las cosechas. Casi el 90 por ciento de la gente llevaba una vida de subsistencia agrícola, en general quedándoles poco al final del invierno salvo los escasos pollos para los que les quedaba forraje y, con suerte, semilla suficiente para sembrar la cosecha del verano siguiente. La cantidad y la calidad de cada cosecha eran factores críticos.

Hubert H. Lamb nos informa del hambre difundida, de muertes en gran escala y hasta de casos de canibalismo.[99] El hambre se vio agravada por el crecimiento en la población ocurrido durante el siglo anterior. La población en Francia se había casi triplicado, a cerca de 18 millones.[100] La población en Inglaterra había crecido aun más rápido, de unos 1,4 millones a más de 5 millones.

Los registros fiscales en Islandia muestran que allí la población disminuyó de más de 75.000 en el 1095, a unos 38.000 en la década del 1780. Las pieles de oso polar se volvieron populares como alfombras para las iglesias, señal de

---

[97] Ibíd., 49.

[98] Lamb, *Climate, History and the Modern World*, 195.

[99] Ibíd., 94.

[100] Fagan, *Little Ice Age*, 31-33.

la abundancia no solamente de los osos sino también del hielo marino que los transportara a las costas de Islandia.[101]

Lamb nos cuenta acerca de al menos tres inundaciones causadas por el mar en la costa holandesa y alemana entre el 1362 y el 1446, con saldos de muertos de más de 100.000 cada una.[102] Según Lamb, los niveles del mar pueden haber subido modestamente durante el Calentamiento Medieval, a causa del derretimiento de los glaciares, pero en los Países Bajos las oleadas causadas por las tormentas se vieron empeoradas por el hundimiento de la corteza terrestre en la Cuenca del mar del Norte (la que continúa hasta nuestros tiempos). La mayor parte de las muertes, desde luego, se debieron a las oleadas producidas por las tormentas.

Las estaciones de crecimiento húmedas a menudo dejaron a los agricultores con cereales húmedos que eran más vulnerables a los mohos durante el almacenamiento. Sin embargo la gente consume cereal mohoso si no hay más nada que comer, y durante la Pequeña Edad de Hielo con frecuencia no hubo más nada que comer. El cornezuelo atacó los cereales húmedos, especialmente el centeno, alimento de la gente común y corriente. El resultado fue un aumento en la incidencia de fiebre de San Antonio o ergotismo. Al consumir la población el centeno, la toxina del hongo en el cereal causaba convulsiones, alucinaciones y brotes de histeria colectiva, que a veces llegaron a afectar a aldeas enteras. En los casos extremos, el envenenamiento del cornezuelo provocó gangrena interna, haciendo desprenderse las extremidades de la víctima, y hasta la muerte. Los grabados en madera medievales muestran a San Antonio rodeado de manos y de pies sueltos.

Algunos cristianos creyeron que el clima terrible era señal que Satanás iba ganando el predominio sobre la Tierra. Muchos culparon a las brujas por los sufrimientos que pasaron. Entre 1580 y 1620, solamente en Berna, en Suiza, más de mil personas fueron quemadas en la hoguera como brujas. El pequeño pueblo de Wisensteig, en Alemania, quemó a sesenta y tres mujeres en 1563.[103] Johann Linden, canónigo de una iglesia en Tréveris en 1590, en su diario explicó el estado de ánimo del público: "Todos creyeron que el fracaso continuo de las cosechas lo causaron las brujas con su odio demoniaco, de

---

[101] Lamb, *Climate, History and the Modern World*, 188.

[102] Ibíd., 191.

[103] Fagan, *Little Ice Age*, 91.

modo que el país entero se levantó para exigir su erradicación."[104]

Muchas enfermedades se difundieron incontenyblemente durante la Pequeña Edad de Hielo, fomentadas por la ropa siempre mojada, el atestamiento de gente, la desnutrición, la mala higiene y la escasez de combustibles para la calefacción. Las epidemias de tifus, por ejemplo, que son propagadas por los piojos, costaron más vidas durante los inviernos fríos, porque la gente desnutrida se amontonaba en exiguas cabañas para compartir los escasos fuegos y el calor del cuerpo. Los resfriados y la influenza fácilmente se convirtieron en pulmonías.

La vivienda típica en el Norte de Europa consistía de una sala pequeña, con piso de tierra, sin material aislante, ni vidrio en las ventanas y con un techo de paja lleno de goteras. La gente se sentaba alrededor del fuego en taburetes para mantenerse por debajo del humo (que útilmente servía para curar el tocino que colgaba de las vigas). La leña siempre escaseaba porque precisaba de tierras (de bosque) y, con las herramientas primitivas que tenían para cortarla y transportarla, también de enormes cantidades de mano de obra. La difusión de la tuberculosis se vio favorecida por el apiñamiento y por la desnutrición, aun en los castillos donde la gente rica comía bien.

Epidemias de toda clase de males hoy olvidados, desde la fiebre tifoidea y el tifus hasta la difteria y la tos ferina, afligieron a comunidades durante la Pequeña Edad de Hielo, igual que lo habían hecho durante la Edad de las Tinieblas cientos de años atrás. Los factores que propiciaron el comercio y los viajes durante el Calentamiento Medieval, quedaron invertidos. La navegación fue asaltada por tormentas más grandes y menos predecibles y por la invasión, periódica y peligrosa, del hielo de mar. En los caminos primitivos resultó imposible halar los carros por el fango profundo, causado por la copiosa precipitación y por la disminución en la luz del Sol que pudiera secarlo. Los pasos de montaña quedaron cerrados por las cantidades masivas de nieve y de hielo. Después del siglo XIV, muchas ferias de comercio desaparecieron.

Los colonos noruegos de Groenlandia quedaron en una situación cada vez más desesperada. El hielo marino acortó la estación de crecimiento del cultivo y con frecuencia impidió que zarparan los botes de los cazadores de focas. El ganado vacuno y el ovino carecieron cada vez más de forraje. Sin madera nativa, su aislamiento debe de haber lucido más y más temible a medida que el hielo se acercaba.

---

[104] W. Behringer, "El cambio climático y la persecución de las brujas: Impacto de la Pequeña Edad de Hielo sobre las mentalidades," *Climatic Change* 43, núm. 1 (septiembre de 1999): 335-351.

DEL 1550 AL 1850: LA PEQUEÑA EDAD DE HIELO, 2ª FASE

Entonces, según Lamb, llegó lo peor:

> A mediados del siglo XVI sucedió un cambio extraordinariamente brusco. Y durante los cientocincuenta años siguientes la evidencia apunta a la existencia del régimen de mayor frialdad, aunque acompañado de grandes variaciones de un año al otro y de un plazo de años al siguiente, que haya existido en momento alguno desde el final de la última edad de hielo hace unos diez mil años.[105]

Durante el invierno de frío excepcional del 1684, nos informa Fagan, por la costa de agua salada del Canal de la Mancha se formó una franja de hielo de tres millas de ancho.[106] En varias ocasiones entre 1695 y 1728, los habitantes de las Islas Orcadas en el extremo septentrional de Escocia quedaron asombrados de ver a los inuitas remando en sus kayacs cerca de la costa. En una ocasión, un remero llegó tan al sur como hasta el río Don, cerca de Aberdeen.[107] El hielo ártico invasor había impulsado a estos cazadores hacia el sur. De las colonias vikingas en Groenlandia, Lamb dice:

> El Osterbygd (Establecimiento Oriental) [de Groenlandia] donde había unas 225 fincas, subsistió hasta eso del año 1500, aunque en evidente declive: La estatura promedio de los hombres adultos enterrados en el cementerio de Herjolfsnes en el siglo XV, es de 5 pies con 5 pulgadas solamente, comparado con 5 pies y 10 pulgadas durante la fase temprana de la colonia.[108]

En 1676, el artista Abraham Hondius pintó un cuadro de cazadores persiguiendo una zorra en Londres sobre el río Támesis, congelado.[109] El último Festival del Hielo en el Támesis se celebró en el invierno de 1813-14.[110] Durante el invierno extremado de 1695, el hielo obstruyó la costa

---

[105] Lamb, *Climate, History and the Modern World*, 212.

[106] Fagan, *Floods, Famines and Emperors*, 197.

[107] Fagan, *Little Ice Age*, 116.

[108] Lamb, *Climate, History and the Modern World*, 187-89.

[109] Fagan, *Little Ice Age*, 48.

[110] <http://en.wikipedia.org/wiki/River_Thames_frost_fairs> (accedido el 4/VIII/07)

entera de Islandia en enero y permaneció por gran parte del año. La pesca de bacalao se desmoronó por completo.[111] Con el heno escaso y la falta de pescado, habría sido necesario sacrificar muchas vacas y ovejas.

Grandes extensiones de terreno marginal habían sido despejadas y aradas en las tierras altas del sur de Escocia, para luego tener que ser abandonadas. "Más del 20 por ciento del páramo de las Colinas de Lammermuir presenta indicios de cultivos anteriores. Es probable que la colonización haya tenido lugar durante los siglos XI y XII, tras la introducción del arado con rastrillete, pero a partir del siglo XIV, a causa de las temperaturas más bajas y del aumento en la humedad, la calidad de algunos de estos terrenos se convirtió en submarginal. Varios establecimientos fueron abandonados durante el siglo XVII.... Las condiciones del pueblo fueron tristes y la altura del límite del cultivo retrocedió hasta 200 metros."[112]

La escasez de comestibles mató a millones entre 1690 y 1700, y hubo nuevos períodos de hambre en 1725 y 1816.[113]

Jean Grove descubrió que, en la Noruega de los siglos XVII y XVIII, una cantidad sin precedentes de peticiones de desagravio de impuestos y de alquileres sobre la tierra fue otorgada por motivo de los desprendimientos de tierras, de los derrumbes, de las avalanchas, de las inundaciones y de los movimientos de hielo.[114]

China sufrió una serie de inviernos duros entre 1654 y 1676 que obligaron al abandono de naranjales que habían existido durante siglos en la provincia de Kiangsi. Una vez más, vemos que las tendencias en la flora proporcionan algunas de las pruebas más potentes del cambio climático.

En Mauritania durante el siglo XVII se reportaron bosques de roble, indicador de un clima más frío y más húmedo que en tiempos recientes al sur del Desierto del Sahara. El Lago Chad tenía 4 metros más de altura que en la actualidad.[115]

---

[111] Fagan, *Little Ice Age*, 113.

[112] David L. Higgitt, "Un breve tiempo en la Historia," en *Geomorphological Processes and Landscape Change: Britain in the Last 1000 Years*, red. por Higgitt y Lee (Oxford: Blackwell, 2001), 17.

[113] L. y E. Ladurie, *Times of Feast, Times of Famine*, trad. por B. Bray (Nueva York: Noonday Press, 1971), 64-79.

[114] J. Grove y Arthur Battagel, "Registros de impuestos en Noruega Occidental como índice del deterioro ambiental y económico durante la Pequeña Edad de Hielo," *Climatic Change* 5, núm. 3 (diciembre de 1990): 265-82.

[115] Lamb, *Climate, History and the Modern World*, 235.

Las fechas promedio de congelación del lago Suwa en Japón central, señalan que en ese país una de las fases más intensas de la Pequeña Edad de Hielo fue a mediados del siglo XIX.[116]

El 7 de septiembre de 2001, el noticiario de la cadena televisiva norteamericana ABC enfocó en la historia del clima que generaciones alrededor del mundo han mantenido con respecto a las fechas del congelamiento de los lagos y de los ríos:

Estas son las observaciones directas de la gente, de cinco generaciones de gente. Algunos eran religiosos y otros, comerciantes de pieles. Han mirado y dicho, '[E]l lago, la bahía, el río está abierto hoy.' Por ejemplo, los monjes de la religión sintoísta del Japón mantuvieron registros detallados del lago Suwa, donde se creía que los dioses de otros santuarios en las dos orillas se valían del hielo de la superficie para pasar de un lado al otro. En el lago de Constanza, en la frontera de Alemania con Suiza, congregaciones de dos iglesias, una en cada país, mantuvieron la tradición de llevar una madona de un lado del lago al otro repetidamente cuando el lago se congelaba. En el Canadá, el comercio marítimo y en pieles significó que los registros del congelamiento de los ríos se remontan hasta principios del siglo XVIII.... En la revista *Science*, John Magnuson y colegas escriben que estos registros y otros recolectados cuentan una historia bien clara: que en la actualidad los ríos y los lagos se congelan un promedio de 8,7 días más tarde que hace 150 años, y que la cubierta de hielo comienza a quebrarse 9,8 días antes. Estos resultados corresponden a un incremento de casi 4 grados Fahrenheit (1,8 grados centígrados) en la temperatura del aire durante los últimos 150 años.[117]

El noticiario de ABC estaba tratando de asustarnos con respecto al calentamiento global causado por el hombre. Lo que en verdad logró, fue confirmar la larga historia de las observaciones humanas acerca de los cambios continuos en el clima cíclico de la Tierra.

Mediante el uso de una variedad de fuentes históricas, el oceanógrafo William H. Quinn realizó una reconstrucción de las fluctuaciones en las crecidas del Nilo desde el año 641 hasta la época moderna. Quinn encontró que durante la Edad de las Tinieblas, del 622 al 999, las crecidas del Nilo fueron inferiores a lo normal el 28 por ciento de las veces. Durante el Calentamiento Medieval, del 1000 al 1290 d. de C., las crecidas del Nilo solamente fueron inferiores a lo normal el 8 por ciento de las veces. Durante la

---

[116] Ibíd., 237.

[117] J. Magnuson et al., "Tendencias históricas en la cubierta de hielo de los lagos y de los ríos en el Hemisferio Norte," *Science* 289 (2000): 1743-746.

Pequeña Edad de Hielo, las crecidas del Nilo volvieron a menguar, siendo inferiores a lo normal el 35 por ciento de las veces.[118]

EL DEBATE: PUES, ¿HUBO O NO HUBO CAMBIOS EN EL CLIMA?

Ni el Calentamiento Medieval ni la Pequeña Edad de Hielo fueron eventos precisos y uniformes. Es sólo retrospectivamente que podemos declarar que la Pequeña Edad de Hielo terminó a eso del 1850. La variabilidad sigue siendo la característica principal del tiempo y es necesario poseer al menos un siglo de datos meteorológicos para poder evaluar las tendencias en el clima.

En Islandia en 1793, Hannes Finnsson, uno de los primeros historiadores del clima, compiló la obra, *La pérdida de vida como resultado de los años de escasez*. Escribió que los años de hambre fueron aun más frecuentes antes del 1280. Llegó a la conclusión, sin embargo, de que la razón principal del progreso fueron las mejores condiciones de comercio con Dinamarca a partir de esa fecha.

El autor islandés principal sobre el cambio climático fue Porvaldur Thoroddsen, quien en 1916-1917 editó el libro, *El clima de Islandia a lo largo de un milenio*. A juicio de Thoroddsen el clima del país isla había permanecido inalterado desde la colonización hasta su época. Creyó que las quejas de los islandeses reflejaban sencillamente su falta de aceptación de la realidad de que vivían en un clima inhóspito y muy variable. "Puede decirse con certidumbre que, desde la colonización de Islandia, no ha habido ningún cambio notable ni en el clima ni en el tiempo," escribió. "Las sagas y las crónicas indican con gran claridad que los años buenos y los malos se han alternado en intervalos cortos y largos, igual en la actualidad que en el pasado. Entonces, igual que hoy día, el hielo marino llegó a la costa, los glaciares eran los mismos, las zonas de desierto las mismas y la vegetación igual."[119]

Fue un oceanógrafo sueco, Otto Pettersson, el que en 1914 conectó el declive económico de Europa durante la Pequeña Edad de Hielo con el cambio climático, y a Islandia como indicador. Pettersson observó que los

---

[118] William H. Quinn, "Estudio de la actividad climática relacionada con la Oscilación Meridional durante el plazo 622-1990 d. C., con datos de las crecidas del río Nilo," en *El Niño: Historical and Paleoclimatic Aspects of the Southern Oscillation*, red. por Henry F. Díaz y Vera Markgraf (Cambridge: Cambridge University Press, 1992), 119-50.

[119] P. Thoroddsen, *The Climate of Iceland Through One Thousand Years* (Karysmannaliofn: Reikiavik, 1916-1917), Vol. 2 (1908-1922), 371.

primeros colonizadores de Islandia pudieron cultivar cereales, lo cual se volvió imposible después del siglo XIII, así como que el hielo marino empeoró, tanto en su cantidad como en su duración.[120]

Después de los años 20, la fuerte tendencia al calor en las temperaturas de Europa e Islandia se puso de manifiesto y el debate amainó. La polémica había surgido porque ninguno de los historiadores del tiempo que vivieron en aquella época había conocido un clima más caliente en su patria. Ni tampoco tenían los documentos históricos y las narraciones la precisión necesaria como para poder probar la existencia de los cambios, relativamente modestos, en el clima. Al fin y al cabo, los cambios fueron de apenas unos cuantos grados y la extensión del hielo marino siempre había variado de un modo errático.

---

[120] Otto Pettersson, *Climatic Variations in Historic and Prehistoric Time*, Svenska Hydrografisk-Biologiska Komm. Skrifter #5 (1914), 26.

Capítulo 4

La Tierra relata su propia historia de los ciclos climáticos anteriores

La idea de que no hay que preocuparse del calentamiento global causado por el hombre, porque el clima del mundo en la época medieval fue al menos tan caliente como lo es en la actualidad, es defectuosa, según un análisis reciente. No hay evidencia suficiente como para poder concluir que el Período Cálido Medieval haya sido un evento global.

> - Lori Stiles, "El clima medieval no fue tan caliente," *University of Arizona News*, 16 de octubre de 2003

La evidencia histórica del ciclo de 1.500 años, aunque es considerable, también resulta incompleta y fragmentaria. En este capítulo enfocamos en la evidencia que la Tierra misma nos proporciona, para completar los detalles.

VALORES SUSTITUTIVOS DE LA TEMPERATURA

Muchas cosas pueden ser sometidas a pruebas, con el objeto de emplear los datos que resultan como valores sustitutivos para las temperaturas. Entre éstos se cuentan las muestras de hielo, los sedimentos del fondo del mar, los pozos de sondeo, los anillos de crecimiento de los árboles, los límites del arbolado, las estalagmitas y el polen.

El primer adelanto en trazar los ciclos anteriores del clima han sido los núcleos de hielo, y los núcleos largos de hielo todos han sido extraídos desde 1980. Los núcleos de hielo dan testimonio, con una uniformidad notable, del clima siempre cambiante de nuestro globo terráqueo, el que se ve definido principalmente por dos ciclos claros y persistentes: el ciclo de los períodos glaciales e interglaciales, de 100.000 años, y el ciclo de calentamientos y enfriamientos moderados, de 1.500 años, que ha ido repitiéndose durante un millón de años, por lo menos.

Los primeros núcleos largos de hielo vinieron del Inlandsis de Groenlandia y fueron analizados en 1983 por el danés Willi Dansgaard y por el suizo Hans Oeschger. Los núcleos se remontaron 250.000 años en el pasado.[121] Unos cuantos años más tarde, el núcleo de hielo del Glaciar de Vostok fue extraído del extremo opuesto del mundo en la Antártida. Éste se extendió a 400.000 años en el pasado y también mostró el ciclo de 1.500 años.[122] Por ende los núcleos de hielo de los dos extremos de la Tierra nos cuentan del mismo ciclo de 1.500 años que se remonta lejos en la prehistoria.

Cerca de la superficie, las capas de los núcleos de hielo pueden contarse a simple vista. Para los núcleos más largos los investigadores dependen de métodos tales como la medición de las variaciones en el peróxido de hidrógeno. Dado que el peróxido lo crea la luz ultravioleta y no llega casi ninguna luz del Sol durante el invierno antártico, el nivel de peróxido de hidrógeno en los núcleos del hielo antártico es cinco veces mayor en el verano que en el invierno, por lo cual resulta fácil identificarlo.

Para registrar los cambios en la temperatura, a menudo los espectrómetros de masa miden la disminución de los isótopos de oxígeno-16 en el hielo, en los sedimentos o en la madera en comparación con los isótopos de oxígeno-18, menos abundantes. Las variaciones en el deuterio (hidrógeno pesado) y en el carbono-14 también sirven de valores sustitutivos para las temperaturas.

Los núcleos tomados de los sedimentos del fondo del mar se inspeccionan con miras a los restos de las pequeñísimas especies de fitoplancton y de zooplancton. Tanto el tipo como la abundancia de éstos señalan la temperatura, además de lo cual los ínfimos esqueletos se prestan a la datación por carbono.

Las diatomeas en un núcleo sedimentario del lago Ossa en el Camerún, en África Occidental, muestran que allí el clima oscila con el ciclo de 1.500 años, en los movimientos hacia el norte y hacia el sur de la Zona de Convergencia

---

[121] H. Oeschger et al., "Historia del clima hacia fines del período glacial, tomada de los núcleos de hielo," en *Climate Process and Climate Sensitivity*, red. por J.E. Hansen y T. Takahashi (Washington, DC: Unión Geofísica Americana, 1984), Monografía Geofísica #29, 299-306.

[122] C. Lorius et al., "Registro climático de 150.000 años extraído del hielo antártico," *Nature* 316 (1985): 591-96.

Intertropical.[123] Según V. Francis Nguetsop del Museo Nacional Francés de Historia Natural, un movimiento de la ITCZ hacia el sur se vio marcado por un nivel bajo de precipitación en la zona subtropical septentrional (v.g., en Nigeria y en Ghana) y por un nivel alto de precipitación en la zona subecuatorial (v.g., en Zaire y en Tanzania).[124]

En el África Oriental, el belga Dirk Verschuren construyó una historia, de 1.100 años de duración, de las lluvias y las sequías en el lago Naivasha en Kenia, con base en los sedimentos y en las diatomeas fosilizadas, así como en la cantidad y en las especies de mosquitas. "En los trópicos del África," escribe Verschuren, "los datos apuntan a que, durante el último milenio, el África Oriental ecuatorial ha venido alternando entre condiciones de clima contrastantes, con un clima marcadamente más seco que en la actualidad durante el 'Período Cálido Medieval' (1000-1270 d. C.) y un clima, relativamente húmedo, durante la 'Pequeña Edad de Hielo' (1270-1850 d. C.) que se vio interrumpido por tres episodios prolongados de sequedad."[125] Las franjas de la lluvia tropical se trasladan hacia el norte durante los calentamientos y abandonan Kenia.

Cerca de las ciudades mayas en Centroamérica, los niveles de titanio en los núcleos del fondo marino tomados de la plataforma costera venezolana, dan testimonio de un plazo largo de sequía durante la fría Edad de las Tinieblas que podría haber sido la causa del desmoronamiento de toda la cultura maya.[126]

Dado que las rocas transmiten hacia adentro las temperaturas anteriores de la superficie, los pozos de sondeo rinden historiales precisos de la temperatura hasta unos 1.000 años en el pasado. En 1997 Shaopeng Huang, de la

---

[123] La Zona de Convergencia Intertropical, es la región que circunda la Tierra cerca de la línea del ecuador. El Sol intenso y las aguas calientes aumentan la proporción de humedad en el aire y así lo hacen subir. Los movimientos de la zona hacia el norte o hacia el sur afectan dramáticamente la precipitación en muchos países ecuatoriales, lo cual, en vez de producir cambios en las temperaturas como sucede en las latitudes más altas, provoca cambios en las temporadas de lluvia y de sequía por los trópicos, causando posiblemente sequías o inundaciones.

[124] V.F. Nguetsop et al., "Cambios climáticos en África Occidental a fines del Holoceno: Registro de alta resolución de las diatomeas tomadas del Camerún ecuatorial," *Quaternary Science Reviews* 23 (2004): 591-609.

[125] D. Verschuren et al., "Lluvia y sequía en el África Oriental ecuatorial durante los últimos 1100 años," *Nature* 403 (2000): 410-414.

[126] G.W. Haug et al., "El clima y el derrumbe de la civilización maya," *Science* 299 (2003): 1731-735.

Universidad de Michigan, dirigió un estudio de 6.000 pozos de sondeo en todos los continentes. Los resultados mostraron que las temperaturas durante el Calentamiento Medieval fueron más calientes que en la actualidad, así como que durante la Pequeña Edad de Hielo aquéllas disminuyeron a un nivel de 0,2° a 0,7° C por debajo del presente.[127]

Los anillos de crecimiento pueden contarse para precisar el momento de un evento. Su amplitud estival es mayor en las condiciones propicias para el crecimiento (calor, lluvia) que en las temporadas de escaso crecimiento (frialdad, sequedad). Su limitación radica en la antigüedad de los árboles vivos o muertos o de la madera enterrada en épocas pasadas, que se presten a la datación precisa para que los investigadores puedan determinar sus períodos de crecimiento.

En la comarca montañosa del noroeste de Pakistán, se recogieron más de 200.000 mediciones de los anillos de crecimiento de 384 árboles de larga vida que crecieron en más de veinte lugares distintos. El valor sustitutivo de 1.300 años para las temperaturas, muestra que las décadas de mayor calor sucedieron entre los años 800 y 1000 y los períodos de mayor frío fueron entre el 1500 y el 1700.[128]

Las elevaciones de los límites del arbolado en las montañas representan otro valor sustitutivo sensible y de gran precisión para los cambios en las temperaturas. Varios estudios de los límites del arbolado en Europa dan testimonio del hecho de que tanto los límites del arbolado como la agricultura y las aldeas todos se trasladaron cuesta arriba durante el Calentamiento Medieval y cuesta abajo con la Pequeña Edad de Hielo.

Un estudio reciente de la dinámica de los límites del arbolado en el oeste de Siberia, mostró que los avances en los límites del arbolado durante el tiempo más caluroso del siglo XX, formaron "parte de una repoblación forestal del ambiente en la tundra." Dos científicos suizos, Jan Esper y Fritz-Hans Schweingruber, observan que, "los tocones y los troncos de *Larix sibirica* pueden conservarse durante cientos de años," y que "por encima de los límites del arbolado en los Urales Polares, se tomaron muestras de árboles grandes y parados para fecharlas, lo cual confirmó la existencia, alrededor del año 1000 d. C., de un límite del arbolado forestal a 30 metros por encima del límite visto en las postrimerías del siglo XX." Además señalan que, "este

---

[127] S. Huang, H.N. Pollack y P.Y. Shen, "El cambio en las temperaturas a fines del Cuaternario, visto en las mediciones del flujo continental del calor alrededor del mundo," *Geophysical Research Letters* 24 (1997): 1947-950.

[128] J. Esper et al., "1.300 Años de historia climática para el Asia Central Occidental, inferidos de los anillos de crecimiento de los árboles," *The Holocene* 12 (2002): 267-77.

límite forestal retrocedió alrededor del 1350, posiblemente por motivo de una tendencia general al enfriamiento." Por lo tanto, los límites del arbolado siberiano dan parte del Calentamiento Medieval y de la Pequeña Edad de Hielo bien lejos de Europa.[129]

Lisa J. Graumlich, de la Universidad Estatal de Montana, juntó los anillos de crecimiento de los árboles con los límites del arbolado para evaluar los cambios pasados en el clima de la Sierra Nevada de California. En las montañas los árboles en los límites superiores del arbolado se conservan en su lugar, vivos o muertos, hasta por 3.000 años. Según Graumlich,

> Un bosque relativamente denso creció por encima del límite actual del arbolado desde el principio de nuestro registro, hasta eso del año 100 a. C., y nuevamente del 400 d. C. hasta el 1000, cuando las temperaturas fueron calientes. La abundancia de los árboles y la elevación de la línea de los árboles cayó en un declive rápido desde el 1000 d. C. hasta el 1400, o sea el período de serias sequías multidecadales. Las líneas de los árboles bajaron más lentamente entre el 1500 y el 1900 bajo la influencia de las temperaturas frías de la Pequeña Edad de Hielo y alcanzaron sus elevaciones actuales alrededor del 1900.[130]

La evidencia de los árboles tomada por Graumlich corrobora los dos últimos ciclos de 1.500 años: el ciclo climático que comprendió el Calentamiento Romano y la Edad de las Tinieblas y el ciclo del Calentamiento Medieval y de la Pequeña Edad de Hielo. Una fuerte sequía, la que ha sido documentada en California durante la segunda mitad del Calentamiento Medieval, disimuló la coordinación del cambio del Calentamiento Medieval a la Pequeña Edad de Hielo. Ambos eventos, sin embargo, son evidentes.

Los núcleos de estalagmita, tomados de cuevas, confirman la índole global del ciclo de 1.500 años hallado en los núcleos de hielo, en los sedimentos del fondo del mar y en los árboles. En aquéllos, tanto los isótopos de carbono y de oxígeno como el contenido de los elementos traza varían con las temperaturas. Además de lo cual, las estalagmitas se remontan más en el pasado que la evidencia de los árboles. Una estalagmita en Alemania se remonta hasta más de 17.000 años. En Irlanda, Alemania, Omán y Sudáfrica se han encontrado estalagmitas en las cuevas, cuyas capas todas muestran la

---

[129] J. Esper y F.H. Schweingruber, "Los cambios a gran escala en los límites del arbolado, registrados en Siberia," *Geophysical Research Letters* 31 (2004): 10.1029/2003GLO019178.

[130] L.J. Graumlich, "El cambio global en las zonas silvestres: Para desenredar los cambios naturales de los cambios antropogénicos," Actas del Servicio Forestal del Depto. de Agricultura de EE.UU., RMRS-P-15-Vol 3, 2000.

Pequeña Edad de Hielo, el Calentamiento Medieval, la Edad de las Tinieblas y el Calentamiento Romano.[131] Cierta cantidad de estalagmitas además muestran el período de frío, sin nombre, que tuvo lugar antes del Calentamiento Romano.

En el sur de la provincia canadiense de Ontario, el polen indica que las hayas, amantes del calor, del Calentamiento Medieval retrocedieron paulatinamente ante los robles, tolerantes del frío, según se vino acercando la Pequeña Edad de Hielo—y que luego en el bosque predominaron los pinos. Desde 1850 los robles han vuelto a aparecer en Ontario, y es de esperarse que las hayas vuelvan a resurgir a medida que el Calentamiento Moderno prosiga en los próximos siglos.[132]

Los restos de aldeas prehistóricas en la Argentina, fueron analizados por Marcela A. Cioccale de la Universidad Nacional de Córdoba, con el fin de determinar dónde vivieron los pueblos indígenas de Argentina durante los pasados 1.400 años. Mediante la técnica de datación por carbono-14, la investigadora encontró que los habitantes se reunieron en los valles inferiores durante la Edad de las Tinieblas y luego se trasladaron cuesta arriba según el Calentamiento Romano trajo consigo "un incremento marcado de idoneidad ambiental, bajo un clima relativamente homogéneo."[133] Alrededor del año 1000, en los Andes Centrales del Perú el asentamiento humano ascendió a una altitud de hasta 4.300 metros, a medida que el Calentamiento Medieval no sólo aumentaba las temperaturas sino que también producía condiciones más estables para la agricultura. Después del 1320, la gente volvió a trasladarse cuesta abajo con la llegada del clima más frío y menos estable de la Pequeña Edad de Hielo.

Yang Bao de la Academia China de las Ciencias realizó una reconstrucción de las temperaturas del pasado en China durante los últimos

---

[131] F. McDermott et al., "Variabilidad climática a escala centenaria durante el Holoceno, descubierta mediante un registro, de alta resolución, de O-18 tomado de un espeleotema en el suroeste irlandés," *Science* 294 (2001): 1328-331; S. Niggemann et al., "Registro paleoclimático de los últimos 17.600 años en estalagmitas de la Cueva B7, en Sauerland, Alemania," *Quaternary Science Reviews* 22 (2003): 555-67; U. Neff et al., "Alto grado de coherencia entre la disponibilidad solar y el monzón en Omán entre 9 mil y 6 mil años antes del presente," *Nature* 411 (2001): 290-93; y Tyson et al., "La Pequeña Edad de Hielo y el Calentamiento Medieval en Sudáfrica," *South African Journal of Science* 96, núm. 3 (2000).

[132] I.D. Campbell y J.H. McAndrews, "Desequilibrio forestal causado por el enfriamiento rápido de la Pequeña Edad de Hielo," *Nature* 366 (1993): 336-38.

[133] M.A. Cioccale, "Fluctuaciones climáticas en la región central de la Argentina durante los últimos 1000 años," *Quaternary International* 62 (1999): 35-47.

2.000 años, con base en los núcleos de hielo, en los sedimentos de los lagos, en los pantanos y en los anillos de crecimiento, así como en los documentos históricos, los que en China se remontan más en el pasado que en todos los demás países. Descubrió que China experimentó sus mayores temperaturas durante los siglos II y III, hacia el final del Calentamiento Romano. En China el clima también fue caliente desde el 800 hasta el 1400, frío entre el 1400 y el 1920 y nuevamente caliente a partir del 1920.[134] (Véase la Figura 4.1.)

Figura 4.1: 2.000 Años de la historia de las temperaturas en China

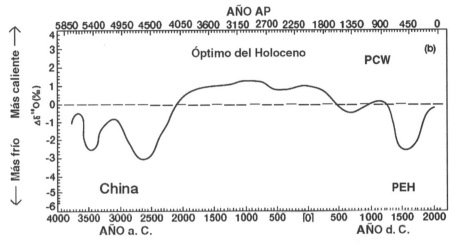

Fuente: Y.T. Hong et al., "Respuesta del clima al forzado solar, registrada en una serie temporal de 6.000 años de celulosa de turba china," *The Holocene* 10 (2000): 1-7.

Los investigadores han empleado cientos de valores sustitutivos distintos para identificar los cambios pasados en las temperaturas. Dos de los más interesantes provienen de Groenlandia:

• Durante la Pequeña Edad de Hielo, los pájaros escasearon en la Isla de Raffles O, justo al este de Groenlandia. A medida que la región ha ido calentándose durante los últimos cien años, las aves han regresado en grandes cantidades. Ello se ve reafirmado por, "un aumento en la cantidad de materia orgánica en el sedimento del lago y por las observaciones de

---

[134] Yang Bao et al., "Características generales de las variaciones en la temperatura en China durante los dos últimos milenios," *Geophysical Research Letters* 10 (2002): 1029/2001GLO014485.

los pájaros."[135] Sin embargo, basado en la química de los sedimentos, la abundancia de pájaros todavía no alcanza los niveles que gozó durante el Calentamiento Medieval.

• Henry Fricke, de la Universidad de Michigan, probó el esmalte de los dientes de los vikingos fallecidos, con miras a la proporción del oxígeno-18 al oxígeno-16. Al comparar el esmalte de los esqueletos enterrados en el 1100 con el de los que fueron enterrados en el 1400, pudo documentar una disminución de 1,5° C en las temperaturas.[136]

EL CALENTAMIENTO MEDIEVAL Y LA PEQUEÑA EDAD DE HIELO: RESUMEN DE LA EVIDENCIA

Willie Soon y Sallie Baliunas, del Centro Harvard-Smithsonian para la Astrofísica, han demostrado el predominio del cambio climático en la historia de la Tierra. Los científicos llevaron a cabo un metaanálisis de las investigaciones sobre la evidencia física del último ciclo climático, el Calentamiento Medieval con la Pequeña Edad de Hielo, y encontraron 112 estudios con información acerca del período cálido del Medievo. De estos estudios, 92 mostraron evidencia del Calentamiento Medieval y sólo dos no mostraron ninguna evidencia del calentamiento.[137] Los estudios que corroboran la existencia del plazo cálido cubren la superficie terrestre de Groenlandia, así como Europa, Rusia y la Franja del Maíz, las Planicies Centrales y el Suroeste de EE.UU., además del África meridional, Argentina, Chile y Perú en Suramérica, Australia y la Antártida y grandes extensiones de China y del Japón. Por los mares, el fenómeno del calentamiento se ha

---

[135] B. Wagner y M. Melles, "Registro de las aves marinas del Holoceno, tomado de los sedimentos de Raffles So en Groenlandia Oriental, en respuesta a los cambios climáticos y oceánicos," *Boreas* 30 (2001): 228-39. El lago Raffles So se encuentra en la isla Raffles O.

[136] R. Monastersky, "Los dientes de los vikingos relatan una historia triste en Groenlandia," *Science News* 19 (1994): 310.

[137] W. Soon y S. Baliunas, "La reconstrucción de los cambios climáticos y ambientales de los últimos 1.000 años: Una reevaluación," *Energy & Environment* 14, núms. 2-3 (marzo de 2003): 233-296. Soon es físico y astrónomo en el Observatorio del Monte Wilson. Baliunas, una astrofísica que ha publicado más de 200 artículos científicos revisados inter pares, ha ganado el Premio Newton Lacey Pierce de la Sociedad Americana de Astronomía y el Premio Bok de la Universidad de Harvard.

descubierto en el Atlántico Norte, fuera de la costa mediana del Atlántico de EE.UU. y de la costa atlántica del África Occidental, en el Atlántico Sur cerca de la Antártida y también en el Océano Índico central y meridional, así como en las regiones central y occidental del Océano Pacífico. En el Hemisferio Sur, de 22 estudios, 21 (el 95 por ciento) mostraron evidencia del Calentamiento Medieval.

Soon y Baliunas encontraron 124 estudios de investigación que trataron de la existencia de la Pequeña Edad de Hielo y de éstos el 98 por ciento contienen evidencia que corrobora ese período de frialdad. Entre las comarcas donde se vio confirmada se cuentan la superficie terrestre de Groenlandia, así como Europa, Rusia, los Montes Himalaya del Asia, grandes extensiones de China y del Japón y el noroeste y el sur del África, así como Argentina, Perú y Chile en Suramérica, además de Australia, Nueva Zelandia y la Antártida y, en los Estados Unidos, la Fanja del Maíz, las Planicies Centrales y el Suroeste. En los océanos, la pequeña Edad de Hielo fue identificada en el Atlántico Norte, en el mar Mediterráneo, en el mar Caribe, fuera de la costa del África Occidental por el Atlántico Central, en el Atlántico Sur, en las regiones central y meridional del Océano Índico y en el mar de Tasmania al sur de Australia. En el Hemisferio Sur, de 28 estudios, 26 (el 93 por ciento) mostraron evidencia de la Pequeña Edad de Hielo. En comparación con las investigaciones en el norte de Europa no se tratará de un gran número de estudios, pero la evidencia se aleja mucho de ser insignificante y su estado de casi unanimidad es impresionante.

Soon y Baliunas dieron con 102 estudios con datos en torno a la cuestión de si el siglo XX fue el más caliente (o el más insólitamente caliente) de la historia. El setenta y ocho por ciento de los estudios encontraron períodos anteriores, de al menos cincuenta años de duración, que fueron por lo menos tan calurosos como cualquier parte del siglo XX. Tres estudios, solamente, llegaron a la conclusión de que el siglo XX ha sido el más cálido. Cuatro estudios calcularon que fue la *primera* parte del siglo XX, o sea antes de que el hombre liberara grandes cantidades de CO_2 por la atmósfera, el plazo que experimentó o el mayor calor o bien el nivel de calor más inusitado.

Para algunos lectores este muestreo de la evidencia física, más nuestra garantía de que sí existe amplia documentación al respecto, servirá para convencerlos. Pero para el lector más escéptico y el que se halle fascinado por el tema, el resto de este capítulo se dedica a proporcionar pruebas adicionales del ciclo climático de 1.500 años. Algunos lectores querrán enfocar en determinadas regiones, como por ejemplo el Hemisferio Sur o el África. Para los escépticos resueltos, cabe observar que existen cientos de investigaciones similares para apoyar una cantidad aun mayor de evidencia física relativa al cambio climático anterior en la historia de la Tierra, las que no hemos incluido en esta obra por motivos de espacio.

EL MUNDO DE LOS GLACIARES

Es fácil encontrar relatos alarmistas del descongelamiento de los glaciares. He aquí uno tal cual salió en un periódico británico:

> Los glaciares del Monte Kilimanjaro en el África Oriental y de los Andes del Perú están derritiéndose tan rápido, que pudieran desaparecer en espacio de 10 a 20 años. La noticia sigue a otros avisos de que el campo del hielo del Ártico viene reduciéndose tanto en su extensión como en su espesor. Durante la década pasada, un glaciar en el Antártico también ha retrocedido de manera dramática. Ahora, según Lonnie Thompson de la Universidad Estatal de Ohio, resulta que el Glaciar de Quelccaya en el Perú ha retrocedido a un paso 32 veces mayor, durante los dos últimos años, que en los 20 años transcurridos de 1963 a 1983. Los campos de hielo de Kilimanjaro han retrocedido un 80 por ciento, por lo menos, desde 1912. El casquete de hielo del Monte Kenia se ha reducido un 40 por ciento desde 1963. En 1972, en Venezuela había seis glaciares; hoy en día solamente existen dos. Éstos también quedarán derretidos en espacio de diez años.... "Estos glaciares son bien parecidos a los canarios que antaño se usaron en las minas de carbón," dijo el profesor Thompson.[138]

Pero ya no queda nadie vivo que pueda recordar la urgencia que la gente sintió cuando los glaciares venían avanzando. Alan Cutler, entonces científico visitante en el Museo Nacional de Historia Natural del Smithsonian Institute, describe cómo las cosas deben de haber sido durante la Pequeña Edad de Hielo:

> El año es 1645 y los glaciares alpinos están en marcha. En Chamonix, al pie del Monte Blanco, la gente mira con temor según avanza el glaciar mar de Hielo (mer de Glace). En años anteriores han visto cómo el hielo lentamente consume las fincas y aplasta aldeas enteras. Acuden al Obispo de Ginebra para que los ayude y... al frente del hielo éste realiza un rito de exorcismo. Poco a poco el glaciar retrocede.... Escenas dramáticas semejantes tuvieron lugar por toda la comarca de los Alpes y por Escandinavia a fines del siglo XVII y a principios del XVIII, a medida que muchos glaciares descendieron por las cuestas de las montañas y en los valles, a alturas más bajas que las que se habían visto en miles de años. El hielo marino obstruyó grandes partes del Atlántico Norte.... En China, los inviernos recios en la provincia de Jiang-Xi mataron el último de los naranjales que allí habían prosperado

---

[138] Tim Radford, "Los glaciares se deshielan a causa del calentamiento global," *The London Guardian*, 20 de febrero de 2001.

durante siglos.[139]

Pero, retroceder y avanzar es lo que hacen los glaciares. Los glaciares son parte siempre presente y siempre cambiante del ambiente de nuestro planeta. Durante los enfriamientos, crecen y avanzan, y durante los calentamientos se reducen y a veces hasta llegan a desaparecer. Desde luego, la mayor parte de los glaciares se encuentran en las regiones polares de la Tierra, pero otros están repartidos en diversas partes del globo, donde las elevaciones son lo suficientemente altas como para convertir la lluvia en hielo y las temperaturas rara vez pasan del punto de fusión.

Cuando los glaciares se reducen, nosotros los humanos nos preocupamos (tal vez con exceso), pero cuando aquéllos avanzan sufrimos terriblemente. Imagínese la zona de lo que hoy es la ciudad de Chicago, cubierta por un glaciar con una milla de profundidad: esto es algo que los cazadores prehistóricos podrían haber presenciado durante los 90.000 años que duró el último período glacial.

El vaivén de los glaciares se puede fechar mediante el carbono-14 de los liquenes y el material orgánico en los detritos que los glaciares dejan en sus puntos de mayor avance. Los archivos históricos nos cuentan del retrocedimiento de los glaciares durante el Calentamiento Medieval y de su regreso como gigantescas máquinas excavadoras durante la Pequeña Edad de Hielo. La madera y demás detritos orgánicos nos indican que los avances más recientes sucedieron durante la Pequeña Edad de Hielo, pero los investigadores dicen que las pilas de escombros rocosos que marcan el límite del avance de los glaciares a menudo contienen materiales datables de más de un proceso de avance.

Johann Oerlemans, de la Universidad de Utrecht en Holanda, fue citado en el III[er] Informe de Evaluación del IPCC, *Climate Change 2001*.[140] Su gráfica señala que los glaciares principales del mundo todos comenzaron a reducirse alrededor de 1850, pero que la mitad de ellos dejaron de reducirse a eso de 1940. Muchos de ellos han vuelto a crecer a partir de 1940.

El destino inmediato de los glaciares no es seguro, según Oerlemans. La respuesta de los glaciares al cambio climático varía significativamente a través del tiempo con la forma, con la ubicación y con la elevación de cada uno, así como con los niveles de la precipitación, de la humedad y de la nubosidad. Junto con su equipo, Oerlemans modeló las respuestas de doce glaciares de

---

[139] Alan Cutler, "Cuando el enfriamiento global tuvo al mundo en sus garras," *Washington Post*, 13 de agosto de 1997.

[140] IPCC, *Climate Change 2001* (Cambridge: Cambridge University Press, 2001): 128, fig. 2.18.

valle distintos (quedando excluidos los grandes glaciares subpolares) en seis escenarios climáticos diferentes. Los investigadores descubrieron que, en un calentamiento rápido de 0,04° C por año, pocos glaciares de valle podrían sobrevivir hasta el año 2100, no suponiendo cambio alguno en la precipitación. Por otra parte, hasta el 2100 un calentamiento más lento, de 0,01° C por año y con un incremento muy probable del 10 por ciento en la cantidad de lluvia y de nieve, disminuiría los glaciares en sólo un 10 al 20 por ciento del volumen que tuvieron en 1990.[141]

Lo único que se puede decir con certeza acerca de los glaciares, es que seguramente la próxima Pequeña Edad de Hielo vaya a extenderlos y que la próxima Edad de Hielo plena verá cantidades masivas de hielo dominando nuevamente los paisajes del mundo.

Los glaciares del Ártico

Los dieciocho glaciares del Ártico con los historiales más largos de observación, fueron sometidos a análisis en un estudio editado en 1997.[142] Más del 80 por ciento de aquéllos habían perdido masa desde el final de la Pequeña Edad de Hielo. Sin embargo, sorprendentemente no hay evidencia alguna de que los glaciares del Ártico se hayan reducido con mayor rapidez durante el siglo XX, abundante en CO_2. De hecho, según los investigadores los glaciares vienen perdiendo cantidades *menores* de masa a medida que pasa el tiempo.

Los avances y las retiradas de los glaciares árticos durante los últimos 7.000 años, fueron medidos mediante la datación por carbono de los anillos de crecimiento exteriores de los árboles que murieron al avanzar los glaciares, así como mediante estimados de la edad de los líquenes en las morrenas dejadas al retroceder los glaciares. Parker Calkin, de la Universidad de Colorado, dice que los glaciares retrocedieron durante el Calentamiento Medieval durante "al menos unos cuantos siglos antes del 1200," y que luego avanzaron en tres ocasiones durante la Pequeña Edad de Hielo: a principios del siglo XV, a mediados del XVII y en la segunda mitad del XIX.[143]

---

[141] J. Oerlemans et al., "Modelación de la respuesta de los glaciares al calentamiento global," *Climate Dynamics* 14 (1998): 267-74.

[142] J.A. Dowdeswell et al., "El balance de masa de los glaciares circumárticos y el cambio climático reciente," *Quaternary Research* 48 (1997): 1-14.

[143] P.E. Calkin et al., "Glaciación litoral de Alaska durante el Holoceno," *Quaternary Science Review* 20 (2001): 449-461.

En la isla rusa de Nueva Zembla, en el Océano Ártico, los glaciares retrocediereon velozmente antes del 1920, pero entonces la retirada se volvió más lenta.[144] Después del 1950, más de la mitad de los glaciares dejaron de retroceder y muchos glaciares de litoral comenzaron a avanzar. ¿Por qué? Las temperaturas en la isla, durante los últimos cuarenta años, han sido más bajas que en los 40 años anteriores, tanto en el verano como en el invierno. Ello va en contra del calentamiento que los modelos del clima pronostican para el Ártico durante el siglo XXI, especialmente para las temporadas invernales.

La evidencia física nos indica que los glaciares árticos efectivamente han crecido a medida que las temperaturas en la Tierra han bajado y se han contraído a medida que las temperaturas subieron, lo cual muestra claramente el Calentamiento Medieval, la Pequeña Edad de Hielo y, en ciertos casos, hasta los ciclos de temperatura más antiguos. Los glaciares del Ártico además dan testimonio de que esa región no se ha visto últimamente en tendencia al calentamiento. Recientemente Jean Grove, uno de los más importantes peritos en las cuestiones de aquel plazo en la historia del clima, analizó la literatura científica para fechar el principio de la Pequeña Edad de Hielo. Llegó a la conclusión de que ésta comenzó "antes del principio del siglo XIV" en los contornos del Atlántico Norte y que "la evidencia del campo muestra con claridad que los glaciares crecieron en todos los continentes y que en siglos recientes han fluctuado alrededor de sus posiciones más avanzadas."[145]

Durante las temperaturas más calientes que se hayan visto desde 1850, muchos glaciares en Europa han vuelto a retroceder. Ello representa evidencia fuerte de una tendencia al calentamiento global, pero no nos dice nada acerca de si el calentamiento pudiera ser natural o causado por el hombre. Además, Chris J. Caseldine, de la Universidad de Exeter, dice que él no ha visto "ninguna tendencia evidente, de índole ni común ni global, de incrementos en la descongelación de los glaciares." Según él, los glaciares escandinavos en realidad han venido creciendo y los glaciares en las montañas del Cáucaso, en Rusia, se encuentran en un estado "cercano al equilibrio."[146] Y recientemente ha habido una expansión importante de la masa de hielo en el famoso glaciar

---

[144] J.J. Zeeberg y S.L. Forman, "Los cambios en la extensión de los glaciares en el norte de Nueva Zembla durante el siglo XX," *Holocene* 11 (2001): 161-75.

[145] Jean M. Grove, *The Little Ice Age* (Cambridge: Cambridge University Press, 1988).

[146] C.J. Caseldine, "Extensión de algunos glaciares en el norte de Islandia durante la Pequeña Edad de Hielo y la naturaleza de la desglaciación reciente," *The Geographical Journal* 51 (1985): 215-27.

sueco, el Storglaciaren, durante los últimos 30 ó 40 años.[147] R.J. Braithwaite, de la Universidad de Manchester, y el surcoreano Yunfen Zhang llegaron a la conclusión de que la masa de este glaciar aumentó durante la década de 1990.[148]

Los glaciares más al sur

En el norte de Islandia: Caseldine descubrió que los puntos máximos de cuatro glaciares se produjeron en 1868, 1885, 1898 y 1917.[149] Ello demuestra con toda claridad el final paulatino de la Pequeña Edad de Hielo. Dos de los glaciares siguieron retrocediendo hasta 1985, cuando Caseldine realizó su estudio en el norte de Islandia. Los otros dos glaciares no solamente dejaron de retroceder, sino que periódicamente han vuelto a avanzar cuando las temperaturas han bajado a menos de 8° C, aproximadamente, cosa que ha sucedido varias veces en décadas recientes.

En el sur de Islandia: El glaciar Solheimajokull, en el sur de Islandia, se ha expandido y reducido repetidas veces durante los últimos trescientos años y actualmente se encuentra en un punto equidistante entre los puntos máximo y mínimo que ha alcanzado durante este plazo. Según el neozelandés A.N. Mackintosh, "el avance en años recientes (1970-1995) es resultado de una combinación del enfriamiento y del incremento en la precipitación."[150] Más frío y más humedad significan más hielo.

Del Tibet: Un núcleo de hielo del glaciar de Dasuopu en los Montes Himalaya centrales, muestra temperaturas bajas durante el siglo I, seguido de un calentamiento que llegó a su apogeo entre el 730 y el 950. Luego el glaciar

---

[147] R.J. Braithwaite, "Balance de masa glaciar: Los 50 primeros años de la vigilancia internacional," *Progress in Physical Geography* 26 (2002): 76-95.

[148] R.J. Braithwaite y Y. Zhang, "Relaciones entre la variabilidad interanual del balance de masa glaciar y el clima," *Journal of Glaciology* 45 (2000): 456-62.

[149] C.J. Caseldine, "Extensión de algunos glaciares en el norte de Islandia durante la Pequeña Edad de Hielo y la naturaleza de la desglaciación reciente," *The Geographical Journal* 51 (1985): 215-27.

[150] A.N. Mackintosh et al., "Cambios climáticos durante el Holoceno en Islandia: Evidencia de la modelación de las fluctuaciones en la longitud glaciar en Solheimajokull," *Quaternary International* 91 (1997): 39-52.

entró en un período persistente de frío que duró hasta 1850.[151] Durante el Calentamiento Moderno, ha vuelto a estar en retirada.

En Italia: El Ghiacciaio del Calderone, en los Apeninos italianos, es el glaciar más meridional de Europa. Los registros históricos señalan que ha perdido una mitad de la masa de la que gozaba en 1794, el registro más antiguo del área de su superficie. Según Maurizio D'Orefice, del Servicio Geológico Italiano, el Calderone perdió volumen de hielo bien lentamente entre 1794 y 1884 y luego se derritió más aceleradamente hasta 1990.[152]

En Norteamérica: Las morrenas glaciares que rodean el Estrecho del Príncipe Guillermo en el estado de Alaska, muestran que los hielos avanzaron durante la Pequeña Edad de Hielo.[153] Lo mismo señalan los anillos de crecimiento hallados en morrenas glaciares en la Sierra Nevada.[154]

En Suramérica: Los glaciares en el costado oriental de los Andes en Perú, Chile y la punta de la Patagonia en Argentina, todos avanzaron durante la Pequeña Edad de Hielo.[155] (El costado oriental se encuentra protegido de los caprichos de la Oscilación Decadal del Pacífico.) Los glaciares peruanos alcanzaron su máxima extensión en el siglo XVII y los de la Patagonia en el XIX.

Los glaciares africanos: Hasta los glaciares tropicales muestran los

---

[151] T. Yao et al., "Registros de temperatura y de metano durante los dos últimos miles de años en un núcleo de hielo tomado de Dasuopu," *Science in China* (serie D) (2002): 1068.

[152] Maurizio D'Orefice et al., "Retirada de los glaciares mediterráneos desde la Pequeña Edad de Hielo: Estudio del caso del Ghiacciaio del Calderone (Apeninos Centrales, Italia)," *Arctic, Antarctic, and Alpine Research* 32 (mayo de 2000): 197-201.

[153] D.H. Clark, M. Clark y A.R. Gillespie, "Los glaciares y las morrenas de la Pequeña Edad de Hielo en la Sierra Nevada: Hielo glaciar escasamente cubierto," en *GSA Abstract with Programs* 24 (Oak Ridge, Tennessee: Associated Universities, 1992): 15.

[154] G.C. Wiles et al., "Historias de los glaciares marítimos en el Estrecho del Príncipe Guillermo, Alaska, relativas a la Pequeña Edad de Hielo y fechadas por los anillos de crecimiento de los árboles," *The Holocene* 9 (1999): 163-73.

[155] S. Harrison y V. Winchester, "Fluctuaciones glaciales de los siglos XIX y XX y su significado para el clima en los valles del Arco y Colonia, Hielo Patagónico Norte, Chile," *Arctic, Antarctic, and Alpine Research* 32 (mayo de 2000): 56-63; A.Y. Goodman et al., "Subdivisiones de los depósitos glaciares en el sureste de Perú con base en el desarrollo pedogénico y las edades radiométricas," *Quaternary Research* 56 (2001): 31.

efectos de la Pequeña Edad de Hielo y del Calentamiento Moderno. Tenemos menos datos acerca de los glaciares tropicales que del resto de los mantos de hielo del mundo. Sin embargo, un estudio realizado por Georg Kaser, de la Universidad de Innsbruck, muestra que los glaciares de Suramérica, del África y de Nueva Guinea todos alcanzaron su máxima extensión durante la Pequeña Edad de Hielo. Se encuentran en estado de retroceso "desde la segunda mitad del siglo XIX," justo cuando el final de la Pequeña Edad de Hielo nos haría esperar. Las décadas del 30 y del 40 trajeron consigo una marcada pérdida de la masa de hielo en estos glaciares. Alrededor de 1970, en términos generales el paso de la descongelación disminuyó y algunos glaciares hasta volvieron a crecer. La década de 1990 nuevamente presenció "un retroceso notable en todas las montañas tropicales sometidas a observación."[156] Aquí también, los glaciares son indicadores retrasados de los cambios en las temperaturas.

Los ambientalistas han tenido una especial preocupación por el glaciar africano del Monte Kilimanjaro, porque desde 1880 éste se ha reducido en tamaño, de más de 12 kilómetros cuadrados de hielo a 2,2 kilómetros cuadrados. El Dr. Kaser recientemente dirigió a un equipo internacional de veinte científicos con el objeto de examinar la masa declinante de hielo.[157] Los investigadores llegaron a la conclusión de que el glaciar en el Kilimanjaro se ha reducido porque el clima a su rededor se ha vuelto mucho más seco. El año 1880 pasó, desde luego, mucho antes de que el hombre empezara a emitir cantidades importantes de CO_2, pero la Pequeña Edad de Hielo había llegado a su fin 30 años antes.

Hay otro hecho curioso acerca del glaciar del Kilimanjaro. Entre el 1953 y el 1976, período de enfriamiento global, el 21 por ciento de la extensión máxima del glaciar desapareció. Una vez que la inclinación al enfriamiento se convirtiera en tendencia al *calentamiento* (a eso del 1979), la tasa de retirada del glaciar de Kilimanjaro se vio *disminuida*. (Los satélites indican que, pese a la tendencia global al calentamiento, la región alrededor del monte se enfrió durante este período.) Dice el equipo de Kaser que, "Hasta el momento, las temperaturas del aire [más altas] no han contribuido al proceso de reducción."[158]

¿Pudiera ser que el retroceso del glaciar del Monte Kilimanjaro se debiera

---

[156] G. Kaser, "Análisis de las fluctuaciones modernas en los glaciares tropicales," *Global and Planetary Change* 22 (1998): 93-103.

[157] G. Kaser et al., "Retirada glacial moderna en el Kilimanjaro como evidencia del cambio climático: Hechos y observaciones," *International Journal of Climatology* 24 (2004): 329-39.

[158] Ibíd.

a una disminución en la cantidad de la precipitación, la que pudiera atribuirse a la sequía relacionada con el calentamiento global? El Dr. Alexander Scheuerlein, de la Universidad de Misuri, y el Dr. Helmut Scheuerlein, de la Universidad de Innsbruck en Austria, dan tentadores bocadillos para la especulación en un informe del 2002.[159]

Los autores observan que, basado en los núcleos de sedimento del lago Naivasha y en los registros de núcleos de hielo que tomó del Monte Kilimanjaro el Dr. Lonnie Thompson, "es evidente que el siglo XX puede tacharse como período de sequía creciente y de lluvia decreciente. Este período de sequía se vio interrumpido por unos cuantos años de lluvia en cantidades extraordinarias hacia principios del siglo XX. Por contraste, el clima entre los siglos XIV y XVIII fue considerablemente más frío y mucho más húmedo que en la actualidad."[160]

Los Dres. Scheuerlein observan que durante los últimos 200 años la comarca ha servido mayormente de pastizal para la tribu de los maasai, y que es probable que haya sido dehesa para otras tribus antes que ellos. Sin embargo, también observan que, "Los cambios recientes tienen que ver con la invasión de agricultores de origen wameru y maasai, los que comenzaron a cultivar las faldas de las zonas más secas de Meru y Kilimanjaro. Por motivo del crecimiento en la población en la segunda mitad del siglo XX, el cultivo de maíz y de vegetales se extendió a zonas desfavorables debido a la escasez de terrenos."[161] Además notan un cambio de las acacias a los arbustos halofíticos en la región, a medida que los niveles del agua subterránea en el vecino lago Amboseli han subido y así convertido en característica acuática permanente lo que antes había sido un lago estacional. Dicen que, "Las razones de la elevación del nivel del agua subterránea en Amboseli, no están claras. Bien podrían formar parte de algún fenómeno cíclico o bien podrían atribuirse al aumento del drenaje de agua por el costado norte de Kilimanjaro a causa de la despoblación forestal, asistido por el casquete de hielo, siempre

---

[159] A.S. Scheuerlein y H. Scheuerlein, "Cambios en la fauna de la comarca de Kilimanjaro-Meru: Indicadores y consecuencias del cambio hidrológico," Conferencia Internacional Sobre el Agua, la Sangre Vital de la Humanidad, en Arusha, Tanzania, diciembre de 2002.

[160] L.G. Thompson et al., "Los registros de los núcleos de hielo de Kilimanjaro: Evidencia de cambio climático durante el Holoceno en el África tropical," *Science* 298 (2002): 589-593.

[161] D. Western y C. Van Praet, "Cambios cíclicos en el hábitat y en el clima de un ecosistema africano oriental," *Proceedings of the Royal Society in London B*: 241 (1973): 104-106.

en proceso de derretimiento, del monte." Los Scheuerlein no documentan esa despoblación forestal, ni tampoco discuten cómo los cambios en el empleo de los terrenos, del pasto a la agricultura, con un cambio mayor en el factor de reflexión, pudieran afectar las perspectivas del glaciar.

Mientras tanto, *National Geographic Adventure* ha reportado que, "Según Douglas R. Hardy, climatólogo de la Universidad de Massachusetts en Amherst, quien ha vigilado los glaciares del Kilimanjaro desde estaciones meteorológicas situadas en la cima de las montañas a partir del 2000, 'Las explicaciones verdaderas son mucho más complejas. El calentamiento global desempeña un papel, pero en realidad hay una variedad de factores involucrados.'"[162]

De acuerdo con Hardy, la disminución forestal en las zonas que rodean el Kilimanjaro, y no el calentamiento global, pudiera constituir la influencia humana más potente sobre el retroceso del glaciar. "El despeje de las tierras para la agricultura y los fuegos forestales, los que a menudo son causados por los recolectores de miel que tratan de espantar las abejas de sus colmenas con humo, han disminuido los bosques enormemente," dice. "La pérdida de follaje causa que una cantidad menor de humedad ascienda a la atmósfera, lo cual conduce a una cubierta reducida de nubes y de precipitación, así como a incidencias mayores de radiación solar y de evaporación glacial."[163]

En Nueva Zelandia: Las morrenas de más de 130 glaciares en Nueva Zelandia han sido fechadas, mayormente en el Parque Nacional de Westland y en la Cadena de Hooker. Aquéllas muestran tres plazos particulares de avance glacial durante la Pequeña Edad de Hielo, con los avances más extensos en 1620, 1780 y 1830.[164] El Glaciar de Mueller en el Monte Cook y el Glaciar de Tasmania también alcanzaron sus máximas extensiones durante la Pequeña Edad de Hielo.[165]

---

[162] Andrea Minarcek, "El glaciar del Monte Kilimanjaro se desmorona," *National Geographic Adventure*, 23 de septiembre de 2003.

[163] Ibíd.

[164] P. Wardle, "Variaciones en los glaciares del Parque Nacional de Westland y de la Cadena de Hooker," *New Zealand Journal of Botany* 11 (1973): 349-88.

[165] S. Winkler, "El máximo de la Pequeña Edad de Hielo en los Alpes del Sur, Nueva Zelandia: Resultados preliminares del Glaciar de Mueller," *The Holocene* 10 (2000): 643-47; y J. Purdie y B. Fitzharris, "Procesos y tasa de pérdida del Glaciar de Tasmania, Nueva Zelandia," *Global and Planetary Change* 22 (1999): 79-91.

En las Islas Shetland del Sur: Con base en la edad de los liquenes[166] y en el análisis de los sedimentos lacustres,[167] los glaciares justo al norte de la Antártida también avanzaron durante la Pequeña Edad de Hielo.

Los glaciares antárticos: En la Costa de Scott del Continente Antártico, el Glaciar Wilson avanzó al mismo tiempo, aproximadamente, que la fase principal de la Pequeña Edad de Hielo. El avance fue trazado mediante una técnica algo semejante a la datación por carbono de los liquenes en las morrenas glaciares en tierra: Los investigadores emplearon la datación por carbono-14 para analizar la materia orgánica en las playas de realce del glaciar. (Además usaron fotografías aéreas y observaciones directas tomadas desde fines de los años 50.)[168]

Nótese que más de 130 glaciares del Hemisferio Sur avanzaron durante la Pequeña Edad de Hielo, la mayoría en sitios bien conocidos de Nueva Zelandia. El IPCC eligió hacer caso omiso de esta sólida confirmación del enfriamiento global en el Hemisferio Sur y prefirió citar un estudio, seriamente defectuoso, del pino Huon en Tasmania, el que sometemos a crítica en el Capítulo 6.

OTROS VALORES SUSTITUTIVOS
PARA LA TEMPERATURA

Groenlandia: Este es un lugar excelente para tomar núcleos de hielo, dado que ofrece tasas altas de acumulación, una corriente de hielo sencilla, amplio grosor del hielo (para rendir una relación más detallada) y una ubicación de importancia en las corrientes meteorológicas del Atlántico Norte.

Dorthe Dahl-Jensen y su equipo de investigaciones de la Universidad de Copenhague reconstruyeron el historial de las temperaturas en Groenlandia, con base en dos pozos de sondeo en el inlandsis groenlandés. "Lo que implica el registro es que en Groenlandia el período medieval, de alrededor del año

---

[166] K. Birkenmajer, "Datación liquenométrica de las playas marinas elevadas en Admiralty Bay, Isla del Rey Jorge (Islas Shetland del Sur, Antártida Occidental)," *Bulletin de l'Academie Polonaise des Sciences* 29 (1981): 119-27.

[167] S. Bjorck et al., "Registros del paleoclima del Holoceno Tardío, de sedimentos lacustres en la Isla James Ross, la Antártida," *Palaeogrography, Palaeoclimatology, Palaeoecology* 121 (1996): 195-220.

[168] B.L. Hall y G.H. Denton, "Curvas nuevas del nivel marino relativo para la Costa de Scott meridional, la Antártida: Evidencia de la desglaciación en el Holoceno del mar de Ross Occidental," *Journal of Quaternary Science* 14 (1999): 641-50.

1000 d. C., fue 1 [grado C) más cálido que en la actualidad. Durante la Pequeña Edad de Hielo [PEH] se observaron dos períodos de frío especialmente intenso, en 1550 y 1850 d. C., con temperaturas 0,5 y 0,7 [grados C] inferiores al presente. Después de la PEH, las temperaturas alcanzaron un punto máximo a eso del 1930; las temperaturas han bajado en décadas recientes."[169] (El estudio del equipo terminó en 1995.)

Los núcleos de sedimentos de un fiordo en el Este de Groenlandia, corroboran la existencia de un enfriamiento alrededor del 1300, con condiciones climáticas muy duras y variables desde 1630 hasta 1900.[170]

Fuera de la costa de Alaska: Dennis Darby, de la Old Dominion University, dirigió un análisis por equipo de sedimentos de la plataforma continental próxima a Alaska.[171] La cantidad y las especies de dinoquistes ("capullos" infinitesimales dejados por organismos unicelulares) dan evidencia de las temperaturas en la superficie del mar y de la cubierta de hielo marino. El resultado más sorprendente del estudio, fue el grado elevado de variación en las temperaturas en el Ártico que mostraron los valores sustitutivos: 6° C durante los últimos 8.000 años, una variabilidad mayor que en el Inlandsis de Groenlandia.

En Alaska central: En esta comarca también se hallaron indicios de temperaturas más altas en el pasado, entre ellos el crecimiento de las zonas de bosque y la ausencia de permafrost durante la época interglacial anterior.[172] Las temperaturas estiales se calculan en de 1° a 2° C más altas que en la actualidad, por lo menos, y en algunos sitios pudieran haber sido hasta 5° C más calientes.

Secciones extensas de Alaska han venido calentándose en décadas recientes. Sin embargo, el Océano Pacífico septentrional se conoce por los cambios abruptos y marcados en el clima, los que se denominan la Oscilación

---

[169] D. Dahl-Jensen et al., "Temperaturas del pasado, tomadas directamente del Inlandsis de Groenlandia," *Science* 282 (1998): 268-271.

[170] A.E. Jennings y H.J. Weiner, "Cambio ambiental en el Este de Groenlandia durante los últimos 1.300 años: Evidencia de los foraminíferos y de los litofacies en el Fiordo de Nansen, 68N," *The Holocene* 6 (1996): 171-91.

[171] D. Darby et al., "Registro nuevo muestra cambios pronunciados en la circulación y en el clima del Océano Ártico," *EOS, Transactions, American Geophysical Union* 82 (2001): 601-7.

[172] D.R. Muhs et al., "Vegetación y paleoclima del último período interglacial en Alaska central," *Quaternary Science Review* 20 (2001): 41-61.

Decadal del Pacífico.[173] La ODP, fue descubierta en 1996 y fue nombrada por Steven Hare, científico de pesquerías en la Universidad Estatal de Oregón. La oscilación es un patrón de variabilidad climática tipo El Niño, pero de larga duración. Los ciclos tienden a persistir durante 20-30 años, en comparación con los 6-18 meses que dura cada evento El Niño. La ODP se divisa mejor en el Pacífico Norte, con efectos secundarios en los trópicos, o sea lo opuesto de lo que hace El Niño.

Las causas de las oscilaciones de la ODP se desconocen, pero el registro de estalagmitas realizado por Dominik Fleitmann et al., apunta a que aquéllas probablemente guarden relación con la variabilidad solar.[174] Los ciclos de la ODP durante el siglo XX comprenden un régimen de frío entre 1890 y 1924, un calentamiento del 1925 al 1946, otro enfriamiento entre 1947 y 1976 y nuevamente otro calentamiento del 1976 al 1978. La población de salmones disminuye en el río Columbia durante los calentamientos, aun a medida que la cantidad de salmones aumenta en el Golfo de Alaska, con los efectos contrarios durante las fases de frío.[175]

Los investigadores han podido identificar once cambios mayores en Alaska central desde 1650. Con la asistencia de las corrientes del Pacífico, Alaska ha ido en contra de la tendencia a temperaturas más bajas del resto de la zona del Ártico. Sin embargo, es probable que sea el cambio, en 1976-1977, a una fase cálida de la Oscilación Decadal del Pacífico el responsable de la gran mayoría de los incrementos recientes en las temperaturas en Alaska. La fase de calor parece haber terminado alrededor del año 2000.[176]

El Quebec septentrional: La historia climática de los últimos 4.000 años, fue reconstruida de las "cuñas de hielo," grandes deformaciones del suelo que comienzan en forma de grietas verticales, luego se llenan de agua en el verano y se congelan en su forma característica de cuña plana a medida que la tierra

---

[173] Z. Gedaloff y D.J. Smith, "Variabilidad climática interdecadal y cambios a escala de régimen en la Norteamérica del Pacífico," *Geophysical Research Letters* 28 (2001): 1515-518.

[174] D. Fleitmann et al., "Forzado, durante el Holoceno, del monzón índico registrado en una estalagmita del sur de Omán," *Science* 300 (13 de junio de 2003): 1737-1739.

[175] Nathan Mantua, Steven Hare, Y. Zhang, J.M. Wallace y R.C. Francis, "Oscilación climática interdecadal en el Pacífico que afecta la producción de salmón," *Bulletin of the American Meteorological Society* 78 (1997): 1069-1079; véase además R.C. Francis y S.R. Hare, "Cambios de régimen a escala decadal en los grandes ecosistemas marinos del Noreste del Pacífico: Un caso para la ciencia histórica," *Fisheries, Oceanography and Marine Science* 3 (1994): 279-291.

[176] <mantua@atmos.washington.edu>

se contrae, algo así como cuando el fango se seca bajo el calor del Sol.[177] Estas cuñas, las que pueden acumularse durante siglos, indican que la comarca experimentó fríos intensos entre 1500 y 1900, o sea la Pequeña Edad de Hielo. Las mediciones vuelven a mostrar condiciones de mayor frío durante los últimos cincuenta años.

El estudio de las cuñas de hielo recibió la confirmación en el norte de Quebec gracias a los anillos de crecimiento de los árboles y a las secuencias de crecimiento de más de trescientos esqueletos de abetos enterrados en una turbera cerca del límite del arbolado.[178] Los árboles mostraron la presencia de un clima más frío del 760 al 860, un calentamiento del 860 al 1000 y fríos intensos entre el 1025 y el 1400.

Avance hacia el sur por Europa Central

Bjorn Berglund, de la Universidad de Lund, realizó una de las evaluaciones más amplias de los valores sustitutivos para el clima europeo, contando entre ellos la exposición solar, la actividad de los glaciares, el nivel de los lagos y de los mares, el crecimiento de las turberas, los límites del arbolado y el crecimiento de los árboles. Berglund documentó la presencia del enfriamiento de la Edad de las Tinieblas en varios estudios de los anillos de crecimiento de los árboles y con microfósiles de algas en el mar de Noruega. Como hemos mencionado anteriormente, Berglund descubrió una retirada importante de la zona de agricultura a partir de alrededor del año 500, la que se extendió a "extensas regiones de Europa Central y de Escandinavia."[179]

Según Berglund, la Edad de las Tinieblas se vio seguida de un "período de auge" en la agricultura desde el 700 hasta el 1200, el que tiene correlación con el Calentamiento Medieval. "El clima fue cálido y seco, con elevación en los límites del arbolado, reducción de los glaciares y disminución en la erosión

---

[177] J.N. Kasper y M. Allard, "Cambios en el clima del Holoceno Tardío, detectados por el crecimiento y por la descompsición de las cuñas de hielo en la costa meridional del Estrecho de Hudson al norte de Quebec, Canadá," *The Holocene* 11 (2001): 563-77.

[178] D. Arseneault y S. Payette, "Reconstrucción de la dinámica forestal milenaria, de los restos de árboles en una turbera subártica en el límite del arbolado," *Ecology* 78 (1997): 1873-883.

[179] B.E. Berglund, "El impacto del hombre y los cambios en el clima," *Quaternary International* 105, núm. 1 (2003): 7-12.

por captación lacustre."[180] (Ello significa que hubo menos tormentas grandes.) Después del 1200, el clima del centro y el norte de Europa se volvió más frío y más húmedo con la llegada de la Pequeña Edad de Hielo.

Escandinavia: Un estudio de las temperaturas de verano en la comarca, derivadas de 1.400 años de los anillos de crecimiento de los árboles, y dirigido en 1990 por Keith Briffa de la Universidad de East Anglia,[181] mostró evidencia escasa del Calentamiento Medieval y de la Pequeña Edad de Hielo.

Sin embargo, en 1992, Briffa y varios de sus mismos coautores publicaron otro informe en la revista *Climate Dynamics* en el que observaron que, "nuestra reconstrucción, publicada anteriormente, tuvo sólo una capacidad limitada de representar los cambios a largo plazo en las temperaturas, a causa del método que empleamos para normalizar los datos originales de los anillos de crecimiento. En el informe actual empleamos una técnica alternativa de normalización que nos permite captar el cambio en las temperaturas en escalas de tiempo más largas."[182]

Este segundo informe descubrió un plazo de frío desde el 500 hasta el 700, siendo el año 660 uno de frío especialmente intenso. Luego mostró períodos en general cálidos del 720 al 1360 (el Calentamiento Medieval), con "máximos de calor" en los siglos X, XI y XII y a principios del XV, hasta 1430.

En Irlanda: Frank McDermott, de la Universidad de Dublín, sometió una estalagmita de cueva a análisis con miras a los isótopos de oxígeno-18.[183] Las variaciones resultaron concordar, en términos generales, con un plazo cálido medieval de 800 a 1200 años en el pasado y con una Pequeña Edad de Hielo, en dos etapas, que corresponde a los perfiles del Inlandsis de Groenlandia. El equipo de McDermott además halló los perfiles del Calentamiento Romano y de la frígida Edad de las Tinieblas.

En Alemania: Las estalagmitas rinden relaciones, por valores sustitutivos, que se remontan a más 17 milenios y manifiestan la Pequeña Edad de Hielo, el Calentamiento Medieval, el Calentamiento Romano y el período frío sin

---

[180] Ibíd.

[181] K. Briffa et al., "Registro de las temperaturas de verano, con extensión de 1.400 años, de los anillos de crecimiento en Fennoscandia," *Nature* 346 (1990): 434-39.

[182] K. Briffa, "Los veranos en Fennoscandia a partir del 500 d. C.: Cambios de temperatura en escalas de tiempo cortas y largas," *Climate Dynamics* 7 (1992): 111-19.

[183] McDermott, "Variabilidad climática a escala centenaria durante el Holoceno," 1328-331.

nombre que precedió la época romana.[184] Los autores observan particularmente que los registros de las estalagmitas se parecen al de la estalagmita de McDermott en Irlanda.

En Suiza: Los isótopos de carbono y de oxígeno, en un núcleo del sedimento del lago de Neufchatel, se emplearon para reconstruir un historial climático de 1.500 años. Según los autores, las temperaturas en Suiza disminuyeron en 1,5° C durante el cambio partiendo del Calentamiento Medieval a la Pequeña Edad de Hielo. Además observan que durante el Calentamiento las temperaturas anuales medias presentaron "un promedio más alto que en la actualidad."[185]

El mar Báltico: Un núcleo del sedimento mostró la presencia de un período de frío a partir del 1200, más o menos, el que se vio caracterizado por "una disminución grande en las aglomeraciones [de quistes de alga] y un incremento en [las especies de alga de] agua fría."[186] Los investigadores Thomas Andren, del Proyecto para el Estudio del Sistema Marino en el Báltico, programa patrocinado por la Unión Europea, Elinor Andren, de la Universidad de Uppsala en Suecia, y Gunnar Sohlhenius, del Instituto Real de Tecnología de Suecia, también hallaron, en las secciones de los núcleos de sedimento correspondientes al Calentamiento Medieval, especies de plancton marino tropical y subtropical que en la actualidad no se encuentran en el mar Báltico. El Báltico por lo tanto sigue siendo demasiado frío como para poder sostener las especies marinas de aguas cálidas que ya tuvo durante el Calentamiento Medieval.

En el Mediterráneo: Cerca de la línea del ecuador, las temperaturas no cambian mucho con el ciclo climático de 1.500 años, pero la precipitación sí. Dos estudios distintos documentaron el ciclo climático de 1.500 años, manifestado por el patrón de lluvias en el sur de España.[187]

---

[184] S. Niggemann et al., "Registro paleoclimático de los últimos 17.600 años," 555-67.

[185] M.L. Filippi et al., "Influencia climática y antropogénica sobre el registro de isótopos estables de los ostrácodos y de los carbonatos a granel en el lago de Neufchatel, en Suiza, durante los dos últimos milenios," *Journal of Paleolimnology* 21 (2000): 19-34.

[186] E. Andren, T. Andren y G. Sohlenius, "La historia, durante el Holoceno, del suroeste del mar Báltico, representada en un núcleo de sedimento de la Cuenca de Bornholm," *Boreas* 29 (2000): 233-50.

[187] F. Rodrigo et al., "Variabilidad en la precipitación en el sur de España a escalas de tiempo de decadal a centenaria," *International Journal of Climatology* 20 (2000): 721-32; A. Sousa y P.J. García-Murillo, "Cambios en las zonas pantanosas de Andalucía (Parque Nacional de Doñana, suroeste de España) a finales de la Pequeña

El Mediterráneo Oriental: En esta zona, los sedimentos se acumulan velozmente y dan núcleos del fondo marino que rinden un alto grado de precisión. Bettina Schilman, de la Encuesta Geológica de Israel, empleó valores sustitutivos como los isótopos de oxígeno-18 y de carbono-13 en fitoplancton, las proporciones de titanio a aluminio y de hierro a aluminio, la sensibilidad magnética y el índice de colores para analizar los climas pasados.[188] Según ella, hubo eventos climáticos abruptos hace 270 y 800 años, los que "probablemente guardan correlación" con la Pequeña Edad de Hielo y con el Calentamiento Medieval. Además observa la presencia de evidencias para corroborar el Calentamiento Medieval en los altos niveles de los lagos del Sahara[189] y en los niveles elevados del mar Muerto[190] y del lago de Tiberíades,[191] así como en un máximo de precipitación en la cabecera del

Edad de Hielo," *Climatic Change* 58 (2003): 193-217.

[188] B. Schilman et al., "La inestabilidad del clima global, representada en los registros marinos del Mediterráneo oriental durante el Holoceno Tardío," *Palaeogeography, Palaeoclimatology, Palaeoecology* 121 (2001): 157-76.

[189] M. Schoell, "Ánalisis de los isótopos de oxígeno en los carbonatos autigénicos de los sedimentos del lago de Van y su posible importancia en el clima de los últimos 10.000 años," en *The Geology of Lake Van*, F. Kurtman y E.T. Degens, reds. (Ankara, Turquía: Maden Tetkikre Arama Press, 1978), 92-97; S.E. Nicholson, "Los climas del Sahara en tiempos históricos," en *The Sahara and the Nile*, red. por M.A.J. Williams (Rotterdam: Balkema, 1980), 173-299.

[190] A.S. Issar, *Water Shall Flow from the Rock* (Heidelberg: Springer, 1990); A.S. Issar, "El cambio y la historia del clima durante el Holoceno en la región oriental del Mediterráneo," en *Diachronic Climatic Impacts on Water Resources with Emphasis on the Mediterranean Region*, Serie ASI I de la OTAN, Cambio Ambiental Global, red. por A.N. Angelakis y A.S. Issar (Heidelberg: Springer 1998), 55-75; A.S. Issar et al., "Cambios climáticos en Israel durante los tiempos históricos y su impacto sobre los sistemas hidrológico, pedalógico y socioeconómico," en *Paleoclimatology and Paleometeorology: Modern and Past Patterns of Global Atmospheric Transport*, red. por M. Leinen y M. Sarnthein (Holanda: Kluwer Academic Publishers, 1989), 535-41.

[191] A. Frumkin et al., "El registro climático del Holoceno, de las cuevas de sal del Monte Sedom, Israel," *Holocene* 1 (1991): 191-200; A.S. Issar, "El cambio y la historia del clima durante el Holoceno en la región oriental del Mediterráneo," en A. Issar y N. Brown, reds., *Water, Environment and Society in Times of Climate Change* (Holanda: Kluwer Academic Publishers, 1998), 55-75.

Nilo.[192]

El Oriente Medio

Omán: En la Península de Arabia, Ulrich Neff, de la Academia de Ciencias de Heidelberg en Alemania, encontró isótopos de oxígeno-18 en una estalagmita de cueva, los que rindieron un historial bien preciso del ciclo climático de 1.500 años en la lluvia del monzón de la comarca. Según Neff, la calidad de este registro del monzón es mejor, a razón de al menos un orden de magnitud, que la de los núcleos de sedimento marino del equipo de Gerard Bond, que dieron lugar a la primera conexión entre el ciclo de los 1.500 años y el Sol.

Los isótopos de oxígeno-18 de Neff, además apuntan a un grado "excelente" de correlación con la actividad solar, medida con isótopos de carbono-14 en los anillos de crecimiento. (Véase la Figura 4.2.) Según el equipo de Neff, los monzones fueron marcadamente más intensos durante el Óptimo Climático (hace de 5.000 a 7.000 años), el que también produjo una época de precipitación copiosa en la comarca africana del Sahel, en Arabia y en la India.[193]

Los ciclos de la estalagmita en Omán también concordaron con las fluctuaciones en las temperaturas que se registraron en Groenlandia hace 10.000 años, lo cual indica que los dos eventos fueron controlados por los límites glaciales. Sin embargo, durante los últimos 7.000 años, desde haberse derretido la mayor parte del hielo, el valor sustitutivo de la estalagmita indica que el monzón del Océano Índico ha sido regido por las variaciones en la actividad del Sol.[194]

---

[192] B. Bell y D.H. Menzel, "Hacia la observación y la interpretación de los fenómenos solares," *AFCRL F19628-69-C-0077 y AFCRL-TR-74-0357* (Bedford, Massachusetts: Air Force Cambridge Research Laboratories, 1972) 8-12; F. Hassan, "Las inundaciones históricas del Nilo y su significado para el cambio climático," *Science* 212 (1981): 1142-145.

[193] U. Neff et al., "Alto grado de coherencia entre la variabilidad solar y el monzón en Omán," *Nature* 411 (2001): 290-293.

[194] D. Fleitmann et al., "Forzado, durante el Holoceno, del monzón índico registrado en una estalagmita del sur de Omán," *Science* 300 (2003): 1737-739.

Figura 4.2: Coherencia entre la variabilidad solar y el monzón en Omán

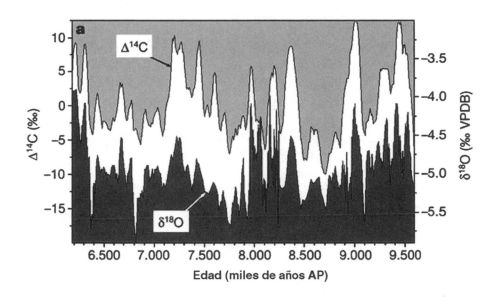

Edad (miles de años AP)

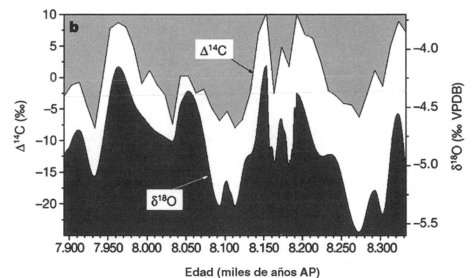

Edad (miles de años AP)

Fuente: U. Neff et al., "Alto grado de coherencia entre la variabilidad solar y el monzón en Omán," *Nature* 411 (2001): 290-293.

En el mar de Omán: Al oeste de Karachi, en Pakistán, dos núcleos de sedimento del fondo del mar se remontan a casi 5.000 años en el pasado y muestran "el ciclo de 1.470 años reportado anteriormente del registro del hielo de la época glacial en Groenlandia." W.H. Berger y Ulrich von Rad proponen la tésis de que los ciclos son mareomotrices. Sin embargo, también observan que, "las oscilaciones internas del sistema climático son incapaces de producirlos."[195]

El Asia

En Siberia: La Figura 4.3 muestra un historial ininterrumpido de las temperaturas, de 2.200 años de longitud, sacado de los anillos de crecimiento siberianos. En ellos se distinguen el período frío antes del Calentamiento Romano, el susodicho Calentamiento Romano, la fría Edad de las Tinieblas, el Calentamiento Medieval que se extiende del 850 al 1150, seguido de un enfriamiento agudo desde el 1200 hasta el 1800.[196]

La Meseta del Tibet: Con base en los isótopos de oxígeno-18 tomados de las turberas, esta comarca experimentó tres intervalos de frío intenso durante la Edad de las Tinieblas, un período de calor de 1100 a 1300 y nuevamente períodos de frío de 1370 a 1400, de 1550 a 1610 y de 1780 a 1880.[197]

En China: Una estalagmita de una cueva cerca de Beijing fue sometida a análisis, con la proporción de manganeso a estroncio sirviendo de "termómetro geoquímico."[198] El equipo halló un fuerte calentamiento del año 700 al 1000 que corresponde al Período Cálido Medieval. Entre 1500 y 1800 la temperatura del aire fue de 1,2° C menos que en la actualidad.

En la Isla Yakushima al sur de Japón: Los isótopos de carbono-13 de un gigantesco cedro japonés infieren un plazo cálido de alrededor de 1° C por sobre el nivel presente entre el 800 y el 1200, así como de 2° C por debajo del

---

[195] W.H. Berger y U. von Rad, "Regularidad de decadal a milenaria en varvas y turbiditas del mar de Omán: La hipótesis del origen mareomotriz," *Global and Planetary Change* 34 (2002): 313-25.

[196] M.M. Nazurbaev y E.A. Vaganov, "Variación de la temperatura anual y al principio del verano en Taymir Oriental y Putoran (Siberia) a lo largo de los dos últimos milenios, inferida de los anillos de crecimiento," *Journal of Geophysical Research* 105 (2000): 7317-326.

[197] H. Xu et al., "Variaciones en las temperaturas de los últimos 6.000 años, inferidas del O-18 de celulosa de turbera en Hongyuan, China," *Chinese Science Bulletin* 47 (2002): 1584.

[198] Ma Zhibang et al., "Cambios en la paleotemperatura de los últimos 3.000 años en el este de Beijing, China: Reconstrucción basada en los registros de Mg/Sr en una estalagmita," *Chinese Science Bulletin* 48 (2003): 395-400.

presente entre el 1600 y el 1700.[199] (Los años de los ciclos climáticos globales son distintos entre China y el Japón porque las corrientes oceánicas ejercen mayor influencia sobre las islas japonesas que sobre la masa terrestre de la China.)

Figura 4.3: 2.000 años de historia de las temperaturas en Siberia

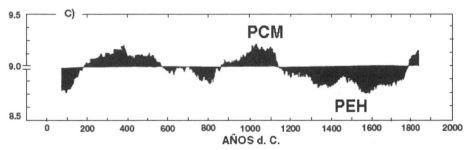

Fuente: M.M. Nazurbaev y E.A. Vaganov, "Variación de la temperatura anual y al principio del verano en Taymir Oriental y Putoran (Siberia) a lo largo de los dos últimos milenios, inferida de los anillos de crecimiento," *Journal of Geophysical Research* 105 (2000): 7317-326. Los autores emplearon una nivelación de los datos a trescientos años.

Norteamérica

Veamos a continuación las dos pruebas más potentes de los ciclos climáticos en América del Norte.

Primero, la Base de Datos del Polen Norteamericano manifiesta nueve cambios en la vegetación, propulsados por las temperaturas, a nivel continental durante los últimos 14.000 años, o sea un promedio de un cambio cada 1.650 años.[200] Los cambios en la vegetación ocurrieron por toda Norteamérica. Los investigadores analizaron más de 3.000 fechas de carbono-14 de los registros de polen, con enfoque en las aglomeraciones de polen justo antes y justo después de los plazos de cambio importante en el clima. El cambio de importancia más reciente tuvo lugar hace unos 600 años y

---

[199] H. Kitagawa y K. Matsumoto, "Implicaciones para el clima de las variaciones en el C-13 de un cedro japonés (*Cryptomeria japonica*) durante los dos últimos milenios," *Geophysical Research Letters* 22 (1995): 2155-158.

[200] La Base de Datos del Polen Norteamericano está situada en Springfield, estado de Illinois, y forma parte del Programa de Paleoclimatología patrocinado por la Administración Oceánica y Atmosférica Nacional.

"culminó en la Pequeña Edad de Hielo, con el enfriamiento máximo hace 300 años." El cambio anterior comenzó hace unos 1.600 años y "culminó en el calentamiento máximo del Período Cálido Medieval hace 1.000 años."[201]

En segundo lugar, los niveles del agua en los Grandes Lagos muestran claramente una fuerte respuesta al ciclo climático de 1.500 años, con niveles elevados durante los enfriamientos del clima y disminuidos durante los períodos de calentamiento. Las tasas de evaporación seguramente habrían sido inferiores durante las fases de clima frío y la cantidad de la precipitación también podría haber sido mayor. (Los mantos de hielo solamente se forman durante las Edades de Hielo principales.) Todd Thompson, de la Universidad de Indiana, y Steve Baedke, de la Universidad James Madison, estudiaron "strandplains," ondulaciones en la arena, paralelas a la orilla, que contienen un centro de sedimento dejado por el agua. Estos "strandplains" comúnmente se presentan en las orillas en la forma de series de ondulaciones que descubren el nivel superior de las aguas lacustres, mientras que los sedimentos orgánicos señalan la edad de las ondulaciones. Los niveles del agua ascendieron durante el plazo de hace 3.100 a 2.300 años, durante el frío que vino antes del Calentamiento Romano. Los lagos siguieron a niveles bajos de 2.300 a 1.900 años en el pasado, lo cual representa el Calentamiento Romano mismo. Luego los niveles acuáticos volvieron a elevarse entre los años 100 y 900, en respuesta a la frígida Edad de las Tinieblas.[202] Las aguas volvieron a verse elevadas tanto en el 1300 como en el 1600, lo cual refleja las dos etapas de la Pequeña Edad de Hielo.[203]

En el sur de Ontario: Ian Campbell y John McAndrews, de Environment Canada, realizaron un estudio, basado en el polen, de los cambios forestales sucesivos a medida que la Pequeña Edad de Hielo enfrió el clima. Los investigadores descubrieron que la predominancia de las hayas, que prefieren el calor, se transformó en una predominancia de los robles, que soportan el

---

[201] A.E. Viau et al., "Amplia evidencia de variabilidad climática de 1.500 años en Norteamérica durante los últimos 14.000 años," *Geology* 30, núm. 5 (2002): 455-58.

[202] T.A. Thompson y S.J. Baedke, "Evidencia de los strandplains para reconstruir los niveles lacustres hacia fines del Holoceno en la cuenca del lago Michigan," en *Proceedings of the Great Lakes Paleo-Levels Workshop: The Last 4,000 Years*, red. por Cynthia Sellinger y Frank Quinn (Ann Arbor, Michigan: Great Lakes Environmental Research Laboratory, U.S. Department of Commerce, 1999), 30-34.

[203] C.E. Larsen, "Estudio estratigráfico de las características de las playas en la orilla suroeste del lago Michigan: Nueva evidencia de las fluctuaciones en el nivel del lago durante el Holoceno," *Illinois State Geological Survey Environmental Geology Notes* 112 (1985): 31.

frío, y luego al pino, adaptado para el frío.[204] En una simulación por computadora, también llegaron a la conclusión de que, durante la Pequeña Edad de Hielo, los cambios en las temperaturas y en las especies de árbol disminuyeron la masa total de la flora en los bosques de Ontario a razón del 30 por ciento. Dicen que los bosques de Ontario no han recuperado todavía el grado pleno de productividad del que gozaron durante el Calentamiento Medieval.

En la Sierra Nevada meridional: Un estudio del pino cola de zorro y del enebro occidental en la Sierra Nevada meridional, apunta a la existencia de un plazo de calor más intenso que durante el siglo XX, del 1100 al 1375, así como un período de frío del 1450 al 1850, años correspondientes a la Pequeña Edad de Hielo.[205]

Una cronología de los anillos de crecimiento en los pinos bristlecone, los que son de muy larga vida, en la zona fronteriza de California y Nevada, se remonta hasta el 3431 a. C. Desde el 800 d. C. hasta el siglo presente, "los promedios de cada cien años guardan correlación estadística con las temperaturas derivadas para el centro de Inglaterra."[206]

Suramérica

Las temperaturas en Latinoamérica varían con la subregión. Las zonas tropicales varían con la altitud y la cubierta de nubes. Otras subregiones varían con la altitud, con la dirección de los vientos y con las temperaturas en la superficie del mar. En el extremo meridional, las temperaturas en la superficie son el factor predominante.

En el Perú: Alex Chepstow-Lusty encontró cantidades menguantes de polen fosilizado, en un núcleo de 4.000 años de antigüedad tomado del fondo de un lago, lo cual apunta a disminuciones en la cantidad de lluvia durante varios siglos después del año 100, cuando el Calentamiento Romano cedió el

[204] Campbell y McAndrews, "Desequilibrio forestal," 336-38.

[205] L.J. Graumlich, "Registro de 1.000 años de la temperatura y la precipitación en la Sierra Nevada," *Quaternary Research* 39 (1993): 249-55.

[206] V.C. La Marche, "Inferencias paleoclimáticas de los registros largos de los anillos de crecimiento," *Science* 183 (1974): 1043-48.

paso a la Edad de las Tinieblas.[207] Posterior al 900, el incremento en el polen indicó una mayor abundancia de plantas y temperaturas más calientes, seguido de la Pequeña Edad de Hielo y otro declive en el polen. (Las fechas de las oscilaciones en el clima peruano, concuerdan estrechamente con la estalagmita de McDermott en la cueva irlandesa.)

En la Argentina: Según Martín Iriondo, de la Universidad de Santa Fe, los registros históricos—los informes de inundaciones, los manuales de los marineros y otras fuentes por el estilo—muestran que durante el Calentamiento Medieval la región central de Argentina gozó de un nivel mayor de precipitación que en la actualidad. Las temperaturas podrían haber sido hasta 2,5° C más calientes, a causa de un cambio hacia el sur en las zonas de la lluvia tropical.[208]

También en la Argentina, un estudio de los sedimentos de lagos salinos en una alta meseta volcánica, encontró que la lluvia y el clima cambiaron marcadamente cada vez que el mundo cambió de ser caliente a frío y nuevamente al calor. El equipo de investigación llegó a la conclusión de que, "La Pequeña Edad de Hielo permanece como evento climático de importancia en el Altiplano y en Suramérica."[209]

África, al sur del ecuador

En las alturas del Monte Kenia: Un equipo de investigadores del Instituto Weizmann de Israel escalaron la cuesta de la montaña hasta el lago de Hausberg, a más de 14.000 pies de altura, con botes y aparatos de perforación. Tomaron un núcleo de sedimento, de seis pies, que se había acumulado en el fondo del lago entre el 2250 a. C. y el 750 d. C. El equipo analizó la proporción de isótopos de oxígeno en los esqueletos de algas (los que se conocen con el nombre de, ópalo biogénico). Cuando el agua estaba más fría, el ópalo tenía un nivel inferior de los isótopos más pesados de oxígeno-18.

La mayor anomalía fue un calentamiento rápido, de 4° C, entre el 350 a.

---

[207] Chepstow-Lusty et al., "Trazando 4.000 años de historia ambiental en la comarca del Cuzco, Perú, derivada del registro de polen," *Mountain Research and Development* 18 (1998): 159-72.

[208] M. Iriondo, "Cambios climáticos en las planicies suramericanas: Registros de una oscilación a escala continental," *Quaternary International* 57-58 (1999): 93-112.

[209] Blas L. Valero-Garcés et al., "Paleohidrología de los lagos salinos andinos, basada en los registros sedimentológicos e isotópicos en el noroeste de Argentina," *Journal of Paleoclimatology* 24 (2000): 343-59.

C. y el 450 d. C., que reflejó un clima más cálido en el África Oriental ecuatorial.[210] ¿Podría tratarse del Calentamiento Romano? Los investigadores del Instituto Weizmann observaron la presencia de un calentamiento durante el mismo plazo en la parte sueca de Laponia y en las Montañas de San Elías del noreste de Alaska y del Yukón canadiense.

En Sudáfrica: Peter Tyson, jefe del Grupo de Investigaciones Climatológicas en la Universidad de Witwatersrand en Sudáfrica, recientemente dirigió a un equipo que analizó una estalagmita de una cueva en el Valle de Makapansgat, en el este de Sudáfrica. Los valores sustitutivos fueron los isótopos de oxígeno-18 y de carbono-14 y la densidad de la coloración de las capas. (En años cálidos, el incremento en la cantidad de materia orgánica en el suelo crea una capa más oscura en la estalagmita, mientras que los años de mayor frío producen capas más claras.)

El registro de las temperaturas del equipo de Tyson se muestra en la Figura 4.4. La figura enseña que el Calentamiento Medieval comenzó antes del año 1000 y que duró hasta aproximadamente el 1300, cuando las temperaturas podrían haber alcanzado niveles de 3 a 4° C por sobre el presente. La Pequeña Edad de Hielo en la región se extendió desde alrededor del 1300 hasta el 1800, cuando el interior de Sudáfrica se encontraba 1° C, aproximadamente, más frío que en la actualidad.[211] Las temperaturas variaron durante todo el milenio, pero más durante el Calentamiento Medieval. Cabe observar que las temperaturas más bajas que se hayan registrado durante la Pequeña Edad de Hielo de Sudáfrica, sucedieron durante los Mínimos de Maunder y de Sporer cuando el conteo de las manchas de Sol indicó un nivel reducido de la actividad solar.

La misma estalagmita sudafricana reveló períodos de frío en la región de la cueva entre los años 800 y 200 a. C., lo que corresponde al período de enfriamiento, sin nombre, anterior al Calentamiento Romano.[212] La estalagmita sudafricana no muestra ningún calentamiento insólito durante el siglo XX.

---

[210] M. Rietti-Shati et al., "Registro climático de 3.000 años, de los isótopos de oxígeno del sílice biogénico en un lago ecuatorial de gran altitud," *Science* 281 (1998): 980-82.

[211] Tyson et al., "La Pequeña Edad de Hielo y el Calentamiento Romano en Sudáfrica," *South African Journal of Science* 96, núm. 3 (2000): 121-26.

[212] K. Holmgren et al., "Reconstrucción preliminar de 3.000 años en las temperaturas regionales para Sudáfrica," *South African Journal of Science* 97 (2001): 49-51.

Figura 4.4: 1.000 años de historia de las temperaturas en Sudáfrica

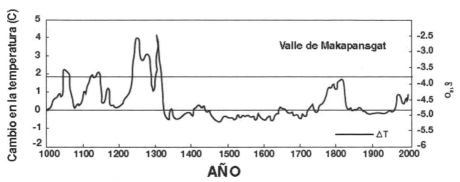

Fuente: Tyson et al., *South African Journal of Science* 96, núm. 3 (2000): 121-26.

Alrededor del Océano Antártico

En Nueva Zelandia: Los isótopos de oxígeno-18 de una estalagmita en una cueva neozelandesa, muestran temperaturas excepcionalmente calurosas entre el 1200 y el 1400, seguidas del período reciente de mayor frío entre 1600 y 1700. A.T. Wilson y Chris Hendy de la Universidad de Waikato en Nueva Zelandia, declaran que, dado que su país se encuentra "en el Hemisferio Austral y en una región que, en términos meteorológicos, está apartada de Europa," el descubrimiento allí del Calentamiento Medieval y de la Pequeña Edad de Hielo demuestra que éstos "no fueron sencillamente un fenómeno local europeo."[213]

El período de frío que la estalagmita señala, concuerda con los anillos de crecimiento más delgados en el pino plateado de la Isla Norte, descubiertos por D. D'Arrigo de la Universidad de Columbia.[214]

En la Isla de Signy: A medio camino entre la Antártida y la punta meridional de Suramérica, los isótopos de oxígeno conservados en los

---

[213] A.T. Wilson et al., "Cambio climático a corto plazo y las temperaturas en Nueva Zelandia durante el último milenio," *Nature* 279 (1979): 315-17.

[214] D. D'Arrigo et al., "Registros de los anillos de crecimiento de Nueva Zelandia: Contexto a largo plazo para la tendencia reciente al calentamiento," *Climate Dynamics* 14 (1998): 191-99.

sedimentos lacustres proporcionan un historial climático de 7.000 años.[215] Los isótopos muestran con claridad el Calentamiento Romano y la Edad de las Tinieblas. (Los dos eventos concuerdan con el registro de la estalagmita en la cueva irlandesa de McDermott.) Luego los sedimentos de lago registraron el Calentamiento Medieval, la Pequeña Edad de Hielo y el calentamiento del siglo XX, el que hasta la fecha se presenta más frío que el Calentamiento Medieval.

La Antártida

Justo fuera de la punta meridional de la Península Antártica, Boo-Keun Khim, de la Universidad de Seúl en Corea del Sur, analizó un núcleo del sedimento de la Cuenca de Bransfield. Los datos muestran claramente la Pequeña Edad de Hielo y el Calentamiento Medieval, así como ciclos anteriores de calentamiento y de enfriamiento.[216]

Khim además observa que pruebas de la Pequeña Edad de Hielo se encontraron en diversos estudios del sedimento marino antártico, entre ellos el de A. Leventer y R.B. Dunbar, que rindieron parte de su estudio de los microfósiles de algas en el Estrecho de McMurdo de la Antártida en 1988.[217]

SEQUÍAS Y LLUVIA A MEDIDA QUE EL CLIMA SE CALIENTA Y SE ENFRÍA

Norteamérica

En el Canadá: El clima de las praderas occidentales alternó entre "períodos sostenidos de condiciones unas veces más húmedas, otras veces más frías, que sucedieron cada 1.220 años, aproximadamente," con base en los minúsculos

---

[215] P.E. Noon et al., "Evidencia, por isótopos de oxígeno, de los cambios hidrológicos durante el Holoceno en la Isla de Signy, Antártida Marítima," *The Holocene* 13 (2003): 251-63.

[216] B.K. Khim et al., "Oscilaciones climáticas inestables durante el Holoceno Tardío en la Cuenca de Bransfield Oriental, Península Antártica," *Quaternary Research* 58 (2002): 234-45.

[217] A. Leventer y R.B. Dunbar, "Registro reciente de diatomeas del Estrecho de McMurdo, la Antártida: Significado para la historia de la extensión del hielo marino," *Paleoceanography* 3 (1988): 373-86.

organismos hallados en los sedimentos de 219 lagos.[218] La comarca se presentó más seca durante los plazos de frío y más húmeda durante los períodos de calentamiento, con cambios abruptos.

Los Estados Unidos occidentales: Esta región sufrió al menos dos sequías, de un siglo de duración cada una, durante el Calentamiento Medieval, las que se extendieron desde las Grandes Planicies y el Noroeste hasta California por el sur. El Sureste también se vio afectado de sequías. El Mediooeste alto norteamericano y el Canadá subártico oriental se vieron más húmedos.

En las montañas de California: El geógrafo californiano, Scott Stine, analizó megasequías con las fechas de radiocarbono tomadas de las capas de los detritos volcánicos y complementadas con los anillos de crecimiento de varias generaciones de relictos de cepas de árboles y de arbustos en las zonas de las orillas de los lagos. Los árboles se ahogaron cuando las aguas de los lagos recuperaron hasta setenta pies de la profundidad que habían perdido durante las megasequías.[219] Con evidencia recogida de relictos de árboles en los lagos californianos de Mono, Pyramid y Tenaya y de los Llanos Chris del río Walker, Stine concluyó que la comarca experimentó una megasequía de unos 140 años de duración, a partir del año 1000, más o menos, y otra sequía de 100 años de duración que comenzó a eso del 1350. Las evidencias posteriores ampliaron la extensión de las sequías del lago Pyramid al norte de Tahoe, hasta el lago de Owens, situado cientos de millas hacia el sur y justo al oeste del Valle de la Muerte. Según Stine, hubo otras sequías serias pero menos extensas en la comarca, entre ellas una que tuvo lugar de fines del siglo XVIII a principios del XIX.[220] Los anillos de pino bristlecone en las montañas de California también confirmaron un período seco y cálido entre el 700 y el 1300.[221]

Luego Stine señala los árboles que encontró el geólogo Greg Wiles, que habían sido cortados por los glaciares según éstos avanzaron en la zona del Estrecho del Príncipe Guillermo en Alaska, prácticamente al mismo tiempo

---

[218] B.F. Cumming et al., "Cambios persistentes a escala milenaria en los regímenes de la humedad en el oeste del Canadá durante los seis últimos milenios," *Proceedings of the National Academy of Sciences USA*, 99, núm. 25 (2002): 16117-121.

[219] S. Stine, "Anomalía del clima medieval en las Américas," en *Water, Environment, and Society in Times of Climate Change* (Holanda: Kluwer Academic Publishers, 1998), 43-67.

[220] S. Stine, "Las grandes sequías del año 1000," *Sierra Nature Notes* 1 (mayo de 2001) <www.yosemite.org/naturenotes/paleodrought1.htm> (accedido el 4/VIII/07).

[221] V.C. La Marche, "Inferencias paleoclimáticas de los registros largos de los anillos de crecimiento," *Science* 183 (1974): 1043-48.

que tuvieron lugar las sequías en California. Stine sugiere que el mismo modelo de, "invierno seco en California con invierno húmedo en Alaska," producido por un cambio de las corrientes en chorro hacia el norte en 1976-77, pudiera haber prevalecido durante gran parte del período de megasequías experimentado entre los años 1000 y 1400.

Stine hasta encontró árboles de al menos cien años de edad, creciendo en los fondos de lagos en Patagonia, al extremo meridional de la Argentina, durante una sequía prolongada que coincidió con al menos la primera megasequía de California. Stine también conecta la sequía en Patagonia con los cambios en las corrientes en chorro.[222] El científico parece confirmar la recién descubierta Oscilación Decadal del Pacífico.

En la Bahía del Chesapeake: Debra Willard y su equipo analizaron polen y quistes de dinoflagelados fosilizados en núcleos de sedimentos por el río Chesapeake. Los investigadores descubrieron varios períodos de sequedad. Uno de ellos duró cinco siglos, del 200 a. C. al 300 d. C., durante el Calentamiento Romano. Otro plazo de sequedad duró del 800 al 1200, durante el Calentamiento Medieval.[223] Tanto los anillos de crecimiento de los árboles[224] como el polen también han indicado que, por los estados del suroeste de Estados Unidos, este período fue más seco que el promedio.

El equipo de Willard llegó a la conclusión de que los períodos prolongados en la comarca del medio Atlántico norteamericano, en general corresponden a "megasequías" en las zonas central y suroeste de EE.UU. que "probablemente hayan rebasado las sequías del siglo XX en cuanto a su intensidad."[225] El estudio se ve corroborado por estudios de los anillos de crecimiento de los árboles de las Grandes Planicies que muestran sequías, de un siglo o más de duración cada una, tanto en el Calentamiento Romano como

---

[222] S. Stine, "Sequía extrema y persistente en California y en Patagonia durante el Medievo," *Nature* 369 (1994): 546-49.

[223] D.A. Willard, "Historia del ecosistema y del clima del Holoceno Tardío, basada en núcleos de sedimento de la Bahía del Chesapeake, EE.UU.," *The Holocene* 13 (2003): 201-14.

[224] D.W. Stahle y M.K. Cleaveland, "Precipitación, reconstruida de los anillos de crecimiento de los árboles, sobre el sureste norteamericano durante el Período Cálido Medieval y la Pequeña Edad de Hielo," *Climatic Change* 26 (1994): 199-212.

[225] Willard, "Historia del ecosistema y del clima del Holoceno Tardío, basada en núcleos de sedimento de la Bahía del Chesapeake, EE.UU.," 201-14.

en el Medieval,[226] así como por los microfósiles y por las semillas de camarón fosilizadas en los lagos[227] y finalmente por los niveles y por las fuentes de polvo en los sedimentos de los lagos en Minnesota.[228]

El equipo de Willard encontró sequías regionales en la Bahía del Chesapeake a fines del siglo XVI que duraron varios decenios. Ello se vio respaldado por otro estudio de los anillos de crecimiento de antiguos falsos cipreses calvos en las tierras bajas del litoral de Virginia.

La colonia perdida de Roanoke en Carolina del Norte: Los 117 hombres, mujeres y niños del primer establecimiento de ingleses en el Nuevo Mundo, "fueron vistos por última vez el 22 de agosto de 1587, cuando los datos de los anillos de crecimiento señalan la más extrema sequía en temporada de cultivo en 800 años. Esta sequía duró 3 años, de 1587 a 1589, y resulta ser el episodio de 3 años más seco en todos los 800 años que la reconstrucción comprende.... La reconstrucción mediante los anillos de crecimiento de los árboles además indica que los colonizadores de Jamestown tuvieron la muy mala suerte de llegar en abril de 1607, durante el plazo de 7 años más seco que hubiera tenido lugar en 770 años."[229]

Centro y Suramérica

México y los mayas: La famosa civilización maya en la península mexicana de Yucatán parece haberse desmoronado hace unos 1.200 años, durante una sequía prolongada al final de la Edad de las Tinieblas. Los sedimentos de la

---

[226] D.W. Stahle et al., "Reconstrucción de 450 años de las sequías en Arkansas, EE.UU.," *Nature* 316 (1985): 530-32; Stahle y Cleaveland, "Precipitación reconstruida de los anillos de crecimiento de los árboles," 199-212.

[227] S.C. Fritz et al., "Variación hidrológica en las Grandes Planicies septentrionales durante los dos últimos milenios," *Quaternary Research* 53 (2000): 175-84; K.R. Laird et al., "Reconstrucción paleoclimática a escala centenaria de Moon Lake, un lago de cuenca cerrada en las Grandes Planicies septentrionales," *Limnology and Oceanography* 41 (1996): 890-902; y K.R. Laird et al., "Elevación en la intensidad y en la frecuencia de las sequías antes del 1200 d. C. en las Grandes Planicies septentrionales, EE.UU.," *Nature* 384 (1996): 552-54.

[228] W.E. Dean, "Tasas, cronicidad y regularidad de la actividad eólica del Holoceno en el Centro Norte estadounidense: Evidencia de los sedimentos lacustres," *Geology* 25 (1997): 331-34.

[229] Stahle y Cleaveland, "Precipitación reconstruida de los anillos de crecimiento de los árboles."

Cuenca de Cariaco, frente a la costa norte de Venezuela, muestran claramente una sequía que comenzó durante el siglo VII y duró más de doscientos años. Gerald H. Haug, de la Universidad de California Meridional, y Konrad Hughen, del Instituto Oceanográfico de Woods Hole, midieron las concentraciones de titanio en los sedimentos: las cantidades mayores de titanio se vieron relacionadas con más lluvia.[230]

Las ciudades de los mayas habían prosperado en las tierras bajas yucatecas durante 1.000 años, mayormente en los tiempos del Calentamiento Romano. Sin embargo, llegada la Edad de las Tinieblas los mayas sufrieron al menos cien años de lluvias escasas, interrumpidos por plazos, con duraciones de tres a nueve años, sin ninguna o casi ninguna lluvia. Los años más secos fueron el 810, el 860 y el 910.

La lluvia tuvo suma importancia para los mayas, porque ellos vivían en tierras bajas de piedra caliza, por donde las aguas subterráneas se filtran rápidamente y dejan pocos lagos y escasas cantidades en el manto freático para ser captadas por los pozos. Las ciudades de los mayas se diseñaron para recolectar el agua de lluvia y almacenarla; algunas canteras fueron convertidas en cisternas revestidas de arcilla. Complejos sistemas de canales llevaban el agua de irrigación a los campos. Sin embargo, al fin y al cabo era la lluvia de la que dependían los mayas para sobrevivir.

La primera crisis se produjo durante la primera sequía intensa del período de transición climática, alrededor del 250. Algunas ciudades mayas empezaron a ser abandonadas. Una vez que volvieron las lluvias, las ciudades volvieron a repoblarse. Es probable que los sistemas de abastecimiento de agua hayan sido mejorados y ampliados, porque hacia el 750 las ciudades mayas gozaron de una población de más de 3 millones de seres. Fue entonces que la gran sequía provocó el colapso final de la civilización maya. Las lluvias reducidas sencillamente no pudieron sostener esta población elevada.

En Chile central: Los datos de geoquímica, los sedimentos y las poblaciones de quistes de algas de la laguna Aculeo mostraron un gran incremento en las inundaciones entre los años 400 a. C. y 200 d. C. (la época fría prerromana), 500 y 700 (la Edad de las Tinieblas) y 1300 y 1700 (la Pequeña Edad de Hielo). Durante los plazos de frío, los vientos del oeste trajeron más lluvias al lago.[231]

El Cono Sur de Suramérica: Durante el Calentamiento Medieval, y

---

[230] G.H. Haug et al., "El clima y el colapso de la civilización maya," *Science* 299 (2003): 1731-735.

[231] B. Jenny et al., "Cambios en la humedad y fluctuaciones de los vientos del oeste en el Chile central mediterráneo durante los últimos 2.000 años: El registro de la laguna Aculeo," *Quaternary International* 87 (2002): 3-18.

coincidiendo con una megasequía en California, esta comarca se volvió anormalmente seca por varios siglos. Como hemos dicho con anterioridad, Scott Stine descubrió que los árboles pudieron vivir hasta cien años en el lecho de los lagos Argentino, Cardiel y Ghio antes de que éstos volvieran a llenarse con las lluvias más copiosas de la Pequeña Edad de Hielo.[232]

Sequía en África

El África es mayormente un continente tropical o subtropical. Ofrece escasos documentos antiguos escritos, pocas montañas y menos glaciares. Pero sí nos presenta evidencia de la existencia de cambios periódicos y complejos en los patrones de la precipitación.

Sirviéndose de los registros de lluvia, de los informes de los viajeros, de las historias locales y de los estudios geológicos de los lagos y de los ríos, Sharon E. Nicholson, de la Universidad Estatal de la Florida, ha podido reconstruir los cambios pasados en el clima y en el medio ambiente africanos.[233] Según Nicholson, el proceso de "desertificación" que suscitó una conferencia de las Naciones Unidas y mucha preocupación a principios de la década del 80, estuvo "limitado a una escala relativamente pequeña" y el impacto humano sobre la cubierta vegetal ha sido superado por mucho por las variaciones naturales en el clima.

Por ejemplo, el Sahel ha venido avanzando y retrocediendo en el límite meridional del Sahara por miles de años, en un vaivén que cambia la capa vegetal de millones de millas cuadradas, partiendo de desierto a un pasto relativamente exuberante y de vuelta a condiciones de desierto. Nicholson observa que las sequías intensas son omnipresentes a lo largo de la historia conocida del África, así como "lo suficientemente largas y serias como para desplazar a los pueblos y provocar guerras entre las tribus." Concluye ella que en el África las décadas recientes han sido secas, pero que "un episodio parecido de sequedad prevaleció durante la mayor parte de la primera mitad del siglo XIX," es decir, en las postrimerías de la Pequeña Edad de Hielo. Propone que, pese a ser complejos los patrones de precipitación del continente, el Sahel y Sudáfrica corren más o menos en líneas paralelas.

---

[232] S. Stine, "Sequía extrema y persistente en California y en Patagonia durante el Medievo," *Nature* 369 (1994): 546-49.

[233] S.E. Nicholson y X. Yin, "Condiciones de la lluvia en el África Oriental ecuatorial durante el siglo XIX, inferidas del historial del lago Victoria," *Climate Change* 48 (2001): 387-98; S.E. Nicholson, "Cambio climático y ambiental en el África durante los dos últimos siglos," *Climate Research* 17 (2001): 123-44.

Nicholson describe un período de humedad en el norte del África entre los siglos IX y XIV (el Calentamiento Medieval en Europa), cuando los elefantes y las jirafas rondaban y las poblaciones florecían en partes del Desierto del Sahara que actualmente son secas. Grandes civilizaciones, como por ejemplo el Imperio Malí, prosperaron en el Sahel, por el límite meridional del desierto. Las zonas de la lluvia tropical habían trasladado enormes cantidades de humedad unas 500 millas hacia el norte, lo cual dejó más secos a lugares como Kenia y Tanzania.

James C. McCann, profesor de estudios africanos en la Universidad de Boston, nos ayuda a comprender cómo el cambio climático en el Sahel afectó el modo de vida y los grandes sistemas imperiales, al conectar ciertas actividades específicas del hombre, tales como la herrería y las incursiones de caballería, al proceso dinámico del cambio en los límites ecológicos del África Occidental:

> Durante los períodos de menos aridez, la frontera agrícola se trasladaba hacia el norte y permitía a los agricultores de cereales extender sus asentamientos dentro del Sahel, así impulsando las fronteras políticas de la clase dirigente más hacia el norte y cerca de las rutas importantes de comercio por el Sahara. En estas épocas de mayor humedad, el dominio de la mosca tse-tsé también se extendió al norte, así impidiendo la mobilidad de los guerreros montados a caballo que atacaban a los pueblos asentados en el borde meridional de la sabana. La isohieta (el límite de la tse-tsé) de 1000 mm [de lluvia] proporcionó una pantalla protectora para los pueblos agricultores que en las condiciones más secas a menudo eran víctimas de los guerreros montados que venían a buscar esclavos, por lo cual la mosca tse-tsé en efecto proporcionó una defensa eficaz contra los invasores.
>
> Brooks señala que, a lo largo de los dos últimos milenios, la zona de la tse-tsé ha fluctuado tanto como 200 kilómetros de norte a sur, de tal modo—dice—causando alteraciones en la geografía de la economía de ganado y en la ventaja militar regional. Gran parte de la expansión histórica del Imperio Malí al sur y hacia las fuentes de oro y de kola (v.g., entre el 1250 y el 1450 d. C.), tuvo lugar durante un período que en general fue seco, lo cual permitió a la caballería extender la hegemonía formal de Malí hasta el borde de la selva, desde donde sus comerciantes tuvieron influencia sobre los reinos de la selva, en aquel entonces emergentes, durante el siglo XVIII.[234]

Henry Lamb, de la Universidad de Gales, dirigió un estudio de los datos del

---

[234] J.C. McCann, "Clima y causalidad en la historia africana," *International Journal of African Historical Studies* 32 (1999): 261-79, con citas de George Brooks, *Landlords and Strangers: Ecology, Society and Trade in West Africa* (Westview Press, 1993).

polen tomado del fondo del lago Naivasha en Kenia.[235] En claro contraste con el clima húmedo que entonces prevalecía en el Sahara, el equipo descubrió que Kenia experimentó una sequía de dos siglos durante el período de calentamiento, entre el 980 y el 1200. Según Lamb, el nivel del lago alcanzó su punto más bajo en 1.000 años, mientras que la vegetación cambió notablemente de especies leñosas a especies herbáceas.

Los núcleos de sedimentos del lago Victoria en la región montañosa central, muestran un espaciamiento de 1.400 a 1.500 años en las fluctuaciones de la evaporación del agua de lluvia.[236] Los niveles del lago permanecieron elevados a lo largo de la Pequeña Edad de Hielo.

La agricultura africana es uno de los valores sustitutivos más evidentes para el clima en África. Thomas N. Huffman, de la Universidad de Witwatersrand en Sudáfrica, empleó las modalidades del cultivo de mijo y de sorgo como valor sustitutivo para la historia del clima en el África meridional[237] y llegó a la conclusión de que la evidencia de los cultivos, datada por carbono, esencialmente prueba que el clima de la comarca entre el 900 y el 1300 debe de haber sido más caliente y también más húmedo que en la actualidad, porque de otro modo las cosechas no hubieran podido crecer en los sitios donde se encontraron sus restos.

Una evaluación reciente del impacto ambiental que surtiría un gasoducto que conectara Mozambique con Sudáfrica, indicó que la Pequeña Edad de Hielo comenzó alrededor del 1300, cuando sus condiciones más frías y más secas expulsaron del África Oriental a los antecesores de los actuales hablantes de las lenguas nguni y sotho-tswana, los que finalmente se asentaron en el África meridional. El clima volvió a ser más caliente entre 1425 y 1675.[238]

Un parecido notable en los patrones del tiempo se ha documentado para el lago Malawi en el sureste africano y en la Cuenca de Cariaco frente a la costa

---

[235] H. Lamb, I. Darbyshire y D. Verschuren, "Respuesta de la vegetación a las variaciones en la precipitación y el impacto del hombre en Kenia central durante los últimos 1.100 años," *The Holocene* 13 (2003): 285-92.

[236] J.C. Stager et al., "Registro de alta resolución, de 10.000 años, de las diatomeas tomadas de la Bahía de Pilkington en el lago Victoria, África Oriental," *Quaternary Research* 59 (2003): 172-81.

[237] T.N. Huffman, "Evidencia arqueológica del cambio climático durante los dos últimos milenios en el África Meridional," *Quaternary International* 33 (1996): 55-60.

[238] "Yacimientos de gas natural en Mozambique, ambiente," 30 de diciembre de 2003 <www.sasol.com/natural_gas/environment/RSA> (accedido el 5/VIII/07)

venezolana. Erik T. Brown y Thomas C. Johnson, del Observatorio de los Lagos Grandes de la Universidad de Minnesota, estudiaron capas de sedimento en la cuenca norte del lago Malawi y realizaron una reconstrucción del historial del clima mediante la comparación de los fósiles de algas y de las proporciones de niobio a titanio durante 25.000 años.[239]

Con el conocimiento de que tanto el lago Malawi como el mar Caribe se vieron afectados por los cambios en las zonas de las lluvias tropicales en la Zona de Convergencia Intertropical, los investigadores compararon el historial reconstruido de Malawi, con el del litoral venezolano que Gerard Haug reconstruyó basándose en el hierro y en el titanio. Las tendencias de los dos perfiles desde fines del último período glacial resultan ser "excepcionalmente semejantes". Los dos muestran que las zonas de la lluvia tropical se encuentran más hacia el norte durante el Calentamiento Medieval y más hacia el sur durante la Pequeña Edad de Hielo. Los dos registros muestran un grado mayor de variabilidad en el clima durante el período de frío.

RESUMIENDO LA EVIDENCIA FÍSICA
TOMADA DE ALREDEDOR DEL MUNDO

Hemos examinado muestras de la evidencia física que la Tierra nos presenta, desde los anillos de crecimiento de los árboles y los núcleos de hielo hasta las estalagmitas y los penachos de polvo, de las mosquitas y el plancton a las aldeas prehistóricas abandonadas y las culturas desaparecidas, desde el polen fosilizado y los esqueletos de algas hasta los perfiles de titanio y los iones de niobio.

Hemos reunido pruebas del Ártico y del subártico, de Europa y de China y del Tibet, de las regiones ecuatoriales de África y de Latinoamérica, así como de las superficies terrestres, más reducidas, del Hemisferio Sur en el África meridional, en Suramérica y en Nueva Zelandia. Hemos incorporado evidencia importante de la Antártida.

Por sí sola, ninguna de estas pruebas sería convincente. Sin embargo, para poder descartar el gran ciclo climático representado por el Calentamiento Medieval y la Pequeña Edad de Hielo, sería necesario descartar no solamente la evidencia de la historia humana sino también la amplísima variedad de la evidencia física que hemos presentado: toda la cual afirma la existencia del ciclo climático de 1.500 años que se remonta en el pasado al menos un millón de años.

---

[239] E.T. Brown y T.C. Johnson, "El registro climático del lago Malawi: Conexiones con Suramérica," *Geological Society of America Abstracts with Programs* 35, núm. 6 (septiembre de 2003): 62.

Parte Dos

Predicción del clima futuro

Capítulo 5

Vidrio roto en el invernadero

Aunque el calentamiento global causado por el hombre representa una de las amenazas más generalizadas a la red de la vida, es posible hacer frente a la raíz del asunto. El proceso de combustión de los combustibles fósiles—el carbón, el petróleo, el gas—libera dióxido de carbono (CO_2) en la atmósfera. Esta contaminación por carbono cubre la Tierra y atrapa el calor, causando de tal modo el calentamiento global. La disminución de estas emisiones representa el primer paso en detener el calentamiento global.... El WWF [World Wildlife Fund] es un partidario clave de disminuir, a escala mayor, la cantidad de las emisiones de CO_2.... Un incremento ligero en las temperaturas globales amenaza a los animales silvestres, como por ejemplo los osos polares, que dependen del hielo marino que va desapareciendo, para tener acceso a sus fuentes de sustento. Ayúdennos a salvar a los osos polares y a toda la vida en la Tierra, mediante la institución de medidas encaminadas a reducir las emisiones de CO_2. Junto con el WWF, Vd. puede hacerse parte de la solución.

- Sitio web del World Wildlife Fund, 2004

Pese a toda la evidencia que apunta a que la tendencia reciente al calentamiento es un fenómeno natural e imparable, millones de ciudadanos cultos y numerosas organizaciones muy respetadas, y aun los gobiernos nacionales de países principales del Primer Mundo, nos aseguran de que la fase actual de calentamiento de la Tierra resulta de las emisiones de dióxido de carbono (CO_2) emitido por las centrales eléctricas y por los automóviles, así como por el gas metano de los arrozales y de los rebaños de ganado. Según los alarmistas, estos gases hacen que el "invernadero" natural de la Tierra se sobrecaliente, con efectos fatales. Dicen que la sociedad moderna terminará por destruir el planeta, a no ser que cambiemos fundamentalmente las modalidades de la producción y del consumo de energía por el hombre.

Nos advierten que los casquetes polares podrían derretirse y elevar el nivel del mar, inundando muchas de las ciudades y de las zonas de agricultura más importantes del mundo. Para "salvar el planeta," piden que la sociedad renuncie a la mayor parte del empleo de la energía generada por los combustibles fósiles y que acepte reducciones radicales en la producción de los alimentos, en la tecnología médica y en el nivel de vida.

En 1995, dos ambientalistas norteamericanos evaluaron las perspectivas: "Según el [IPCC], apenas para estabilizar las concentraciones atmosféricas de CO_2 es preciso realizar una reducción inmediata del 60 al 80 por ciento en las emisiones, lo cual representa el objetivo mínimo que pueda defenderse desde el punto de vista científico, para cualquier estrategia climática. Los países menos desarrollados, con sus niveles relativamente bajos de emisiones, aumentarán ineludiblemente su empleo de los combustibles fósiles a medida que se vayan industrializando y que sus poblaciones crezcan. Por lo tanto las regiones que contaminan mucho, como [EE.UU.], tendrán que disminuir sus emisiones aun más para que el mundo como un todo pueda alcanzar este objetivo."[240]

Sin embargo, los alarmistas tienen escasa evidencia para apoyar la teoría del invernadero, solamente lo siguiente: (1) el hecho de que la Tierra está calentándose, (2) una teoría que no explica muy bien el calentamiento del último siglo y medio y (3) algunos modelos de computadora que carecen de comprobación. Además, la credibilidad de los alarmistas se ve seriamente socavada por el hecho de que muchos de ellos ya por largo tiempo han creído que hay que deshacerse de la tecnología moderna, independientemente de si la Tierra esté calentándose muy rápido o no esté calentándose en absoluto.

Aun así, los periodistas han aceptado indiscriminadamente los cuentos del movimiento ambientalista mundial, con respecto a la contaminación, al desastre ecológico, al declive inevitable de las sociedades del Primer Mundo—y al calentamiento global. Ello pudiera deberse a que, sin los pánicos fomentados por los "Verdes," resultaría más difícil escribir titulares pavorosos para vender más periódicos y para atraer más televidentes. Los pronósticos de desastres ambientales han constituido un alimento básico para la prensa desde que Rachel Carson editara su obra, *Silent Spring* ("Primavera Silenciosa"), en 1962.

Los políticos siempre están dispuestos a ponerse al frente del desfile, y el desfile de creyentes del calentamiento global ha venido creciendo bajo el cuidado esmerado de los alarmistas y de los titulares sensacionalistas. El ex-vicepresidente de EE.UU., Al Gore, no es un personaje sin antecedentes en

---

[240] J.C. Ryan y A. Haws, "Los gases de invernadero aumentan en el Noroeste," *Northwest Environment Watch*, 1995.

la historia de la política.

Lo que sí es novedoso, es que extensos sectores de la comunidad de científicos hayan aprendido, de los periodistas y de los ambientalistas profesionales, cómo los pánicos pueden generar fondos y crear el poder político. La Academia Nacional de las Ciencias ha contribuido fervientemente a los temores del enfriamiento global de los años 70 y actualmente a los temores del calentamiento global. Los dos fenómenos, según la ANC, precisaron de extensas y costosas investigaciones científicas. En décadas recientes, el calentamiento global ha rendido cuando menos dos mil millones de dólares en subvenciones para investigar el fenómeno. Ello a su vez ha ayudado a lanzar miles de proyectos de investigación pagados por el gobierno federal, a producir decenas de miles de doctorados y una cantidad aun mayor de plazas académicas, así como docenas de revistas para profesionales para que publiquen los resultados. Si se hallara una "solución" al problema del calentamiento global, ello podría producir una Gran Depresión entre los cuerpos docentes de los departamentos de las ciencias naturales en las universidades del mundo.

LOS FALLOS DE LA TEORÍA DEL INVERNADERO

Comencemos con un resumen de las deficiencias de la teoría del invernadero. *Primero*, y lo más evidente, los cambios en el CO_2 no explican las grandes variaciones en el clima que sabemos que la Tierra ha experimentado recientemente, entre ellas el Calentamiento Romano, la Edad de las Tinieblas, el Calentamiento Medieval y la Pequeña Edad de Hielo. Sin embargo, estas variaciones sí encajan muy bien con el ciclo natural de 1.500 años.

En segundo lugar, la teoría del invernadero no explica los cambios recientes en las temperaturas. La mayor parte del calentamiento actual se produjo antes de 1940, o sea antes de que el hombre emitiera grandes cantidades de CO_2 por el aire. Después de 1940, y pese al gran salto en el CO_2 industrial durante este plazo, las temperaturas entraron en declive hasta alrededor del 1975. Estos eventos van en contra de lo que dice la teoría del invernadero, pero sí concuerdan con el ciclo de 1.500 años.

Tercero, los aumentos precoces y dizque más potentes en la cantidad atmosférica de CO_2, no han producido el sobrecalentamiento aterrador que según la teoría y los modelos climáticos deberíamos anticipar. Debemos dejar de lado los incrementos futuros de CO_2 en la atmósfera, porque cada unidad de incremento en el CO_2 causa una cantidad menor de calentamiento que la unidad anterior. Puede ser que la cantidad de CO_2 que ya ha sido agregada a la atmósfera ya haya alcanzado el nivel de la saturación.

Cuarto, la teoría del invernadero pronostica que el calentamiento, propulsado por el CO_2, de la superficie de la Tierra habrá de comenzar, y será más intenso, en las zonas polares austral y boreal. Ello no está sucediendo. Un conjunto amplio y difundido de estaciones meteorológicas y de boyas oceánicas muestra que los registros de las temperaturas en el Ártico, en Groenlandia y por los mares que los rodean hoy en día son más fríos que durante los años 30. Alaska ha venido calentándose, pero los investigadores afirman que ello se debe a la Oscilación Decadal del Pacífico (ODP) y no a ningún calentamiento más extenso del Ártico. El ciclo de la ODP, que dura de veinte a treinta años, recientemente parece haber vuelto a invertirse, de modo que ahora Alaska podría enfriarse con el resto del Ártico.

En la Antártida, es sólo el dedo fino de la Península Antártica, que se proyecta hacia la Argentina (y el ecuador), el que se ha calentado. Las temperaturas sobre el otro 98 por ciento del continente antártico han venido bajando lentamente desde los años 60, según una amplia colección de estaciones en la superficie de la Antártida y de mediciones por satélite.

Quinto, debemos ajustar el registro "oficial" de las temperaturas para tener en cuenta el tamaño y la intensidad mayores de las actuales islas de calor urbano, donde se encuentran la mayor parte de los termómetros oficiales. Hay que tener en cuenta los cambios en la modalidad de empleo de las tierras rurales (el despeje de bosques para el pasto y para la agricultura, la agricultura más intensa con la irrigación y el cultivo en hileras) que afectan la temperatura y el nivel de humedad de los suelos. Cuando los expertos en meteorología reconstruyeron las temperaturas oficiales de EE.UU. "sin ciudades ni cultivos," y con datos más precisos de los satélites y de los globos sonda de gran altitud, la mitad del calentamiento "oficial" desapareció.

Sexto, en años recientes los termómetros por la superficie de la Tierra han registrado un calentamiento mayor que el que se ha visto en los registros de la temperatura por las capas inferiores de la atmósfera, hasta 30.000 pies. Pero la teoría del invernadero declara que el CO_2 primero calienta las capas bajas de la atmósfera y que luego el calor atmosférico resulta irradiado hacia la superficie terrestre. Ello tampoco ha sucedido.

La Figura 5.1, que también se da en el Prólogo, muestra la tendencia bien moderada, de 0,125° C por década, en los registros de la temperatura por satélite durante las dos últimas décadas. El salto a corto plazo en las temperaturas en 1998 fue uno de los eventos de tipo El Niño más intensos de los últimos siglos, pero el efecto se disipó rápidamente como siempre ha ocurrido con El Niño.

Figura 5.1: Registro de las temperaturas tomadas por satélite, 1979-2004

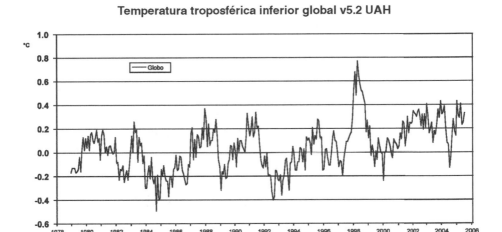

Temperatura troposférica inferior global v5.2 UAH

Compilado por John Christy, Universidad de Alabama en Huntsville.

Dado que los ciclos anteriores de 1.500 años a menudo lograron la mitad de sus calentamientos respectivos durante las primeras varias décadas, seguido de calentamientos y de enfriamientos irregulares como los que hemos visto desde 1916, una reconstrucción de los registros de los globos sonda, tomados cada dos metros a medida que los globos ascienden sobre la superficie de la Tierra, no puede proyectar ni siquiera aquel aumento lento a lo largo de los siglos venideros.

Siete, durante 240.000 años, por lo menos, el CO_2 ha sido un indicador tardío del calentamiento global, y no un factor causante. Los núcleos de hielo señalan que las temperaturas y los niveles de CO_2 han seguido los mismos senderos durante los calentamientos que han venido después de cada una de las tres últimas glaciaciones de la Tierra. Pero los cambios en el CO_2 han surgido unos 800 años después de los cambios en las temperaturas. En vez del CO_2 haber producido más calentamiento global, es el calentamiento global el que ha producido más CO_2. Ello concuerda con la realidad de que los océanos contienen la gran mayoría del carbono planetario: las leyes de la física ponen de manifiesto que cuando los océanos se calientan, éstos deberán liberar a la atmósfera parte de los gases que habían capturado.

Ocho, la teoría del invernadero requiere que el efecto calentador del CO_2 adicional sea potenciado por una mayor cantidad del vapor de agua en la atmósfera. Sin embargo no hay ninguna evidencia de que las capas superiores de la atmósfera hayan retenido más vapor de agua. Un equipo de investigadores de la NASA y del Instituto de Tecnología de Massachusetts descubrió hace poco una enorme válvula del calor climático en la atmósfera de la Tierra, la que aparentemente incrementa la eficiencia de la precipitación cuando la temperatura de la superficie marina pasa de los 28° C. El efecto parece ser lo bastante potente para dejar escapar todo el calor que, según los pronósticos que dan los modelos, sería causado por la duplicación del nivel de CO_2.[241]

EN EL PASADO EL CO_2 NO HA CONTROLADO LAS TEMPERATURAS DE LA TIERRA

En años recientes, tanto los niveles de CO_2 en la atmósfera de la Tierra como las temperaturas sobre la superficie del planeta han venido aumentando. ¿Quiere decir ello que la elevación en los niveles de CO_2 ha causado el calentamiento de la Tierra? O, ¿tal vez no será más que una casualidad?

De acuerdo con la teoría del invernadero, si todo sigue igual, la presencia de una cantidad mayor de CO_2 en la atmósfera de la Tierra capta una cantidad mayor del calor que la misma Tierra emite, lo cual calienta las capas inferiores de la atmósfera y, finalmente, la superficie del planeta. Pero el hecho de que la Tierra solamente se haya calentado ligeramente desde 1940, pese a las enormes nubes de los gases de invernadero que la actividad del hombre emite, proporciona evidencia de que el efecto invernadero del hombre ha de ser tan reducido como para apenas representar una amenaza al planeta y a sus habitantes. Ello es cierto particularmente porque cada unidad adicional de CO_2 causa menos calentamiento que la anterior.

Las investigaciones recientes nos han dado un cuadro mucho más claro acerca de la acción recíproca entre el CO_2 y las temperaturas.

Primero, los datos de los satélites y de los globos sonda de gran altitud confirman el hecho de que las capas inferiores de la atmósfera no han captado grandes cantidades de calor adicional a causa del incremento en las concentraciones de CO_2. Resulta difícil saber con qué rapidez está calentándose la muy variable superficie terrestre, pero ésta sí se está calentando más rápidamente que las capas inferiores de la atmósfera donde el CO_2 se va acumulando. Ello es evidencia fuerte de que el CO_2 no es el factor climático principal.

En segundo lugar, los núcleos de hielo de la Antártida nos indican que las temperaturas y los niveles de CO_2 han seguido los mismos senderos durante los tres últimos ciclos de períodos glaciales seguidos de calentamientos. Sin

---

[241] Richard Lindzen, Ming-Dah Chou y Arthur Hou, "¿Tiene la Tierra un iris infrarrojo adaptable?" *Bulletin of the American Meteorological Society* 82 (2001): 417-32.

embargo, el CO_2 ha sido un indicador tardío, dado que su concentración no aumenta hasta de 600 a 800 años después del aumento en la temperatura. El climatólogo de la Universidad Estatal de Oregón, George Taylor, nos explica el significado de ello:

> Los primeros análisis en Vostok se enfocaron en muestras que estaban separadas por cientos de años y llegaron—correctamente—a la conclusión de que existe una relación bien fuerte entre la temperatura y la concentración de CO_2. Para muchos la conclusión fue evidente: cuando el CO_2 aumenta, las temperaturas también aumentan, y viceversa. Ello constituyó el fundamento para varias gráficas aterradoras que salieron en libros escritos por el científico Stephen Schneider, por el ex-vicepresidente Al Gore y por otros, las que pronostican un porvenir mucho más caluroso (puesto que la mayoría de los científicos están de acuerdo de que el CO_2 va a seguir aumentando durante cierto espacio de tiempo). Ahora bien, la cosa no es tan sencilla. Al analizar los datos de Vostok con miras a plazos de tiempo mucho más cortos (medidos en décadas y no en siglos), surgió algo muy distinto. [Hubertus Fischer y su equipo del Instituto Scripps de Oceanografía] nos informan que, "el retraso temporal del incremento en las concentraciones de CO_2, relativo a los cambios en las temperaturas, es del orden de 400 a 1000 años." En otras palabras, los cambios en el CO_2 son el resultado de los cambios en la temperatura.[242]

Para obtener el historial de la relación entre el CO_2 y la temperatura en términos de decenas y no de cientos de años, Fischer y su equipo analizaron el núcleo de Vostok, el que se remonta 250.000 años en el pasado, y realizaron una correlación cruzada de los resultados con un registro de CO_2 del Domo de Taylor en la Antártida que se remonta 35.000 años en el pasado. Nos informan que, "el retraso temporal del incremento en las concentraciones de CO_2, relativo a los cambios en las temperaturas, es del orden de 400 a 1000 años durante las tres transiciones de los períodos glaciales a los interglaciales."[243]

Según el equipo de Fischer, el océano libera CO_2 cuando éste y la atmósfera se calientan, lo cual estimula un mayor crecimiento de las plantas y de los árboles sobre tierra. Los árboles y las plantas absorben CO_2 y lo incorporan en sus raíces y sus troncos más grandes y abundantes, además más carbono del suelo queda captado bajo lozanos pastizales. La demora de cuatrocientos a mil años tiene que ver con el tiempo de mezcla que se necesita

---

[242] George Taylor, "La polémica en torno a la temperatura se calienta," 19 de diciembre de 2003 <www.techcentralstation.com> (accedido el 5/VIII/07).

[243] H. Fischer et al., "Registro, de un núcleo de hielo, del CO_2 atmosférico durante las tres últimas terminaciones glaciales," *Science* 283 (1999): 1712-714.

en el océano para liberar el CO_2 del agua.[244]

Nicolas Caillon, de la Comisión Francesa de Energía Nuclear, empleó isótopos de argón en los núcleos de hielo antárticos para producir lo que él consideró ser un registro aun más exacto de la demora en el incremento de CO_2 tras la elevación de la temperatura: de 200 a 800 años. Su conclusión: "Esto confirma el que el CO_2 *no* es el factor de forzado que al principio propulsa el sistema durante las desglaciaciones."[245]

EL CALENTAMIENTO DEBERÍA EMPEZAR POR LOS POLOS

De ser válida la teoría del invernadero, las temperaturas por las zonas del Ártico y de la Antártida habrían subido varios grados centígrados desde 1940, por motivo de las enormes cantidades de CO_2 que el hombre ha emitido. La frígida mala noticia para la teoría, es que al contario las temperaturas en y cerca de los Polos Norte y Sur han venido bajando.

La Península Antártica, el dedo fino terrestre que se proyecta hacia la Argentina (y el ecuador), se ha calentado. Hemos sido sometidos a una cantidad desmesurada de alboroto con respecto al calentamiento en la península, pese a que ésta comprende menos del 3 por ciento de la superficie terrestre de la Antártida. Esto sucede porque la península es donde se encuentran la mayoría de los científicos y la mayor parte de los termómetros, además de ser la única región que muestra concordancia alguna con la teoría del invernadero. El 97 por ciento restante de la Antártida ha venido enfriándose desde mediados de los años 60.

La red moderna de mediciones a largo plazo de las temperaturas en la Antártida, se estableció en 1957. Hace poco, un equipo dirigido por Peter Doran, de la Universidad de Chicago, publicó un informe en la revista *Nature* en la que dicen, "Aunque los informes anteriores sugieren la existencia de un calentamiento ligero reciente a escala continental, nuestro análisis espacial de los datos de meteorología relativos a la Antártida demuestra un enfriamiento neto en el continente antártico entre los años 1966 y 2000."[246]

Los datos de 21 estaciones de superficie en la Antártida muestran un

---

[244] Ibíd.

[245] N. Caillon et al., "La regulación de los cambios en el CO_2 atmosférico y en las temperaturas antárticas durante la Terminación III," *Science* 299 (2003): 1728-731.

[246] P.T. Doran et al., "Enfriamiento climático en la Antártida y la respuesta del ecosistema terrestre," *Nature* 415 (2002): 517-20.

descenso promedio continental de 0,008° C de 1978 a 1998, mientras que los datos de luz infrarroja de los satélites que están en operación desde 1979 muestran un declive de 0,42° C por década.[247] David W.J. Thompson, de la Universidad Estatal de Colorado, y Susan Solomon, de la Administración Oceanográfica y Atmosférica Nacional, también reportan una tendencia al enfriamiento en el interior de la Antártida.[248]

El hielo marino que rodea el continente antártico también corrobora la existencia del enfriamiento. Los australianos A.B. Watkins e Ian Simmonds nos informan que las imágenes por satélite muestran incrementos en los parámetros del hielo marino en el Océano Atlántico de 1978 a 1996, así como un incremento en la duración de la temporada de hielo marino durante los años 90.[249]

EL ÁRTICO ESTUVO MÁS CALIENTE EN LA DÉCADA DEL 30

En la región del Ártico, se ha dado mucha importancia a una tendencia hacia el calor en Alaska, la que pudiera representar un cambio en la Oscilación Decadal del Pacífico en 1977. A través del Ártico no ha habido ningún indicio inminente ni del calentamiento ni de que el casquete polar de Groenlandia esté derritiéndose, salvo por los bordes. Esta misma descongelación por los bordes fue la que presenció Erik el Rojo en la costa groenlandesa al desembarcar en el 985 d. C., a principios del Calentamiento Medieval. Durante la Pequeña Edad de Hielo, Groenlandia no tuvo bordes de verdura.

El climatólogo polaco Rajmund Przybylak empleó los valores medios de los registros mensuales de 37 estaciones por el Ártico y de 7 por la región subártica, con el fin de reconstruir las temperaturas en el aire del Ártico cercano a la superficie durante los últimos 70 años. Przybylak halló que, "en el Ártico, las temperaturas más altas que se hayan visto desde que comenzaran a tomarse las observaciones por instrumentos, manifiestamente sucedieron

---

[247] J.C. Comiso, "Variabilidad y tendencias en las temperaturas de la superficie de la Antártida, tomadas de mediciones in situ y por satélites con luz infrarroja," *Journal of Climate* 13 (2000): 1674-696.

[248] D.W.J. Thompson y S. Solomon, "Interpretación del cambio climático reciente en el Hemisferio Sur," *Science* 296 (2002): 895-99.

[249] A.B. Watkins e I. Simmonds, "Tendencias actuales en el hielo marino de la Antártida: El impacto de la década del 90 sobre una climatología breve," *Journal of Climate* 13 (2000): 4441-451.

durante los años 30." Hasta las temperaturas de los 50 fueron más altas que las del decenio pasado. En su segundo informe, en el que Przybylak examinó las temperaturas de todo el Ártico desde 1951 hasta 1990, según él "no pudo identificarse ninguna manifestación palpable del efecto invernadero."[250]

Igor V. Polyakov, de la Universidad de Alaska, junto con su equipo analizó los datos de 125 estaciones terrestres del Ártico y de varias boyas a la deriva. Ellos encontraron un fuerte calentamiento entre 1917 y 1937, pero a partir de 1937 ningún calentamiento neto y posiblemente hasta cierto enfriamiento.[251]

Groenlandia también han venido enfriándose durante el último medio siglo, con un enfriamiento que alcanza la importancia estadística, especialmente en el litoral del suroeste groenlandés. Las temperaturas en la superficie marina por el cercano mar de Labrador también bajaron. Los estudios los realizaron Edward Hanna, de la Universidad de Plymouth en Inglaterra, y John Capellan, del Instituto Danés de Meteorología, con datos de ocho estaciones meteorológicas danesas situadas en Groenlandia, más tres estaciones recolectoras de datos de la superficie del mar próximo a la isla.[252]

EL VAPOR DE AGUA Y UNA VÁLVULA
DEL CALOR CLIMÁTICO

El vapor de agua es el gas de invernadero de mayor abundancia e importancia, aun durante el calentamiento actual. El vapor de agua constituye la mayor parte del efecto natural de invernadero, con el CO_2 constituyendo la mitad, más o menos, del resto. Otros gases de menor envergadura, tales como el ozono (O_3), el óxido nitroso (N_2O_2), el metano (CH4) y otros comprenden la otra mitad.

A pesar de todo lo que se oye decir acerca del CO_2 y del metano, la mayor

---

[250] R. Przybylak, "Variación temporal y espacial de las temperaturas del aire de la superficie durante el período de las observaciones por instrumentos en el Ártico," *International Journal of Climatology* 20 (2000): 587-614; y Przybylak, "Cambios en la variabilidad estacional y anual de la temperatura en el aire de alta frecuencia en el Ártico de 1951 a 1990," *International Journal of Climatology* 22 (2002): 1017-33.

[251] I.V. Polyakov et al., "Variabilidad y tendencias en la temperatura y en la presión del aire por el Ártico Marítimo, 1875-2000," *Journal of Climate* 16 (2003): 2067-77.

[252] E. Hanna y J. Capellan, "Enfriamiento reciente en el litoral del suroeste de Groenlandia y su relación con la Oscilación del Atlántico Norte," *Geophysical Research Letters* 30 (2003): 10.1029/2002GL015797.

parte del calentamiento por el efecto de invernadero se supone que venga del vapor de agua. Sin postular un grado alto de realimentación positiva por parte del vapor de agua, la contribución de los demás gases de invernadero no bastaría para producir incrementos grandes en la temperatura. Según la página de meteorología de la BBC:

> La cantidad del vapor de agua en la atmósfera no es nada uniforme, por el contrario, cambia de manera drástica y abrupta, a menudo en espacio de unas cuantas horas para causar, por ejemplo, las tormentas eléctricas. Para poder evaporar el agua se necesita mucha energía. Una molécula de vapor de agua "contiene" mucha más energía que una molécula de agua líquida. Y bastante agua se evapora todos los días a medida que el Sol brilla sobre los vastos océanos del planeta Tierra. Para ser breve, el vapor de agua es uno de los "almacenes" de energía de mayor importancia que se encuentran en la atmósfera y en el sistema climático.... Además existe un grado sustancioso de incertidumbre entre los científicos con respecto al papel que el agua desempeña en la forma de vapor y de nubes. Porque surte efectos tanto calentadores como enfriadores, el agua es un "comodín."[253]

La suposición respecto al vapor de agua se basa en una verdad legítima: A medida que el planeta se calienta, una cantidad mayor de agua se evapora en el aire. Además de lo cual, el aire más caliente puede contener más agua. Por ejemplo, un kilogramo de aire a $\pm 15°$ C solamente retiene un gramo de agua, pero a $35°$ C puede retener cuarenta gramos. Sin embargo, como nos recuerda la BBC, ello no indica nada acerca de si el vapor de agua adicional se queda en el aire para potenciar el calentamiento por CO_2, o si vuelve a la tierra más rápidamente en forma de lluvia.

En el año 2001, Richard Lindzen, del Instituto de Tecnología de Massachusetts, y un equipo de investigadores de la NASA reportaron el descubrimiento de una enorme válvula del calor climático por el ecuador.[254] La válvula parece abrirse naturalmente para liberar el exceso de calor cuando la temperatura aumenta en la superficie del mar.

---

[253] *BBC Weather*, "Gases terrestres—El vapor de agua," febrero de 2005 <www.bbc.co.uk/weather/features/gases_watervapour.shtml> (accedido el 5/VIII/07)

[254] Richard Lindzen et al., "¿Tiene la Tierra un iris infrarrojo adaptable?" *Bulletin of the American Meteorological Society* 82 (2001): 417-32. Lindzen recibió su doctorado de la Universidad de Harvard, participó en la preparación del informe del IPCC y recientemente fue uno de los once miembros del panel de la Academia Nacional de las Ciencias que se reunió para evaluar las posibilidades de la ciencia del clima. Ha ganado los premios Meisinger y Charney de la Sociedad Americana de Meteorología y la Medalla Macelwane de la Unión Geofísica Americana.

El equipo analizó veinte meses de las observaciones, diarias y detalladas, relativas a la cubierta de nubes y a las temperaturas en la superficie marina de la extensa región oceánica que va desde Australia y el Japón hasta las islas hawaianas. Los datos de la cobertura de nubes vinieron del Satélite Meteorológico Geoestacionario, GMS-5, de Japón, mientras que las temperaturas de la superficie del mar vinieron de aviones de largo alcance al servicio de los Centros Nacionales de EE.UU. para los Pronósticos del Ambiente.

"Las nubes altas sobre el Océano Pacífico tropical occidental, parecen disminuir de manera sistemática cuando las temperaturas en la superficie del mar suben," dijo Arthur Hou, miembro del equipo de Lindzen. Estas nubes altas son las que captan el calor en la atmósfera. "Con la presencia de temperaturas de la superficie del mar más altas por debajo de la nube, el proceso de coalescencia que produce la precipitación cobra mayor eficiencia," dice Lindzen. "Una mayor cantidad de las gotitas de la nube forman gotas de lluvia y una menor permanece en la nube para formar cristales de hielo. El resultado es que la zona de los cirros queda reducida."[255] Los cirros son nubes heladas que ofrecen escasa protección del Sol, pero que sí son aisladores bien eficientes. Una disminución en la zona de los cirros enfriaría la Tierra al permitir que más de la energía del calor se escapara de la atmósfera.

El estudio realizado por la NASA y por el Instituto de Tecnología de Massachusetts sugiere fuertemente que la Tierra desempeña un papel mucho más activo en el control de sus temperaturas atmosféricas, y por ende mucho menos sensible a los efectos del calentamiento, de lo que han supuesto los modelos de computadora.

Los resultados del equipo de Lindzen confirman un estudio anterior que realizaron investigadores del Centro Goddard de Vuelos Espaciales de la NASA. Este equipo, dirigido por Y.C. Sud de la NASA, empleó datos por satélite de la cubierta de nubes y datos de las temperaturas de la superficie del mar tomadas desde aviones, para indagar la razón por qué la temperatura de la superficie marina en el "estanque caliente" del Pacífico occidental varía casi exclusivamente entre los 28 y los 30° C.[256] Descubrieron que las temperaturas por sobre los 28° C cargan el aire con mayor humedad, lo cual produce más nubes bajas y húmedas al mismo tiempo que fomenta corrientes descendientes

---

[255] Comunicado de prensa, " 'Válvula del calor' natural en la cobertura de nubes del Pacífico podría disminuir el calentamiento por invernadero," Sociedad Americana de Meteorología, 28 de febrero de 2001.

[256] Y.C. Sud et al., "El mecanismo que regula las temperaturas de la superficie marina y la convección profunda en los trópicos," *Geophysical Research Letters* 26 (1999): 1019-22.

de aire frío y seco para disminuir la temperatura de la superficie del mar.

Tras la publicación del informe de Lindzen, el día 1° de febrero de 2002 la revista *Science* presentó dos estudios más que confirman los hallazgos de Lindzen relativos a la válvula de calor. Uno de ellos lo dirigió Junye Chen, de la Universidad de Columbia, y el otro lo dirigió Bruce A. Wielicki de la NASA.[257] El descubrimiento que comparten: El que la válvula del calor climático del Pacífico emitió casi tanta energía durante los años 80 y 90 como lo que generalmente se pronostica para un incremento instantáneo del 100 por ciento en el contenido de CO_2 del aire. No obstante solamente se observaron cambios bien ligeros en la temperatura de la superficie del mar.

La NASA emitió un comunicado de prensa acerca del descubrimiento de la válvula de calor. El estudio original se basó en la mejor tecnología moderna disponible para observar el clima: un satélite geoestacionario, con una acumulación masiva de datos nuevos, y las temperaturas de la superficie marina más exactas que se hayan tomado desde que los barcos descartaran los cubos galvanizados.

Sin embargo, aparte de algunos institutos pequeños nadie prestó la más mínima atención al descubrimiento. Casi todos los días salen escritos acerca de las "edades de hielo abruptas" y de los "millones de especies extintas," basados en nada más que las especulaciones de algunos que se promueven a sí mismos. Pero la evidencia, tres veces confirmada, de que el Océano Pacífico tiende natural y silenciosamente a descargar el exceso de calor hacia el espacio, así protegiendo la biosfera—no es noticia. ¿Por qué no?

---

[257] J. Chen et al., "Evidencia para el fortalecimiento de la circulación general tropical en la década del 90," *Science* 295 (2002): 838-41 y B.A. Wielicki et al., "Evidencia de la amplia variabilidad decadal en el presupuesto medio de la energía radiante tropical," *Science* 295 (2002): 841-44.

Capítulo 6

Fraude y falsedad en la promoción del calentamiento global causado por el hombre

En 1995 publiqué un breve informe en la revista académica, *Science*. En aquel estudio examiné cómo los datos de la temperatura, tomados de los pozos de sondeo, registran un calentamiento de aproximadamente un grado centígrado en América del Norte durante los últimos 100 a 150 años. La semana en que salió el artículo, me llamó un periodista de National Public Radio. Me ofreció una entrevista, pero sólo si estaba dispuesto a decir que el calentamiento se debió a la actividad del hombre. Cuando me negué a hacerlo, me colgó el teléfono. Tuve otra experiencia interesante alrededor del momento en que salió mi informe en *Science*. Recibí un correo electrónico asombroso de un investigador importante en el campo del cambio climático. "Tenemos que deshacernos del período Cálido Medieval," me dijo.

- David Deming, Universidad de Oklahoma, ante el Comité del Senado para el Medio Ambiente y las Obras Públicas, 6 de diciembre de 2006

Dado el historial bien variado de las temperaturas en nuestro globo, un calentamiento de 0,6° C a lo largo de un siglo, representa una cantidad bien modesta de "cambio climático." Recientemente los investigadores tomaron núcleos de siete especies de árboles, muertos desde hace mucho tiempo, que crecieron en el año 1350 más allá del límite del arbolado, en el Monte Whitewing de California (y que murieron a causa de una explosión volcánica local). Según los investigadores, la combinación de las especies de árboles con el lugar significa que en aquel entonces las temperaturas se encontraban 3,2° C más calientes que hoy, o sea cinco veces el calentamiento del siglo

XX.[258] El Óptimo del Holoceno, hace 5.000 años, fue más caluroso aun que el año 1350. Durante las edades de hielo las temperaturas caen a 15° por debajo de la norma actual. El planeta ha podido sobrevivir todos estos extremos de temperatura, e igualmente las especies de fauna silvestre.

¿A qué se debe el que la tendencia reciente al calentamiento, bien modesta, haya suscitado tantas peticiones de tomar medidas radicales, y particularmente en vista de los cambios, muchísimo más dramáticos, que el planeta ha experimentado en el pasado? En primer lugar, los pánicos llaman la atención de la prensa y del público, además el movimiento ambientalista se ha hecho experto en difundir el pánico. Los pánicos funcionan especialmente bien cuando vienen ligados al sentimiento de culpabilidad, y el calentamiento global es lo definitivo en el fomento de esos sentimientos de culpabilidad en los ricos habitantes del Primer Mundo: "¡Sus autos y sus comodidades están acabando con el planeta!"

Los políticos siempre han estado dispuestos a salvarnos de los supuestos peligros populares y el calentamiento global no es ninguna excepción al caso. Ahora los científicos, al aprender de los ambientalistas profesionales y de los políticos cuánto dinero y cuánto poder puede rendirles un buen pánico, van alimentando una enorme máquina de subvenciones, con la modesta cantidad real de calentamiento que hemos experimentado sirviendo de combustible para ella.

EL COSTO VERDADERO DE LAS SUBVENCIONES PARA INVESTIGAR EL CALENTAMIENTO GLOBAL

Recientemente el gobierno estadounidense ha venido gastando $2 mil millones al año en las subvenciones académicas inspiradas por el calentamiento global. En la generación anterior, un nivel semejante de gastos sobre un tema tan esotérico habría sido inconcebible. Hoy día el público parece no hartarse de los costosos modelos del clima global, los que producen pronósticos del cambio climático cada vez más extravagantes.

El gobierno británico no hace mucho subvencionó un informe preparado por Sir Nicholas Stern, asesor del gobierno, en el que éste vaticina un desastre económico para el mundo a no ser que empecemos de inmediato a gastar enormes sumas de dinero para eliminar los combustibles fósiles que proporcionan el 85 por ciento de nuestra energía. Bjorn Lomborg, el autor danés especializado en temas del medio ambiente, escribe que, "El

---

[258] C.I. Millar et al., "Dinámica forestal, volcanismo y cambio climático durante el Holoceno Tardío en el Monte Whitewing y en la Cordillera de San Joaquín, Condado de Mono, Sierra Nevada, EUA," *Quaternary Research* 66 (2006): 273-287.

razonamiento fundamental del Sr. Stern, al efecto de que el precio de no actuar sería extraordinario, mientras que el costo de actuar sería módico... se desbarata sencillamente con leer el tomo de 700 páginas. ... [es] selectivo en su enfoque y la conclusión a la que llega es defectuosa. Las razones que da, trafican en el miedo y han sido sensacionalizadas. ..."[259]

En tiempos pasados podíamos haber contado con los científicos escépticos para desenmascarar las alarmas fraudulentas en el marco de las ciencias. La revisión inter pares, ¿acaso sirve para proteger al público de la creencia equivocada en la culpabilidad del hombre por los cambios naturales en el clima de la Tierra? Aparentemente no. Ahora gran parte de las novedades relacionadas con el cambio climático, las producen científicos bien capacitados con supercomputadoras que valen millones de dólares para pasar modelos acoplados de la circulación mundial, que cuestan miles de millones de dólares y que proyectan conjeturas dudosas acerca del clima hasta cien años en el futuro, donde cualquier error sería amplificado enormemente.

Otros científicos se encuentran lanzando satélites bien sofisticados, volando aeronaves de largo alcance para vigilar las tendencias atmosféricas, llenando buques de investigaciones con equipos especiales para viajar a la Antártida... y preparando comunicados de prensa aterradores para mantener el flujo de los fondos para la investigación.

Hasta la fecha la mayor parte de los fondos se han encaminado a investigar la atmósfera, pero últimamente los científicos marinos han comenzado a exigir su parte, diciendo que el calentamiento traerá consigo un "enfriamiento global brusco" mediante la clausuración de las corrientes transportadoras de los océanos. Un evento tal ya sucedió con la Joven Dryas de hace unos 12.500 años. La diferencia crítica entre la Joven Dryas y la actualidad, radica en que el Hemisferio Norte ya no está cubierto con mantos de hielo de una milla de espesor, los que, de descongelarse rápidamente, liberarían enormes cantidades de agua dulce. La comparación de la situación actual con el final errático de la última Edad de Hielo es, cuando menos, un engaño científico.

Ni siquiera la prestigiosa Academia Nacional de las Ciencias queda inmune ante la tentación de explotar los pánicos para recaudar fondos. S. Fred Singer, coautor de la presente obra, escribió un ensayo acerca de ello hace ya diez años.

---

[259] Bjorn Lomborg, "Las cifras dudosas tras el último pánico del calentamiento," *OpinionJournal*, 2 de noviembre de 2006.

La ANC se aprovecha del temor al *enfriamiento* global
por S. Fred Singer

[E]n 1975, los "expertos" de la ANC manifestaron los mismos temores histéricos, en aquel entonces para afirmar una "posibilidad finita de que un enfriamiento serio y a escala global pudiera acontecer en la Tierra dentro de los próximos 100 años.".....

En el libro *The Cooling: Has the Next Ice Age Already Begun? Can We Survive It?* ("El enfriamiento: ¿Ya comenzó la próxima Edad de Hielo? ¿Podremos sobrevivirla?"), editado por la casa Prentice-Hall en 1975, el autor Lowell Ponte capta el humor predominante del momento: "El informe de la ANC fue chocante, porque representó la advertencia de algunos de los científicos más conservadores del mundo, al efecto de que no era imposible el que llegara próximamente una nueva Edad de Hielo." Con la afirmación de que pudiéramos encontrarnos "al borde de un período [de 100.000 años] de climas más fríos," la ANC pidió urgentemente un incremento inmediato de casi cuatro veces en el presupuesto para las investigaciones. "Sencillamente no podemos faltar de prepararnos para una catástrofe climática, sea ésta natural o provocada por el hombre."

El Sr. Ponte sermonea al público: "El enfriamiento global presenta a la humanidad con el reto social, político y adaptivo de mayor importancia que hemos tenido que enfrentar en los últimos 110.000 años. Tu interés en las decisiones que tomemos en torno a ello es de suma importancia: de él depende nuestra supervivencia, la de nuestros hijos, la de nuestra especie."

¿Le suena conocido?

Extracto de un escrito de S. Fred Singer,
Washington Times, 5 de mayo de 1998.

LA FALSA EVIDENCIA DEL IPCC RESPECTO AL CALENTAMIENTO CAUSADO POR EL HOMBRE

Una de las dificultades más serias en la discusión pública del calentamiento global, consiste en que el alarmismo ha sido fomentado con declaraciones, por parte del Panel Intergubernamental del Cambio Climático (siglas en inglés: IPCC) de las Naciones Unidas, que son esencialmente falsas. Veamos algunas de ellas.

El globo de prueba de los aerosoles de sulfato, y cómo desapareció

El *Primer Informe de Evaluación* del IPCC, editado en 1990, declaró que los modelos por computadora del clima global mostraron una tendencia al calentamiento que "concuerda generalmente" con las observaciones del mundo real. Pero resulta que las observaciones del mundo real fueron de un calentamiento moderno lento e irregular que comenzó muy temprano como para poder achacarse a las emisiones de CO_2 del hombre. El calentamiento se ha producido en ráfagas inexplicables (1850-1870, 1916-1940) en vez de seguir la tendencia, fuerte y ascendiente, en las emisiones humanas de CO_2 después del 1940. Además, el IPCC y los modelos quedaron desconcertados acerca de la tendencia al enfriamiento de 1940 a 1975, la que nadie había previsto y para la cual el IPCC no tuvo explicación alguna.

Para protegerse, después de 1990 el IPCC agregó un factor de enfriamiento al análisis relativo al efecto invernadero, diciendo que minúsculas partículas de los aerosoles producidos por las emisiones de dióxido de azufre de las centrales eléctricas, habían abrumado el efecto calentador del aumento en los niveles de CO_2. El segundo informe del IPCC, *Climate Change 1995*, volvió a invocar el efecto de los aerosoles de sulfato y en el sumario soltó la frase, memorable pero básicamente carente de sentido, de que "el peso de la evidencia sugiere la presencia de un efecto humano sobre el clima."[260]

Ya para cuando se publicara el tercer informe del IPCC en el 2001, la "solución" de los aerosoles de sulfato se había comprobado estar en contra de la realidad observada. Los aerosoles se producen principalmente donde existe la mayor actividad industrial. Por lo tanto el Hemisferio Norte debería calentarse más lentamente que el Sur, porque los sulfatos allá producidos reflejarían más luz del Sol, disminuyendo la cantidad de energía que alcanza la Tierra y así contrarrestando parte del calentamiento por invernadero que se calculaba. Sin embargo las observaciones mostraron precisamente lo opuesto: El índice mayor de calentamiento durante el plazo más reciente de 25 años, sucedió en las latitudes medianas septentrionales, o sea justo donde se emite la mayor parte de los aerosoles.

El tercer informe del IPCC escondió el tema de los aerosoles y así eliminó el factor que los había "permitido" decir que los modelos concuerdan con la realidad. No obstante, el informe del 2001 mantuvo la conclusión predeterminada de que "nuevas evidencias" hacían probable el que "la mayor parte del calentamiento de los últimos 50 años" haya resultado de la

---

[260] IPCC, *Climate Change 1995*, Sumario para los responsables de la política.

producción de los gases de invernadero por parte del hombre.[261]

La "influencia discernible del hombre" nunca ha sido documentada

El clima es algo tan complejo y variable, que resulta difícil distinguir entre las causas de sus variaciones. La técnica que adoptó el IPCC en su segundo informe de evaluación, *Climate Change 1995*, la denominaron "la toma de huellas digitales." El IPCC comparó los patrones geográficos detallados del cambio climático con los cálculos hechos por los modelos del clima. La comparación pareció apuntar a un grado creciente de concordancia entre las observaciones del mundo real y los patrones de los modelos.

Sin embargo, al examinar el asunto ello resultó no ser verdad. La correspondencia solamente surgió para el plazo de 1943 a 1970. Las décadas más recientes no muestran tal concordancia, ni tampoco la muestra el registro completo que va de 1905 a 1995. La declaración del IPCC se basa en una selección de datos. Bajo las reglas de la ciencia, ello anula la afirmación del IPCC de haber hallado un impacto del hombre sobre el clima.

Los defensores del IPCC dicen que el sumamente importante capítulo 8 del informe *Climate Change 1995* se basó en 130 estudios científicos revisados inter pares. En realidad, el capítulo está basado principalmente en dos investigaciones por el autor principal, Ben Santer, del Laboratorio Nacional Lawrence Livermore del gobierno norteamericano. Ninguno de los dos informes de Santer había sido publicado cuando el capítulo fue sometido a reseña y no habían sido sometidos al proceso de revisión inter pares. Los asesores científicos supieron posteriormente que los dos informes de Santer comparten el mismo defecto que el capítulo 8 del informe del IPCC: La "tendencia lineal ascendiente" existe solamente del 1943 al 1970.

De hecho, el mismo informe del IPCC documenta la realidad de que las afirmaciones con respecto a que el calentamiento sea causado por el hombre, son falsas. La "prueba de las huellas digitales," exhibida en la figura 8.10b del informe de 1995, muestra que el grado de correlación entre las observaciones y los modelos *disminuye* durante el salto grande de calentamiento en las temperaturas de superficie que se produjo entre 1916 y 1940.

El informe, *Climate Change 1995*, del IPCC fue sometido a reseña por sus científicos asesores a fines de 1995. El "Sumario para los responsables de la política" fue aprobado en diciembre y el informe completo, contando el capítulo 8, fue aceptado. Pero, una vez que la versión impresa del informe saliera en mayo de 1996, los asesores científicos descubrieron que se habían hecho cambios mayores "a puertas cerradas" después de ellos haber puesto su

---

[261] IPCC, *Climate Change 2001*.

firma al contenido del capítulo científico. Pese a las deficiencias de la evidencia científica, Santer había insertado, en el capítulo 8 (del que él fue el autor principal, nombrado por el IPCC), fuertes declaraciones en apoyo de la teoría del calentamiento causado por el hombre:

> Existe evidencia del surgimiento de una tendencia de respuesta climática al forzado de los gases de invernadero y de los aerosoles de sulfato... derivada de los patrones geográficos, estacionales y verticales en el cambio de las temperaturas.... Estos resultados apuntan a una influencia humana sobre el clima global.[262]

> El cuerpo de la evidencia estadística en el capítulo 8, al examinarlo en el contexto de nuestro entendimiento físico del sistema climático, ahora apunta a una influencia perceptible del hombre sobre el clima global.[263]

Santer además *borró* estas declaraciones clave del esbozo del capítulo 8 que los peritos aprobaron:

- "Ninguno de los susodichos estudios ha mostrado evidencia clara de que los cambios observados [en el clima] puedan atribuirse a la causa específica de incrementos en los gases de invernadero."

- "Mientras que algunos de los estudios basados en patrones aquí tratados dicen haber detectado un cambio climático de importancia, hasta la fecha ningún estudio ha atribuido, positivamente, [el cambio climático observado] ni en parte ni en su totalidad a las causas [creadas por el hombre]. Ni tampoco ningún estudio ha cuantificado la magnitud de un efecto por gases de invernadero ni de un efecto por aerosol, en los datos observados: una cuestión de primera importancia para los responsables de la política."

- "Toda afirmación en apoyo de la detección positiva y de la atribución por el cambio climático, probablemente seguirá siendo controvertible hasta que no se disminuyan las dudas en torno a la variabilidad natural del sistema climático."

- "Aunque ninguno de estos estudios ha considerado el tema de la imputación de manera específica, a menudo sí llegan a conclusiones respecto a la imputación, para las que existen escasas justificaciones."

---

[262] IPCC, *Climate Change 1995*, capítulo 8, 412.

[263] IPCC, *Climate Change 1995*, capítulo 8, 439.

- "¿Cuándo resultará identificado un efecto antropogénico sobre el clima? No es sorprendente que la mejor respuesta a tal pregunta es que, 'No se sabe.'"

Santer por sí solo invirtió la "ciencia del clima" del informe del IPCC, y con éste el proceso político en torno al calentamiento global. Desde entonces la "influencia humana perceptible" dizque descubierta por el IPCC ha sido citada miles de veces en la prensa del munto entero, y ha servido de punto final en millones de discusiones entre los no científicos.

La revista *Nature* reprochó ligeramente al IPCC por rehacer el capítulo 8 a fin de "cerciorarse que de se ajustara" al conformista Sumario para los Responsables de la Política del informe. En un editorial, *Nature* favoreció la aprobación del tratado de Kioto.

El periódico *Wall Street Journal*, que se opone a Kioto, se escandalizó. El editorial condenatorio que publicó, "Encubrimiento en el Invernadero," salió el 11 de junio de 1996. Al día siguiente, Frederick Seitz, antiguo presidente de la Academia Nacional de las Ciencias, detalló la redacción ilegítima en el *Journal* en su comentario, que llevó el título de, "Engaño serio en torno al calentamiento global."[264]

Curiosamente, un informe de investigación, del cual Santer fue coautor, salió más o menos al mismo tiempo, y dice algo bien distinto de lo que afirma el informe del IPCC. Este informe llega a la conclusión de que ninguno de los tres estimados de la variabilidad natural del espectro climático concuerda con ninguno de los otros, y que hasta que no quede resuelta esta cuestión, "será difícil decir, con confianza, que se haya o no detectado una señal climática antropogénica."[265]

Entonces, ¿por qué Santer, un científico relativamente subalterno, hizo las redacciones infundadas? Todavía no se sabe quién lo motivó a hacerlo para luego aprobar los cambios. Pero Sir John Houghton, presidente del grupo de trabajo del IPCC, recibió una carta del Departamento de Estado de EE.UU., con fecha del 15 de noviembre de 1995. La carta dice:

Es esencial el no finalizar los capítulos antes de que terminen las discusiones de la sesión plenaria del Grupo de Trabajo I en Madrid, así como el persuadir a los autores de los capítulos de modificar los textos adecuadamente a raíz de

---

[264] F. Seitz, "Engaño serio en torno al calentamiento global," *Wall Street Journal*, 12 de junio de 1996.

[265] T.P. Barnett, B.D. Santer, P.D. Jones, R.S. Bradley e I.R. Briffa, "Estimados de variabilidad natural de baja frecuencia en las temperaturas del aire cerca de la superficie," *The Holocene* 6 (1996): 96.

las discusiones en Madrid.

La carta la firmó un funcionario superior del Servicio Extranjero, Day Olin Mount, el que entonces servía de Secretario de Estado Asistente Adjunto Interino. El Subsecretario de Estado para los Asuntos Globales en aquel entonces fue el ex-senador Timothy Wirth, miembro del Partido Demócrata por el estado de Colorado. Wirth no solamente era un acérrimo partidario de la teoría del calentamiento causado por el hombre, sino que también era un aliado político muy unido del entonces presidente Bill Clinton y del vicepresidente Al Gore. Cabe poca duda de que la carta la envió Mount a instancias de Wirth.

Mount posteriormente fue nombrado embajador al gobierno de Islandia. Esa es una breva en un país agradable y pacífico del Primer Mundo. Esta colocación diplomática a menudo se asigna a los aliados políticos de la Casa Blanca y no a los diplomáticos profesionales.

La sesión plenaria de Madrid, que se celebró en noviembre de 1995, fue una reunión de índole política. Hubo representantes de noventa y seis países y de catorce organismos no gubernamentales (ONG). Los miembros repasaron línea por línea el texto del informe "aceptado." El capítulo 8, el que debería haber regido todo el informe del IPCC, fue escrito de nuevo para concordar con la campaña del calentamiento global emprendida por las Naciones Unidas, por los ONG y por el gobierno de Clinton.

EL ESTRIBILLO DEL "CONSENSO ENTRE LOS CIENTÍFICOS"

Es una pura fantasía pensar que la gran mayoría de los científicos expertos en el cambio climático global respalden alguna interpretación alarmista de los datos recientes relativos al clima. En efecto los estudios citados en esta obra comprenden cientos de autores de las ciencias climáticas cuyos trabajos bogan en contra del alarmismo en torno al cambio climático. No obstante, la falsa aseveración de que existe un "consenso entre los científicos" ha servido magníficamente a los periódicos y a los noticiarios de televisión que han aumentado la circulación y el número de televidentes con relatos pavorosos acerca del cambio climático. Entre las señales de disensión dentro de la comunidad científica se cuentan las siguientes:

- En 1992, una "Declaración de los Científicos Atmosféricos sobre el Calentamiento por Invernadero," la que se opuso a los controles globales sobre las emisiones de los gases de invernadero, recogió unas cien firmas, mayormente de miembros de los comités técnicos de la Sociedad

Americana de Meteorología.[266]

- El "Llamado de Heidelberg" de 1992, que igualmente expresó escépticismo en cuanto a la urgencia de limitar las emisiones de los gases de invernadero, recogió más de 4.000 firmas de científicos de todo el mundo.[267]

- La "Declaración de Leipzig sobre el Cambio Climático Global," de 1996, surgió de una conferencia internacional dedicada a la polémica de los gases de invernadero y recibió las firmas de más de cien científicos en los campos del clima y afines.[268]

- En 1996, una encuesta internacional, realizada por Dennis Bray y Hans von Storch, de más de cuatrocientos científicos del clima, halló que solamente el 10 por ciento respondieron que estaban "muy de acuerdo" con la declaración siguiente: "Podemos decir con seguridad, que el calentamiento global es un proceso que ya está en marcha." Casi la mitad, el 48 por ciento, respondieron que no tenían confianza en los pronósticos de los modelos del clima global.[269]

- Una encuesta, en 1997, de los climatólogos estatales en EE.UU. (los científicos nombrados oficialmente por cada uno de los 50 estados de la Unión norteamericana para vigilar el clima) halló que el 90 por ciento de ellos estuvieron de acuerdo con que, "la evidencia de la ciencia apunta a que las variaciones en la temperatura global probablemente sea un suceso natural y cíclico que se desarrolla durante plazos bien largos de

---

[266] S. Fred Singer, *Hot Talk, Cold Science* (Washington, D.C.: Independent Press, 1992): 40.

[267] Llamado de Heidelberg, emitido en la Reunión Cumbre para la Tierra en Río de Janeiro <www.sepp.org/policy%20declarations/heidelberg_appeal.html> (accedido el 5/VIII/07)

[268] Texto de la Declaración de Leipzig sobre el Cambio Climático Global, <www.sepp.org/policy%20declarations/LDrevised.html> (accedido el 5/VIII/07)

[269] Dennis Bray y Hans von Storch, "Encuesta, de 1996, de los científicos del clima acerca de sus actitudes sobre el calentamiento global y temas relacionados," *Bulletin of the American Meterological Society* 80 (marzo de 1999): 439-55.

tiempo."[270]

- En 1998, más de 17.000 científicos firmaron la "Petición de Oregón," que manifiesta dudas acerca de la tesis del calentamiento global causado por el hombre y que se opone al Protocolo de Kioto. La petición fue patrocinada por el Instituto de Ciencia y Medicina de Oregón.[271]

En el 2001, la Asociación Americana de Climatólogos Estatales emitió la declaración siguiente:

> La predicción del clima es un proyecto complejo, lleno de incertidumbres. La AACE reconoce que la predicción del clima es una tarea sumamente difícil. Respecto a las escalas de tiempo de un decenio o más, sencillamente es imposible comprender la precisión empírica, denominada "verificación," de dichas predicciones, dado que hay que esperar diez años o más para poder evaluar la precisión de los pronósticos.[272]

- En 2003, Bray y von Storch realizaron otra encuesta de los científicos del clima alrededor del mundo. Esta vez la encuesta descubrió que el 44 por ciento no estaban de acuerdo con la declaración de que, "el cambio climático se debe mayormente a las causas antropogénicas (hechas por el hombre)," con un número mayor de científicos del clima "muy en desacuerdo" que "muy de acuerdo" con la declaración. La tercera parte, solamente, estuvieron de acuerdo con la declaración de que, "los modelos del clima pueden predecir con precisión las condiciones climáticas del futuro," mientras que el 18,3 por ciento no estaban seguros y casi la mitad discreparon de la misma.[273]

Desde luego, los que preconizan la tesis del calentamiento causado por el

---

[270] Comunicado de prensa, "Encuesta de los peritos estatales pone en duda la relación entre las actividades del hombre y el calentamiento global," Citizens for a Sound Economy, Washington, D.C., 1997.

[271] Petición sobre el Calentamiento Global, Instituto de Ciencia y Medicina de Oregón, Cave Junction, estado de Oregón <www.oism.org/pproject/> (accedido el 5/VIII/07)

[272] Declaración de la Política sobre el Cambio y la Variabilidad del Clima, Asociación Americana de Climatólogos Estatales, aprobada en noviembre de 2001.

[273] Los resultados de la encuesta fueron publicados en 2007 por The Heartland Institute, bajo Joseph L. Bast y James M. Taylor, *Scientific Consensus on Global Warming* <www.heartland.org/Article.cfm?artId=20861> (accedido el 5/VIII/07)

hombre, han intentado desprestigiar a todos los que se les oponen. En el caso de la Petición de Oregón, los detractores lograron agregar unos cuantos nombres falsos a la petición para luego reportarlos a la prensa, como si ello pusiera en duda los miles de nombres verídicos.

Por otro lado, un grupo que se llama Ozone Action, basado en Washington, Distrito de Columbia, en 1997 envió al presidente Clinton una "Declaración de los Científicos sobre los Trastornos del Clima Global." La declaración suponía tener las firmas de 2.611 científicos de Estados Unidos y del extranjero que caracterizaban de "concluyente" la evidencia a favor del calentamiento global causado por el hombre. Según Citizens for a Sound Economy, un organismo que se opone al alarmismo climático, sólo un diez por ciento de los signatarios de la carta tenían experiencia alguna en los campos relacionados con la ciencia del clima. Los signatarios en efecto comprendieron, entre otros, a dos arquitectos paisajistas, a diez psicólogos, a un médico entrenado en la medicina tradicional china y a un ginecólogo.[274]

En diciembre del 2004, Naomi Oreskes, profesora de historia en la Universidad de California en San Diego, publicó un artículo asombroso en la revista *Science*, con el título de, "Más allá de la torre de marfil: El consenso de los científicos acerca del cambio climático."[275] Según ella, había buscado en el Internet con la frase, "climate change" (cambio climático), y encontró 928 estudios. "Sorprendentemente," escribió, "ninguno de los informes estuvo en desacuerdo con la posición del consenso," de que el calentamiento reciente de la Tierra probablemente haya resultado de las actividades del hombre.

Resulta que, en realidad, para realizar la búsqueda la Dra. Oreskes empleó la frase predilecta de los alarmistas del calentamiento global, "global climate change" (cambio climático global), y aun así omitió o leyó mal los abstractos de muchos artículos que ponen en duda la teoría del invernadero. De haber buscado bajo, "climate cycles" (ciclos climáticos), habría dado con cientos de estudios sobre la evidencia física de los cambios pasados, de índole natural y moderada, en el clima. Un matemático llamado David Wojick presentó una crítica más completa en el Internet.

---

[274] Declaración de los Científicos sobre los Trastornos al Clima Global, Ozone Action, Washington, D.C., 6 de junio de 1997.

[275] Naomi Oreskes, "Más allá de la torre de marfil: El consenso de los científicos acerca del cambio climático," *Science* 306 (2004): 1686.

Naomi Oreskes hace la pregunta equivocada acerca del clima.
por David Wojick

La primera regla de las encuestas es, "haz la pregunta correcta," pero Naomi Oreskes no leyó el libro.... he aquí lo que tiene de malo el estudio de Oreskes. Pese a ser estudiante de la historia de las ciencias, no comprende muy bien cómo la ciencia funciona en la realidad. Ella presenta un sumario de sus hallazgos así: "Ni un solo informe, en una amplia muestra de revistas científicas revisadas inter pares entre 1993 y 2003, rebatió la posición del consenso, resumida por la Academia Nacional de las Ciencias, de que 'es probable que la mayor parte del calentamiento que se ha observado en los últimos 50 años, se haya debido al aumento en las concentraciones de los gases de invernadero.'"

La palabra equívoca es, "rebatió." Como estudiante serio del debate en torno al cambio climático, estoy de acuerdo de que nunca he visto ni un solo informe que haya pretendido rebatir la tesis del calentamiento causado por el hombre. Pero supóngase que hagamos la pregunta correcta, v.g., ¿es que hay algún informe científico que ponga en duda la teoría del calentamiento causado por el hombre? La respuesta es que seguro que sí, los hay muchos y posiblemente hasta sean la mayoría.

La pregunta de Oreskes con respecto a la refutación muestra una profunda falta de entendimiento acerca del debate en la ciencia del clima. No existe ninguna prueba, ningún experimento, ninguna observación que por sí sola pueda ni rebatir ni probar la tesis del calentamiento provocado por el hombre.... ¿Quiere ello decir que existe algún tipo de consenso sobre la ciencia? De ninguna manera. De hecho la polémica se ha ampliado en años recientes a medida que ha crecido la cantidad de teorías alternativas a la del calentamiento causado por el hombre....

Por ejemplo, y para volver a la chapucera encuesta de la literatura que realizó Oreskes, tengamos en cuenta la variabilidad solar. Múltiples informes relatan fuertes correlaciones estadísticas con varios aspectos de la irradiación solar y con la crónica de las temperaturas en la Tierra. Múltiples informes indagan la manera en que esta variabilidad del Sol pudiera regir las temperaturas. Para ser breve, se trata de un campo de investigaciones bien fértil. Pero, ¿acaso saldría alguno de estos informes en la encuesta de Oreskes? No, porque ninguno de ellos pretende "rebatir" la teoría del calentamiento causado por el hombre, sino que solamente respaldan la tesis rival de la variabilidad solar como fuente del calentamiento.

Por la misma razón, no existe ningún informe científico para rebatir la teoría de la variabilidad solar. La ciencia del clima no tiene que ver con las refutaciones, sino con la recopilación de un millón de trocitos de investigaciones para tratar de entender el sistema más complejo del mundo... El que quiera ver algunos de los miles de informes que eludieron a Oreskes, recomiendo que acceda a www.co2science.org. El índice de materias conduce a un surtido ilimitado de resúmenes, escritos para el lector laico, de informes científicos que ponen en duda la teoría del calentamiento causado por el hombre, y que están clasificados por tema.

David Wojick, climatechangedebate.org
16 de febrero de 2007

EL ESCÁNDALO EN TORNO AL "PALO DE HOCKEY"

Más recientemente, el IPCC volvió a manchar sus credenciales científicos con el intento de cambiar la historia climática de la Tierra. Los calentamientos de los períodos romano y medieval, con sus plazos intercalados de frío, presentan una enorme dificultad para los preconizadores de la tesis del calentamiento causado por el hombre. Si los calentamientos de las épocas romana y medieval fueron más calientes aun que los de hoy, sin haber tenido gases de invernadero, ¿qué tendría de raro el que volviera a hacer calor durante la época moderna?

El segundo informe de evaluación del IPCC, *Climate Change 1995*, incorporó una gráfica de los últimos 1.000 años de la historia del clima global, que muestra el cuadro histórico de la variabilidad reciente en el clima de la Tierra. Mostró un Período Cálido Medieval, con temperaturas que rebasaron las de la actualidad, y una Pequeña Edad de Hielo con temperaturas más bajas que las de hoy. (Véase la Figura 6.1.)

Figura 6.1: Los últimos 1.000 años de la temperatura en la Tierra, tomada de los anillos de crecimiento de los árboles, de los núcleos de hielo y de los termómetros

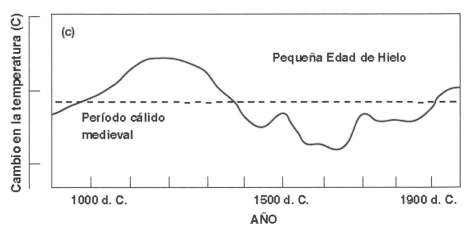

Figura 22, *Climate Change 1995*, Panel Intergubernamental del Cambio Climático.

Seis años más tarde, el IPCC se sintió o más atrevido o más desesperado. En *Climate Change 2001*, el panel presentó un cuadro fundamentalmente distinto del último milenio en la historia climática terrestre. *Climate Change 2001* destacó otra gráfica, ésta basada en un estudio de 1998, dirigido por Michael Mann, un joven que recibió su doctorado de la Universidad de Massachusetts. El estudio de Mann et al. empleó varios valores sustitutivos para la temperatura (pero mayormente los anillos de crecimiento) como punto de partida para evaluar los cambios pasados en las temperaturas, del año 1000 al 1980. Luego injertó, de manera cruda, el registro de las temperaturas de superficie del siglo XX (gran parte de éste derivado de las mediciones exageradas registradas por los termómetros oficiales en las islas del calor urbano) sobre el registro sustitutivo de antes de 1980.

El efecto, desde el punto de vista visual, fue dramático. (Véase la Figura 6.2.) Habían desaparecido el Calentamiento Medieval, difícil de explicar, y la molesta Pequeña Edad de Hielo. Mann nos dio novecientos años de estabilidad en las temperaturas globales, hasta alrededor de 1910. Entonces las temperaturas en el siglo XX parecen empezar a ascender fuera de control, como si las impulsara un cohete. La gráfica de Mann se conoció en los círculos científicos con el nombre del, "palo de hockey," a cuya forma guarda cierto parecido.[276]

En Estados Unidos, el gobierno de Bill Clinton adoptó la gráfica de Mann y la puso al frente del informe, *U.S. National Assessment of the Potential Consequences of Climate Variability and Change* ("Evaluación Nacional de EE.UU., de las posibles consecuencias de la variabilidad y de los cambios en el clima"), editado en el año 2000.

Figura 6.2: El infame "palo de hockey"

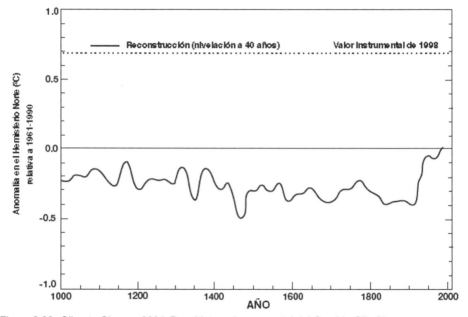

Figura 2.20, *Climate Change 2001*, Panel Intergubernamental del Cambio Climático.

El estudio de Mann contradijo cientos de fuentes históricas relativas al Calentamiento Medieval y a la Pequeña Edad de Hielo, así como cientos de informes científicos anteriores que mostraron evidencia de estos grandes cambios en el clima de la Tierra. Pero el estudio de Mann proporcionó al IPCC y al gobierno de Clinton la fácil solución que deseaban para la variabilidad histórica en las temperaturas del globo: ésta nunca sucedió.

Como indicación del nuevo orden para el resto de la profesión, Mann fue

---

[276] M.E. Mann et al., "Los patrones de las temperaturas a escala global y el forzado climático durante los seis últimos siglos," *Nature* 392 (1998): 779-87.

nombrado uno de los autores principales del IPCC, así como miembro de la redacción de *The Journal of Climate*, una revista importante para los profesionales. Para afirmar la eliminación aparente del molesto obstáculo que la historia mundial representa, el texto siguiente quedó incluido en el informe del IPCC, *Climate Change 2001*:

> *2.3.3 ¿Hubo una "Pequeña Edad de Hielo" y un "Período Cálido Medieval"?* Las frases, "Pequeña Edad de Hielo" y "Período Cálido Medieval," se han empleado para describir dos épocas pasadas en el clima de Europa y de las comarcas vecinas entre los siglos XVII y XIX y los siglos XI y XIV, respectivamente, más o menos.... [D]esde el punto de vista hemisférico, la "Pequeña Edad de Hielo" solamente puede considerarse un enfriamiento modesto del Hemisferio Norte durante este plazo, de menos de 1 grado C relativo a los niveles de fines del siglo XX.... La "Pequeña Edad de Hielo" parece haber sido expresada con la mayor claridad en la región del Atlántico Norte en la forma de alteraciones en los patrones de la circulación atmosférica.... En el Hemisferio Sur, la evidencia de los cambios en las temperaturas en siglos pasados es bien escasa. La evidencia que existe a escala hemisférica para las condiciones estiales y medias anuales, sugiere un comportamiento notablemente distinto al del Hemisferio Norte. La única semejanza evidente consiste en el calor extraordinario visto a fines del siglo XX.[277]

En efecto el IPCC pidió que hiciéramos caso omiso de la cantidad abrumadora de evidencia histórica y física al efecto de que las temperaturas mundiales descendieron marcadamente (de 1 a 2° C) desde el 1300 aproximadamente hasta el 1850, por lo menos. Se imaginaron que este ataque, bien documentado, de fríos helados, de glaciares en plena marcha, de vientos encontrados poderosos y de tormentas violentas no mató a los colonos noruegos en Groenlandia. Pretendieron hacernos creer que el clima de la Tierra no se volvió más frío durante la Pequeña Edad de Hielo, sino que la circulación global apenas se vio un poco "apretada."

El asunto es que, si la circulación climática del mundo puede dejar de funcionar durante cinco siglos, no hay por qué preocuparse por el calentamiento global. Sólo valdría nuestro termómetro local. Desde luego, afortunadamente no existe nada en los 3.000 años de la historia oral y escrita de la Tierra para respaldar tal idea, ni tampoco hay nada en los núcleos de hielo, en los anillos de crecimiento de los árboles ni en ningún otro tipo de evidencia física recogida por los paleontólogos. Alrededor del mundo las temperaturas en realidad han subido y bajado en relación con el calor total

---

[277] IPCC, *Climate Change 2001*, El fundamento científico: Capítulo 2, Sección 2.3.3, "Los cambios y la variabilidad observadas."

recibido del Sol y con el proceso complejo de su difusión por las corrientes de aire y de agua.

Los errores de datos y una "corrección"

Pese a haber sido circulados ampliamente, los estudios de Mann et al. fueron controvertibles. Sin embargo, curiosamente no fue la revisión inter pares de los científicos del clima lo que obligó al equipo de Mann a publicar una "corrección de errores" en la revista *Nature* el día 1º de julio de 2004,[278] sino las labores de dos canadienses que no son científicos pero que sí están bien capacitados en los métodos de estadística. Ellos son el experto en metales Stephen McIntyre, de Toronto, y el economista Ross McKitrick, de la Universidad de Guelph en Canadá.

Tras la publicación de los estudios de Mann en el informe del IPCC, McIntyre y McKitrick pidieron a Mann que les proporcionara los datos originales del estudio. Aquéllos recibieron los datos, de modo vacilante e incompleto, lo cual fue señal de que nadie los había pedido para realizar una revisión inter pares con respecto a la publicación original en *Nature*. Descubrieron que los datos no rinden los resultados supuestos, debido a "los errores de cotejo, el truncamiento o la extrapolación injustificados de los datos de origen, los datos obsoletos, los errores en la localización geográfica, el cálculo incorrecto de los componentes principales y otros defectos de control de calidad." Con datos de origen corregidos y actualizados, los dos volvieron a calcular el índice de las temperaturas del Hemisferio Norte para el plazo de 1400 a 1980 con los mismos métodos de Mann. Los resultados salieron en la revista *Energy & Environment*, con los datos arbitrados por el Centro Mundial de Datos para la Paleoclimatología.[279]

"El hallazgo mayor," reportan McIntyre y McKitrick, "es que el [calentamiento] de principios del siglo XV rebasa cualquier [calentamiento] del siglo XX." En otras palabras, el estudio de Mann se equivoca de manera fundamental. Ni Mann ni su equipo todavía lo reconocen. La "corrección" que ofrecieron precisa que, mientras que los datos publicados de los valores sustitutivos contienen varios errores, "Ninguno de estos errores afecta los

---

[278] Mann et al., "Corrección: Los patrones de las temperaturas a escala global y el forzado climático durante los seis últimos siglos," *Nature* 430 (1º de julio de 2004): 105.

[279] S. McIntyre y R. McKitrick, "Correcciones a la, "Base de datos de valores sustitutivos y serie de temperaturas promedio en el Hemisferio Norte, 1998," de Mann et al., *Energy & Environment* 14 (2003): 751-71.

resultados que hemos publicado anteriormente."[280]

En el periódico *Financial Post* de Canadá salió un comentario de Terence Corcoran acerca de este episodio vergonzoso para Mann:

> Uno de los grandes iconos propagandísticos de la maquinaria del cambio climático de las Naciones Unidas y del proceso de Kioto, está a punto de ser barrido como basura científica. El icono es el famoso Palo de Hockey, una gráfica estupenda que pretendió mostrar que el clima del mundo siguió una pauta de temperaturas estables durante casi mil años, hasta fines del siglo XX cuando las temperaturas de repente empezaron a subir vertiginosamente. La noticia de que el Palo de Hockey, el que ha sido reproducido y citado en miles de informes y de publicaciones, está al borde de la eliminación corre por la comunidad de la ciencia del clima. ... Ello debería causar un gran bochorno en el Panel Intergubernamental del Cambio Climático, el organismo de la ONU para el que el Palo de Hockey ha sido un instrumento clave en la propaganda.... Otros científicos también han deconstruido partes del Palo y lo han encontrado insostenible. Y ello significa que una de las grandes aseveraciones respecto al clima, de que las emisiones de carbono en el siglo XX causaron un calentamiento global sin precedentes, sencillamente está equivocada.[281]

Podría estar más que equivocada.

Los datos de los pinos bristlecone

En sus discusiones con el equipo de investigación de Mann, McIntyre y McKitrick supieron que los estudios de Mann dan, por mucho, el peso mayor a los datos de los anillos de crecimiento tomados de 14 sitios en la Sierra Nevada de California. En esos lugares, los pinos bristlecone, árboles de gran antigüedad y elevación y que crecen lentamente (y que además pueden vivir hasta 5.000 años), mostraron una racha de crecimiento en el siglo XX.

Los datos de los anillos de crecimiento de estos árboles fueron recogidos y presentados en un informe de 1993, realizado por Donald Graybill y Sherwood Idso, con el título, "Detección, en las cronologías de los anillos de crecimiento, del efecto sobre la fertilización aérea que surte el

---

[280] Mann et al., "Corrección," 105.

[281] T. Corcoran, "El Palo roto," *Financial Post*, 13 de julio de 2004.

enriquecimiento con CO_2 atmosférico."[282] En su estudio, Graybill e Idso recalcaron que ni los cambios locales ni los regionales en las temperaturas podían explicar la racha de crecimiento durante el siglo XX en esos árboles, ya maduros.

El CO_2 actúa como fertilizante para los árboles y para las plantas, y además mejora su eficiencia para usar el agua. Todos los árboles que gocen de un nivel mayor de CO_2 en su atmósfera, probablemente vayan a crecer con mayor rapidez. Los árboles que se encuentran en los márgenes de la humedad y de la fertilidad, como por ejemplo los pinos bristlecone, tienen una gran probabilidad de exhibir respuestas bien fuertes al enriquecimiento con CO_2, lo cual fue el propósito del estudio de Graybill y de Idso.

McIntyre y McKitrick demostraron que, al eliminar los datos de los pinos bristlecone, desaparece el salto característico del "palo de hockey." He aquí finalmente el grado real de desfiguración en que entró el equipo de Mann. Difícilmente Mann y sus coautores podrían no haber conocido la verdad respecto al CO_2, ya que ésta estuvo claramente indicada en el título del informe de donde derivaron sus datos más ponderados.

LA CONTROVERSIA EN TORNO A LOS ANILLOS DE CRECIMIENTO EN TASMANIA

Un estudio de anillos de crecimiento en Tasmania, publicado en el 2000, sirve para ilustrar el grado de desacuerdo que ha surgido entre los científicos con la polémica del calentamiento global, así como la vital importancia de examinar cuidadosamente la evidencia física que da la Tierra sobre los pasados cambios en el clima. Según el informe, *Climate Change 2001*, del IPCC, puede que la región del Océano Antártico no haya experimentado la Pequeña Edad de Hielo:

> [L]os registros derivados de las estalagmitas y de las estalactitas [de cuevas] y la evidencia de los glaciares de los Alpes del Sur, sugieren la existencia de condiciones de frío desde mediados del siglo XVII hasta mediados del siglo XIX (Salinger, 1995).[283] La evidencia [de los anillos de crecimiento] de la

---

[282] D.A. Graybill y S.B. Idso, "Detección, en las cronologías de los anillos de crecimiento de los árboles, del efecto sobre la fertilización aérea que surte el enriquecimiento con CO_2 atmosférico," *Global Biogeochemical Cycles* 7 (1993): 81-95.

[283] M.J. Salinger, "Las temperaturas en el Suroeste del Pacífico: Tendencias en las temperaturas máximas y mínimas," *Atmospheric Research* 37 (1995): 87-100.

vecina Tasmania (Cook et al., 2000) no muestra evidencia alguna de frialdad insólita en estas épocas. Las diferencias en las temporadas mejor representadas por esta información sustitutiva, impiden la realización de una comparación más directa.[284]

La publicación en 1991 del informe en la revista *Science*, "Cambio climático en Tasmania, inferido de una cronología de anillos de crecimiento de pino Huon, de 1089 años de longitud," preparado por Edward Cook y su equipo del Observatorio Terrestre Lamont-Doherty de la Universidad de Columbia, causó gran sensación. Según los autores, "Una cronología de los anillos de crecimiento de pino Huon, sensibles al clima, tomados en Tasmania occidental permite hacer inferencias acerca de los cambios en las temperaturas australes de verano desde el año 900 d. C. A partir de 1965, el crecimiento de los pinos Huon ha sido extraordinariamente rápido para estos árboles que en muchos casos llevan más de 700 años de vida. Este incremento en el crecimiento se correlaciona bien con el calentamiento anómalo reciente en Tasmania, basado en las mediciones por instrumentos, y apoya la tesis de que está en marcha un cambio en el clima, posiblemente afectado por los gases de invernadero."[285]

No en balde los preconizadores de la teoría del calentamiento global causado por el hombre, en el IPCC, quisieron llamar la atención nuevamente al informe de Cook, diez años después de haberse publicado. Sin embargo, esos diez años habían dado tiempo a otros investigadores para analizar el estudio de Cook y para hallar sus defectos fatales.

El equipo de Cook violó las normas de las buenas prácticas de la ciencia al emparejar los anillos de crecimiento del clima fresco y húmedo del occidente de Tasmania, con los registros de temperatura de las islas de calor urbano en la comarca oriental, más seca, de la isla. Ello hizo parecer que las temperaturas más altas recientes del calentamiento global habían causado una racha fuerte de crecimiento en el pino Huon.

En realidad, el aumento en las temperaturas en el oeste de Tasmania durante el siglo XX ha sido sólo la tercera parte del 1,5° C que el estudio de Cook atribuyó a Tasmania. El promedio del registro, de unos 13° C en las estaciones de medición de las temperaturas en el oeste de la isla a principios

---

[284] IPCC, *Climate Change 2001*.

[285] E. Cook et al., "Cambio climático en Tasmania, inferido de una cronología de anillos de crecimiento de pino Huon, de 1089 años de longitud," *Science* 253 (1991): 1266-1268.

de siglo, solamente había subido a unos 13,5° C a fines de siglo.[286]

En marcado contraste, los registros de la temperatura que seleccionaron Cook y su equipo para representar Tasmania provienen del costado oriental y más seco de la isla, en las islas de calor urbano:

* Hobart es la mayor ciudad de Tasmania (población 135.000). Manuel Núñez, de la Universidad de Tasmania, documentó un efecto de isla de calor urbano de 5° C para la ciudad en 1979. (Y ello en comparación con el campo, relativamente cálido y seco, del oriente de Tasmania que rodea la ciudad, no con las colinas húmedas y azotadas por los vientos en la costa occidental de la isla.)

* Launceston, el segundo registro escogido por el equipo de Cook, es la segunda ciudad de Tasmania, con una población de 75.000. Se parece a Los Ángeles y a Ciudad México en el sentido de que se halla dentro de una cuenca invertida. Igual que aquéllas, Launceston se ve rodeada de colinas y de montañas que no dejan escapar el calor de la ciudad. La escarcha de invierno se asienta con frecuencia en el campo de la periferia, pero no dentro de Launceston.

* El tercer registro de temperaturas en el informe de Cook, es el peor de todos: el Faro de Low Head. El faro se encuentra en la desembocadura del río Tamar en la Costa Norte de la isla, rodeado de una fábrica grande de aluminio, de una central de energía alimentada con petróleo, de un complejo industrial grande y de un centro urbano de 7.000 personas. Por la noche las brisas de la costa llevan el aire del complejo industrial por delante del faro. Además de la actividad industrial en Low Head, el registro de las temperaturas en el faro mostró un incremento de 1° C desde 1960, lo cual fue caso sin comparación en los registros de las temperaturas en Tasmania. Una investigación descubrió que, cerca de la caja de medición, había crecido un matorral que la protegía de los vientos prevalentes del noroeste, lo cual convirtió la caja "oficial" de mediciones en una trampa de energía solar.[287]

¿Sería posible que Cook con su equipo hubieran buscado los registros

---

[286] Agradecemos al fallecido John L. Daly, de Tasmania, por advertirnos de este conjunto de datos de la temperatura local en su sitio web, establecido hace mucho tiempo, <www.john-daly.com> (accedido el 5/VIII/07)

[287] John L. Daly, "Platicando con los árboles en Tasmania, y aire caliente en Low Head," 1996 <www.john daly.com> (accedido el 5/VIII/07)

climáticos en Tasmania con el fin de seleccionar las tres estaciones que mostraran los mayores incrementos en la temperatura, para luego compararlos con los datos de los anillos de crecimiento de la costa oeste? El informe de Cook claramente no evidencia temperaturas dramáticamente mayores en Tasmania, como quiso el IPCC que creyéramos. Ciertamente las temperaturas en el oeste de Tasmania no aumentaron lo suficiente como para corresponder con los incrementos, por islas de calor, en Hobart y en Launceston.

Y ahora el segundo gran fallo en el estudio de Cook et al.: Si las temperaturas solamente iban aumentando de manera moderada, ¿qué pudo haber causado el incremento súbito en el crecimiento de los pinos Huon? Es casi seguro que ello se trata de otro caso dramático del crecimiento más rápido de los árboles maduros por motivo de los aumentos en el CO_2 atmósferico. Para los pinos Huon, la cantidad adicional de CO_2 en el aire debe de haber sido como un tanque de oxígeno para el que corre un maratón.

Los autores del estudio de Cook no hacen mención alguna del efecto fertilizante que ha surtido el enriquecimiento con CO_2 sobre los árboles en general desde 1940, ni en los pinos Huon del estudio. Es a duras penas posible que los miembros del equipo de Cook no hayan sabido que una cantidad mayor de CO_2 en el aire sirve para estimular el crecimiento de los árboles. Después de todo, se trata de un conjunto de expertos en el crecimiento de los árboles y el enriquecimiento con CO_2 ha sido un fenómeno a escala mundial durante más de medio siglo.

¿Cómo pudo el informe de Cook pasar la revisión inter pares, para salir en *Science*? ¿Por qué razón el panel de la ONU sobre el cambio climático dio importancia igual a este estudio, mal concebido y profundamente defectuoso, con la evidencia mucho más extensa y plenamente revisada inter pares de la Pequeña Edad de Hielo, tomada de más de un centenar de glaciares y de estalagmitas en Nueva Zelandia?

Según la evaluación de Salinger, citada por el IPCC: "De los registros de los glaciares de montaña [de la Isla Sur de Nueva Zelandia] se desprende que hubo plazos de mayor frialdad en el clima durante el siglo XI, a principios del XII, a mediados del XIII, a principios del XV y del XVI, durante los siglos XVII y XVIII y a mediados del XIX."[288] Ello sugiere que el enfriamiento no mostró tendencia alguna.

Sin embargo, el historial por valores sustitutivos en Nueva Zelandia sí muestra claramente el Calentamiento Medieval, la Pequeña Edad de Hielo y el Calentamiento Moderno. Por ejemplo, las proporciones de isótopos de oxígeno y de carbono de la estalagmita neozelandesa muestran un descenso agudo en las temperaturas durante el siglo XV y temperaturas más frescas

---

[288] M.J. Salinger, "Las temperaturas en el Suroeste del Pacífico: Tendencias en las temperaturas máximas y mínimas," *Atmospheric Research* 37 (1995): 87-89.

hasta mediados del XIX, tras lo cual puede divisarse el Calentamiento Moderno. Efectivamente, el equipo de investigaciones de A.T. Wilson y Chris Hendy señaló la semejanza de los cambios en las temperaturas de Nueva Zelandia con los de Inglaterra durante el mismo período.[289]

Una comparación de los datos, tanto en su cantidad como en su calidad, no solamente hace lucir inadecuado el proceso de revisión inter pares de *Science*, sino que también hace parecer al IPCC como un organismo político. La selección del estudio de Cook es, en el mejor de los casos, ejemplo de prejuicio científico y hasta pudiera ser algo aun peor.

---

[289] A.T. Wilson et al., "Cambio climático a corto plazo y las temperaturas en Nueva Zelandia durante el último milenio," *Nature* 279 (1979): 315-17.

Capítulo 7

¿Hasta qué punto podemos confiar en los modelos del clima global?

Los modelos siempre se equivocan, pero a veces son útiles de todos modos.

- anónimo

Armin Bunde, de la Universidad de Giessen, y colegas... compararon los resultados de siete modelos climáticos distintos (MCG) contra mediciones de las temperaturas atmosféricas reales... una relación matemática universal, denominada "ley exponencial," describe las correlaciones entre las fluctuaciones de las temperaturas en ... escalas de tiempo que varían de unos cuantos meses a diez años o más. Ahora los investigadores han descubierto que los MCG en existencia no generan esta ley observada. Algunos MCG producen algo que se parece un poco a la ley en escalas cortas de tiempo, pero en escalas de más de dos años éstas mayormente producen fluctuaciones en las temperaturas que básicamente son aleatorias....

- Philip Ball, "Sacudida para los modelos del clima," *Nature*, 1º de julio de 2002.

Los capítulos anteriores en esta obra presentaron pruebas nuevas y extensamente fundamentadas al efecto de que un ciclo climático natural y moderado, de 1.500 años de longitud, se ha sobreimpuesto sobre los períodos glaciales e interglaciales durante al menos un millón de años. Recalcamos que el ciclo se ha presentado en grado moderado a lo largo de la historia y de la prehistoria, según ha sido documentado en los núcleos de hielo, en los sedimentos del fondo del mar, en los anillos de crecimiento y con otros métodos semejantes. La evidencia física del planeta no proporciona nada que apoye las pavorosas películas de Hollywood ni las peticiones del conformismo político con el objeto de terminar con el uso de los combustibles fósiles. Los

153

eventos climáticos espantosos en la evidencia física de la historia de nuestro orbe, se han debido a choques venidos desde fuera, como por ejemplo los impactos de los asteroides y los pases cercanos de los cometas.

Ningun examen honesto del clima actual del planeta debería comenzar sin tener en cuenta estos elementos de la historia y de la prehistoria. Sin embargo, resulta que ninguno de los Modelos de la Circulación Global, hechos a computadora, consideran estos factores. Pese a que el millón de años de historia climática vistos en los núcleos de hielo y en el sedimento marino no ofrecen evidencia alguna de ello, los modelos suponen un planeta en estado climático estable. El clima siempre ha venido enfriándose y calentándose irregularmente.

Hasta la Agencia de Protección del Medio Ambiente se expresa cuidadosamente en torno a los modelos:

> Prácticamente todos los estimados publicados, relativos a la manera en que el clima pudiera cambiar en EE.UU., son los resultados de modelos de la atmósfera hechos con computadora, los que se denominan "modelos de la circulación general." Estos modelos complicados pueden simular muchas de las características del clima, pero todavía no alcanzan la precisión suficiente como para poder proporcionar estimados confiables de cómo el clima pudiera cambiar.... Dada la falta de fiabilidad de estos modelos, los investigadores que intentan comprender los impactos futuros del cambio climático por lo general analizan distintos planteamientos de varios modelos climáticos. De este modo esperan que, mediante el empleo de una gran variedad de modelos distintos del clima, el análisis pueda abarcar la gama completa de la incertidumbre científica.[290]

Con todo, para fines de discusión, bórrese la pizarra y supóngase que los modelos empiezan a partir del momento presente, sin verse afectados por los cambios climáticos del pasado. Vamos a ver qué labor hacen con las reglas que decidan usar.

LOS MODELOS DE LA CIRCULACIÓN GLOBAL

Los Modelos de la Circulación Global son las superestrellas de la investigación ambiental y climática de la época actual. Los MCG son modelos tridimensionales de computadora que intentan reunir, y proyectar hacia el futuro, todas las causas principales del cambio climático, v.g. las corrientes de chorro en las capas superiores de la atmósfera, las corrientes profundas en los

---

[290] Agencia de EE.UU. de Protección del Medio Ambiente, *Global Warming— Climate*, 14 de octubre de 2004.

océanos, la irradiación solar reflejada de vuelta al espacio por los mantos de hielo y por los glaciares, los cambios en la vegetación, los niveles naturales de los gases de invernadero y los remolinos en el océano que transportan el calor lateralmente, así como la cantidad, el tipo y la altitud de las nubes en los cielos, las variaciones en la energía radiada por el Sol y cientos de otros factores.

Los modelos funcionan a base de "primeros principios" tales como las leyes de la termodinámica y la dinámica de fluidos, el ciclo de carbono, el ciclo del agua, etcétera. Estos primeros principios se establecen en ecuaciones de matemática para una enorme cantidad de casillas cuadriculadas que representan la superficie del suelo, los mares y el aire alrededor del mundo. La computadora genera valores nuevos para cada casilla a medida que el modelo se extiende por el tiempo en plazos de veinte minutos o de una hora, repetidamente por los años determinados para la simulación. El cambio climático potencial se "imagina" mediante la operación de los modelos con niveles distintos de los gases de invernadero, de los aerosoles y de otros factores que se supone están involucrados en el proceso del cambio climático.

Los modelos son tan complejos y enormes, que solamente pueden pasarse por supercomputadoras, lo cual significa que únicamente los gobiernos de los países ricos pueden costearlos. Ejemplos de MCGs dignos de mención se encuentran en el Instituto Goddard de Estudios Espaciales (siglas en inglés: GISS) de la Administración Nacional para la Aeronáutica y el Espacio (NASA), en el Centro Nacional de EE.UU. para las Investigaciones Atmosféricas (NCAR), en el Laboratorio de la Dinámica Geofísica de Fluidos de la NOAA y en el Centro Hadley, británico.

Una de las dificultades clave que enfrentan los modeladores consiste en que, en el mundo real, los cambios a largo plazo en el clima son sensibles a cambios pequeños en las condiciones de la superficie y en la radiación solar, tan reducidos en cada instante que los humanos que alimentan la computadora con datos pueden fallar en observarlos. Y de ser así, no pudieran saber cómo interpretar los cambios acumulativos en el futuro que estas pequeñas diferencias llegaran a causar a escalas de cientos de años.

Los ciclos del clima más cortos, medidos en términos de años y de décadas, también presentan dificultades para los modeladores. Entre éstas se cuentan la Oscilación del Atlántico Norte, la Oscilación Decadal del Pacífico y la Oscilación Meridional El Niño. Los modelos globales todavía no pueden pronosticar ni siquiera el cuándo ni las consecuencias del mayor de estos fenómenos, la Oscilación Decadal del Pacífico.

Otro problema de importancia radica en que los MCG rinden resultados que varían suavemente, mientras que las crónicas que hemos sacado de los núcleos de hielo, de la geología y de la paleontología indican que en el pasado los cambios del clima a menudo han sido de índole mayor y brusca. Entre los factores de realimentación no lineal se cuentan aspectos como el reconocimiento de que, cuando la última capa fina de un manto de hielo se descongela, la capacidad de la Tierra para absorber el calor sube de repente.

Durante la Joven Dryas, evento que sucedió justo cuando la última edad de hielo iba terminando hace unos 12.000 años, debe de haber habido un calentamiento súbito. El agua derretida de los mantos de hielo septentrionales debe de haberse acumulado en lo que hoy día son los Grandes Lagos, probablemente detrás de una represa de hielo, y al desmoronarse la represa una enorme inundación de agua derretida corrió hacia el mar, aparentemente con el efecto de abrumar las corrientes transportadoras del Atlántico. Ello volvió a sumir al Hemisferio Norte en 1.000 años más de frío. El factor de reflexión de los mantos de hielo nos da una pista acerca de lo brusco del evento. Pero, ¿qué fue lo que provocó aquel calentamiento repentino? Los modelos del clima no tienen respuesta a ello.

Hace ocho mil años, el Desierto del Sahara fue una comarca más húmeda y reducida en su extensión que lo que es hoy en día. La zona limítrofe meridional, el Sahel, se encontraba trescientas millas más hacia el norte que en la actualidad. Según los modelos del clima, los cambios en el clima no habrían variado la precipitación lo suficiente como para poder explicar la disminución de la zona de desierto, a no ser que tuviéramos en cuenta la realimentación vegetativa. Una cantidad mayor de lluvia habría fomentado el crecimiento de más vegetación, lo cual hubiera protegido el suelo mejor del calor del Sol. Ello a su vez habría dejado mayor humedad en el suelo para fomentar el crecimiento de más plantas. Pero, ¿qué fue lo que terminó este ciclo "constructivo" de realimentación vegetativa? Las computadoras no lo saben.

A medida que viene una nueva edad de hielo, la Tierra se vuelve más fría y más seca, la vegetación se ve notablemente disminuida y los bosques cambian a pasto y luego a desierto. Cada uno de estos cambios afecta el nivel de humedad y el factor de reflectancia del calor. ¿Qué es lo que detiene esta espiral descendiente de desertificación? Las computadoras no tienen respuesta a ello.

Durante los últimos 500.000 años, el plazo de tiempo promedio que transcurre entre una edad de hielo y la próxima ha crecido de unos 80.000 años, a 100.000 años.[291] Nuevamente, ¿por qué? Ningún modelo puede decirnos.

Hasta la fecha, muchísimo más de lo que sabemos acerca del clima terrestre proviene de las rocas, de los fósiles y de los núcleos de sedimento, que de los modelos de computadora.

---

[291] J.A. Rial et al., "Las no linealidades, las realimentaciones y los umbrales críticos dentro del sistema climático de la Tierra," *Climate Change* 65 (2004): 11-38.

Los datos de satélite contra los modelos por computadora

Desde que comenzaran los registros por satélite en 1979, las mediciones por satélite de las temperaturas en las capas inferiores de la atmósfera (hasta los 30.000 pies de altura) no han mostrado ninguna tendencia fuerte al calentamiento. Ni tampoco los registros de los globos sonda de gran altitud han mostrado ninguna tendencia fuerte al calentamiento desde fines de los años 50. Los sensores de microondas de los satélites miden las temperaturas de la Tierra con mayor precisión que los termómetros en la superficie, los que solamente cubren el 20 por ciento de la superficie del planeta.

Los registros por satélite recientemente han sido modificados para corregir un sesgo en la "corrección diurna," la que realiza ajustes para tener en cuenta el hecho de que los satélites no tienen propulsión propia, por cual razón sus observaciones derivan paulatinamente a horas del día cada vez más tardes a lo largo de los varios años que dura cada satélite. Roy Spencer, de la Universidad de Alabama en Huntsville, dice que la corrección aumentó las tendencias en la temperatura global derivadas de los satélites para los años 1979-2005, de +0,09° C por década a +0,12° C por década. Ello todavía sigue siendo mucho menor que los primeros pronósticos del calentamiento por invernadero, mucho menor que la tendencia actual en los termómetros de la superficie y muchísimo menor que el límite superior de los pronósticos rendidos por los MCG.

Los satélites y los globos sonda vienen proporcionando las mediciones más exactas de la temperatura que hemos tenido en la historia. Dan evidencia de que la atmósfera de la Tierra no se ha calentado fuertemente en un plazo de sesenta años durante el cual las emisiones de gases de invernadero rebasaron enormemente toda la "contaminación" anterior causada por el hombre.

Un 80 por ciento del dióxido de carbono procedente de las actividades del hombre entró en el aire después de 1940. Ello quiere decir que el calentamiento anterior al 1940 debe de haber sido en gran proporción natural, de modo que los efectos del hombre no pueden razonablemente considerarse superiores a, aproximadamente, 0,1° C por década, o sea la cantidad máxima de la tendencia al calentamiento vista desde fines de la década del 70.

Una reconstrucción de los registros de la temperatura tomados por los globos sonda, a escasamente dos metros de altitud a medida que los globos comenzaban a subir por sobre la superficie de la Tierra (1979-1996), muestra un incremento en la temperatura de sólo 0,015° C por década.[292] Sin embargo,

---

[292] D.H. Douglass, B.D. Pearson y S.F. Singer, "Dependencia de la altitud, de las tendencias en las temperaturas atmosféricas: Los modelos del clima contra las observaciones," *Geophysical Research Letters* 31 (2004): L13208, doi: 10 (10/29/2004): GL020103; y D.H. Douglass, et al., "Disparidad entre las tendencias de

lo que comprendemos acerca de la física atmosférica nos sugiere que un proceso sostenido de calentamiento en la superficie de la Tierra debería de verse aumentado, y no disminuido, con la altitud en la troposfera. ¿Cómo puede esta tendencia moderada traducirse en una gran probabilidad de calentamiento, causado por el hombre, llegando a la cifra de 5,8° C hacia el 2100?

La posibilidad de que los niveles crecientes de CO_2 en la atmósfera pudieran causar un incremento tal en las temperaturas, se ve disminuida aun más por el hecho de que cada incremento adicional de CO_2 surte un efecto menor sobre el clima que el anterior. El Climatólogo del Estado de Dakota del Norte, John Bluemle, describe la situación nítidamente:

> La física atmosférica dice bien claramente que los incrementos en las concentraciones de CO_2 aumentan la temperatura. La mejor manera de demostrarlo es mediante un modelo de la temperatura de la atmósfera, con todo el CO_2 extraído. En este caso la atmósfera es *bien* fría. Entonces, agréguese CO_2 en pequeñas cantidades y trácese la gráfica de los incrementos en la temperatura. Al principio el aumento es bien rápido y luego se estabiliza. Un incremento del doble en el nivel de CO_2, a partir de las concentraciones actuales, y manteniendo invariables los demás parámetros, surte un efecto insignificante.[293]

EL PROCESO DE URBANIZACIÓN Y LOS CAMBIOS EN LA UTILIZACIÓN DE LOS SUELOS

Los investigadores del clima por largo tiempo han reconocido que los registros de los termómetros oficiales del mundo dan resultados artificiales que son demasiado altos, porque muchos de éstos están ubicados en estructuras y en aeropuertos que se encuentran dentro de islas de calor urbano. Hasta una aldea de 1.000 habitantes puede crear una isla de calor y así aumentar su propia temperatura en un total de 2° a 3° C.[294]

El antiguo Climatólogo del Estado de California, James Goodridge, descubrió que, en los condados californianos con más de un millón de

---

las temperaturas en la troposfera y en la superficie: Nueva evidencia," *Geophysical Research Letters* 31 (2004): L13207, doi: 10 (10/29/2004): GL020212.

[293] John Bluemle, "Algunas reflexiones acerca del cambio climático," *North Dakota State Geological Survey Newsletter* 28 (2001): 1-2.

[294] T.R. Oke, "El tamaño de las ciudades y las islas de calor urbano," *Atmospheric Environment* 7 (1987): 769-79.

habitantes, los registros de las temperaturas mostraron un "incremento en la temperatura, el que ordinariamente se atribuye al calentamiento por el efecto de invernadero, de 3,14° F por siglo," mientras que los condados con menos de 100.000 habitantes no mostraron ninguna tendencia al calentamiento.[295]

Por los campos del estado de Illinois, las temperaturas del suelo de un sitio puramente rural mostraron una ganancia de 0,4° C de 1882 a 1952. La serie de las temperaturas de tres pueblos pequeños cercanos (con menos de 2.000 seres) mostró un incremento de 0,57° C durante el mismo plazo.[296] La diferencia, de 0,17° C, representa más de la mitad del incremento de 0,3° C que se registró en la temperatura media global desde 1890 hasta 1950.

Según los meteorólogos Eugenia Kalnay y Ming Cai, el impacto del proceso de urbanización y de los cambios en la modalidad de empleo de los terrenos de cultivo sobre los termómetros de la superficie estadounidenses, pudiera tener el doble del tamaño del factor que suponen los modelos y también el IPCC respecto a las islas de calor urbano. Los investigadores llegan a la conclusión de que el calentamiento reciente en la superficie norteamericana pudiera haberse sobreestimado a razón de un 40 por ciento.[297]

Kalnay dice que los estimados anteriores relativos a la urbanización y a los cambios en la manera de utilizar los suelos se han basado con demasiada frecuencia en el crecimiento de la población y en las mediciones por satélite de las luces urbanas nocturnas. Estos cambios urbanos pueden afectar zonas con miles de acres de extensión. Sin embargo, no cuentan con los cambios en el factor de reflectancia y en la humedad de los suelos que resultan del despeje de los bosques, del cambio de pasto al cultivo en el uso de los terrenos ni de la introducción de la irrigación, factores que han afectado millones de acres.

Kalnay antiguamente fue la responsable de la modelación para el Servicio Meteorológico de EE.UU. y ayudó a crear los pronósticos del tiempo más precisos de la actualidad, de tres y cinco días, denominados "de conjunto." Basada actualmente en la Universidad de Maryland, ella y Cai formularon un registro de las temperaturas no de superficie, con las innumerables

---

[295] James D. Goodridge, "Influencias de sesgo urbano sobre las tendencias a largo plazo en las temperaturas del aire en California," *Atmospheric Environment* 26B 1 (1992): 1-7.

[296] S.A. Changnon, "Un registro, poco común, de las temperaturas profundas del suelo define los cambios en las temperaturas a través del tiempo, así como una isla de calor urbano," *Climatic Change* 38 (1999): 113-28.

[297] E. Kalnay y M. Cai, "Estimado del impacto de la urbanización y de la utilización de los suelos sobre las tendencias en las temperaturas de superficie estadounidenses: Informe preliminar," *Nature* 423 (29 de mayo de 2001): 528-31.

observaciones atmosféricas en los archivos de los satélites y de los globos sonda. Luego emplearon este registro para reconstruir el último medio siglo de las temperaturas en EE.UU. suponiendo "ningún cambio en la utilización de los suelos."

La crónica de los termómetros de superficie estadounidenses apunta a un calentamiento de 0,088° C por década durante los últimos cincuenta años. Kalnay y Cai calcularon un calentamiento, no de superficie, de sólo 0,061° C por década durante el mismo plazo. El estimado de Kalnay y de Cai del impacto del empleo de los terrenos sobre el registro de las temperaturas, es casi cinco veces mayor que lo que supone la base de datos de la Red del Clima Histórico de EE.UU. respecto al proceso de urbanización.

Al sustituir la tendencia hallada por Kalnay y Cai en lugar de la tendencia que emplea la Evaluación Nacional de EE.UU. del Impacto del Cambio Climático,[298] la tendencia en las temperaturas en EE.UU. durante el siglo XX baja de 0,45° C, aproximadamente, a 0,25° C. Un incremento de 0,25° C no alcanza el nivel de importancia estadística. Dado que los registros de los termómetros dan un promedio de unos 14° C para la temperatura de la Tierra entre 1961 y 1990, aun las 0,6° C de calentamiento global "oficial" caen dentro del margen de error del registro, de 0,7° C.

Recuérdese con más premura, que las temperaturas del planeta nunca van en línea recta.

El trabajo de Kalnay y de Cai se enfoca en la dificultad global de separar el calentamiento climático real, de la construcción de las ciudades y de los cambios extensos en el uso de los terrenos que la humanidad ha realizado. La conclusión de los investigadores respalda los anillos de crecimiento, los límites del arbolado montañoso y otros valores sustitutivos que nos indican que el Calentamiento Moderno reciente no ha sido tan extremo como dicen los alarmistas—y además que el Calentamiento Romano y el Calentamiento Medieval fueron más calurosos que nuestra época actual.

¿POR QUÉ SE CALIENTAN MÁS LOS PAÍSES RICOS?

Un equipo del Instituto Nacional para la Investigación del Espacio en Holanda, empleó las emisiones locales de CO_2 como valor sustitutivo sencillo

---

[298] *U.S. National Assessment of the Potential Impacts of Climate Variability and Change*, Programa de Investigación del Cambio Global de EE.UU., Washington, D.C., 2000.

para el nivel local de industrialización.[299] A.T. Jos de Laat y Ahilleas N. Maurellis entonces dividieron el mundo en regiones "industrializadas" y "no industrializadas" y calcularon las tendencias en las temperaturas con base a esta división. (Esto no quiere decir que el CO_2 permanezca en las zonas industrializadas: el gas se difunde con una uniformidad sorprendente al nivel traza del 0,037 por ciento del volumen del aire.)

El equipo descubrió que las comarcas industriales con grandes cantidades de emisiones de CO_2, experimentaron tendencias al calentamiento que fueron marcadamente más intensas que en las comarcas no industrializadas. Observaron un calentamiento mayor que en la totalidad del planeta, tanto por la superficie como en las capas inferiores de la atmósfera en las zonas sobre las superficies industrializadas. Las tendencias en las temperaturas de las regiones que no producen CO_2 fueron notablemente inferiores o aun insignificantes. De Laat y Maurellis especulan que los cambios observados en las temperaturas de superficie pudieran ser resultado de, "los procesos locales de calentamiento por la superficie, sin guardar relación con el forzado radiante de los gases de invernadero."[300]

¿Cuál es la diferencia? De Laat y Maurellis alimentaron los resultados en dos de los modelos climáticos que se emplearon para el informe del IPCC, *Climate Change 2001*. En vez de proyectar que una cantidad mayor de emisiones de CO_2 produciría temperaturas aun mayores, los modelos de computadora proyectaron tendencias constantes o aun descendientes en las temperaturas para las comarcas industrializadas.

De paso, de Laat y Maurellis señalaron un fallo en el registro de las temperaturas de superficie del IPCC: Prácticamente no incorpora ninguna información acerca del enfriamiento de la Antártida en décadas recientes. Los investigadores consideran que la selección de las estaciones informadoras que hizo el IPCC, así como su empleo erróneo de una tendencia al calentamiento en la Antártida, ha dado por resultado una tendencia al calentamiento global que resulta un tercio demasiado alta.

Evaluación de los datos relativos a las temperaturas de superficie

¿Por qué no debemos fiarnos mucho de los registros de los termómetros de

---

[299] A.T.J. de Laat y A.N. Maurellis, "Emisiones locales de CO_2 como valor sustitutivo para la influencia antropogénica sobre las tendencias en la temperatura troposférica inferior," *Geophysical Research Letters* 31 (2004): L05204, doi: 10 (1029/2003): GL019024.

[300] Ibíd.

superficie?

El informe de Kalnay y de Cai sugiere que desde 1940 las temperaturas globales solamente han aumentado la mitad, más o menos, de lo que ha supuesto el IPCC. Los estudios del impacto de la riqueza y de la industrialización, así como de las temperaturas rurales en comparación con las urbanas, apuntan a la posibilidad de que nuestros registros de termómetro contengan un nivel de contaminación que no se ha rectificado por completo. Los modelos de computadora de de Laat y de Maurellis parecen indicar que los termómetros oficiales vienen registrando un proceso localizado de calentamiento en la superficie, el que tendrá poco que ver con el ciclo climático a largo plazo de la Tierra. Es necesario reducir más la crónica oficial de las temperaturas, para tener en cuenta la omisión del IPCC relativa a los datos del enfriamiento antártico.

Las tendencias, comparativamente pequeñas, al calentamiento vistas en los registros de las temperaturas tomadas por los satélites y por los globos sonda, parecen apoyar estas razones para dudar tanto de los registros de la temperatura tomados por la superficie como de los modelos de computadora que dependen de éstos.

EN REALIDAD NO SABEMOS CÓMO MODELAR LAS NUBES

El informe del 2001 del Panel Intergubernamental del Cambio Climático nos dice que los asesores científicos del IPCC no saben cómo modelar la cuestión, de importancia vital, de las nubes y del efecto que éstas surten sobre las temperaturas de la Tierra. Según el informe, los modeladores del clima a menudo no saben ni siquiera si algún factor dado relativo a las nubes pudiera agravar el calentamiento o aliviarlo, y mucho menos a cuál grado lo haría. De acuerdo con el informe:

> En respuesta a cualquier [trastorno] del clima, la respuesta de la nubosidad por ende introduce un proceso de realimentación, cuyo signo y amplitud en gran parte se desconocen.... Los factores de realimentación óptica de las nubes, producidos por estos MCG... difieren tanto en el signo como en la potencia. La transición entre el agua y el hielo pudiera constituir una fuente de error, pero aun para alguna fase dada del agua el signo de la variación, con la temperatura, de las propiedades ópticas de las nubes puede dar lugar a controversias.[301]

---

[301] *Climate Change 2001*, capítulo 7, sección 7.2.2.4: "Los procesos de realimentación irradiante de las nubes."

Richard Lindzen, distinguido profesor de meteorología en el Instituto Tecnológico de Massachusetts, señaló ya en 1992 que, "es arbitraria hasta el punto de causar preocupación, la manera en que los modelos actuales [del clima] tratan los factores tales como las nubes y el vapor de agua. En muchos casos la física fundamental sencillamente se desconoce... las nubes reflejan unos 75 vatios por metro cuadrado. Dado que una duplicación de la cantidad de dióxido de carbono solamente resultaría en un cambio en el flujo de calor por la superficie, de dos vatios por metro cuadrado, es manifiesto que un cambio pequeño en la cobertura de nubes puede surtir un efecto grande sobre la respuesta al dióxido de carbono."[302]

Más recientemente, Roger Davies de la NASA ha apuntado a la amplia variedad de factores relativos a las nubes que hay que tener en cuenta: la forma, el tamaño, la ubicación vertical y horizontal, la longitud de vida, la cantidad de gotitas líquidas de distintos tamaños, la cantidad de cristales de hielo de diferentes formas y tamaños y otros factores. Davies observa que el efecto de las nubes sobre el clima es tan complicado, que los modelos principales del clima proporcionan respuestas contradictorias acerca del impacto que aquéllas tienen.[303]

Una encuesta internacional de los científicos del clima, realizada en el 2003 por Dennis Bray, científico investigador en el Instituto GKSS de Investigación de los Litorales, situado en Geesthacht, Alemania, y por Hans von Storch, profesor de climatología en la Universidad de Hamburgo y director del Instituto de Investigación de los Litorales, halló que el 61,8 por ciento de los más de 500 entrevistados creyeron que los modelos del clima tratan las nubes de manera "inadecuada."[304] Mientras que el 11,7 por ciento dijeron que los modelos son "muy inadecuados," solamente el 3,2 por ciento contestaron que son "muy adecuados."

Una vez que los estudios de la NASA descubrieran la gran válvula del calor planetario sobre el Pacífico, la Sociedad Americana de Meteorología

---

[302] R. Lindzen, "El calentamiento global: La procedencia y la índole del supuesto consenso entre los científicos," *Regulation* 15 (primavera de 1992).

[303] R. Davies, *Science Goals: Study of Clouds*, NASA, mayo de 2004 <http://osa.jpl.nasa.gov/mission/introduction/goals3.html> (accedido el 5/VIII/07)

[304] La encuesta pidió a los entrevistados que dieran puntuaciones de 1 a 7. Para esta pregunta, 1 significó "muy inadecuada," y 7 "muy adecuada." La proporción acumulativa de los que dieron respuestas de 1, 2 ó 3 a esta pregunta, fue del 61,8 por ciento. Véanse los resultados de la encuesta, publicados en 2007 por The Heartland Institute bajo Joseph L. Bast y James M. Taylor, *Scientific Consensus on Global Warming* <www.heartland.org/Article.cfm?artId=20861> (accedido el 5/VIII/07)

ofreció sus comentarios con relación a lo que ello implica para el debate en torno al calentamiento global:

> El Océano Pacífico tropical podría tener la capacidad de abrir un "respiradero" en la cubierta de cirros, captadora del calor, para liberar al espacio cantidades de energía suficientes como para disminuir notablemente el vaticinado calentamiento climático, causado por la acumulación de gases de invernadero en la atmósfera. De verse confirmado por las investigaciones adicionales, este efecto recién descubierto, el que no se ve en los modelos de pronóstico del clima de la actualidad, podría disminuir notablemente los estimados del calentamiento futuro del clima.[305]

Como ya hemos observado anteriormente en este libro, éste fue (o más bien, debía haber sido) un evento de tremenda importancia en la polémica del clima global. Después de todo, la válvula del calor climático del Pacífico emitió casi tanta energía durante las décadas del 80 y del 90 como la que habría sido generada por un aumento instantáneo del 100 por ciento en la cantidad de CO_2 en el aire. Bruce A. Wielicki de la NASA escribió que:

> Presentamos nueva evidencia, sacada de una compilación de datos de precisión que fueron tomados por satélite a lo largo de más de dos décadas, para indicar que el presupuesto de la energía radiante tropical en las capas superiores de la atmósfera resulta ser mucho más dinámico y variable que lo que se había creído anteriormente. Los resultados indican que los cambios en el presupuesto de la irradiación los causan los cambios en el nivel promedio de la nubosidad por los trópicos. Los resultados de varias simulaciones por modelo climático, no pronostican la observación grande que se observa en el presupuesto energético tropical. La variabilidad que falta en los modelos, recalca la necesidad crítica de mejorar la modelación de las nubes.... Ello conduce a una triple incertidumbre en los pronósticos del posible calentamiento global durante el siglo próximo.... Advertimos contra las interpretaciones de la variabilidad decadal como evidencia de un calentamiento por gases de invernadero.[306]

Posteriormente la NASA puso la anomalía de la válvula de calor ante la comunidad de los modeladores del clima global. La agencia instó a los modeladores del clima a volver a configurar sus modelos para tener en cuenta

---

[305] Comunicado de prensa, " 'Válvula del calor' natural en la cobertura de nubes del Pacífico podría disminuir el calentamiento por invernadero," Sociedad Americana de Meteorología, 28 de febrero de 2001.

[306] B.A. Wielicki et al., "Evidencia de la amplia variabilidad decadal en el presupuesto medio de la energía radiante tropical," *Science* 295 (2002): 841-44.

esta realidad, antes desconocida y recién observada. No han podido hacerlo.

Los medios principales de prensa básicamente hicieron caso omiso del descubrimiento de la válvula de calor, junto con la advertencia que ofreció Wielicki al efecto de que este descubrimiento pone en duda toda la tesis del invernadero.

NO PODEMOS FIARNOS EN ABSOLUTO
DE LOS MODELOS DEL CLIMA

Los Modelos de la Circulación Global suponen que el clima de la Tierra permanecería estable en la ausencia de las emisiones humanas, suposición que, tenemos sabido, no es cierta. Los modelos suponen que el cambio climático trazaría una raya suave y uniforme, lo cual también se ha determinado no ser verdad.

Los registros de las temperaturas tomadas por· los satélites y por los globos sonda muestran una inclinación bien pequeña al calentamiento durante los últimos 27 años y 50 años, respectivamente, mucho menor de lo que pronostican los modelos. Los datos de los satélites y de los globos sonda son reales, además se sabe que estas mediciones son precisas. No es así con los pronósticos que las computadoras producen.

Los termómetros en la superficie de la Tierra se ven muy afectados por el calor urbano y por los cambios en la modalidad del empleo de los terrenos: podrían sobreestimar el calentamiento por la superficie en un 40 por ciento. No obstante, estos datos siguen empleándose para alimentar los modelos por computadora. Entonces, ¿de qué grado de precisión realmente pudieran gozar los pronósticos que estos modelos producen?

Los modelos no tienen cabida para los eventos observados tales como la Oscilación Decadal del Pacífico y la válvula de calor climático. Estos no son errores faltos de importancia, sino que ponen en duda el valor mismo de los modelos utilizados.

Parte Tres

Temores infundados
acerca del calentamiento global

Capítulo 8

Los niveles ascendientes del mar

Durante los últimos 150 años, el nivel del mar ha subido a un promedio de 6 pulgadas (más o menos 4 pulgadas) por siglo y no parece estar acelerándose. El nivel del mar también creció durante los siglos XVII y XVIII, evidentemente como resultado de las causas naturales, aunque no tanto. El nivel del mar ha venido creciendo naturalmente por miles de años (al paso de unas 2 pulgadas por siglo durante los últimos 6.000 años).

> \- John Christy, Climatólogo del Estado de Alabama, ante el Comité de los Recursos Naturales de la Cámara de Representantes de EE.UU., 13 de mayo de 2003

LO QUE PRONOSTICAN LOS CIENTÍFICOS

En 1990 el Panel Intergubernamental del Cambio Climático de las Naciones Unidas emitió un pronóstico al efecto de que el calentamiento provocado por el hombre llegaría a producir una elevación del nivel del mar de 30 a 100 centímetros (de 11,8 a 39,4 pulgadas) hacia el año 2100.[307] Ya en el 2001 el tercer informe de evaluación del IPCC había reducido el pronóstico de la elevación en el nivel del mar, a entre nueve y 88 cm (de 3,5 a 34,6 pulgadas).[308] Aunque el estimado superior todavía representaría una elevación

---

[307] R.A. Warwick y J. Oerlemans, "Aumento en el nivel del mar," en *Climate Change, The IPCC Assessment*, red. por J.H. Houghton, G.J. Jenkins y J.J. Ephron (Cambridge: Cambridge University Press, 1990).

[308] Panel Intergubernamental del Cambio Climático, *Third Assessment Report* (Cambridge: Cambridge University Press, 2001).

masiva en el nivel del mar, el pronóstico reveló una incertidumbre aun más descomunal: un margen de duda casi décuplo.

El Sumario para los Responsables de la Política del cuarto informe de evaluación del IPCC, *Climate Change 2007*, volvió a ajustar el pronóstico, esta vez a un incremento en el nivel del mar de 18 a 59 cm (de 7,1 a 23,2 pulgadas) hacia el año 2100.[309] Mientras tanto, la Agencia de Protección del Medio Ambiente (siglas en inglés: EPA) ha emitido su propia predicción, de que el nivel global del mar tiene una probabilidad del 50 por ciento de crecer 45 cm (17,7 pulgadas) hacia el año 2100 y una probabilidad del 1 por ciento de crecer 110 cm (43,3 pulgadas).[310] La presentación de los estimados con la probabilidad de que cada uno vaya a producirse, es una práctica defendible en la ciencia, pero la EPA bien sabía cómo irían los periódicos a reportar la noticia: "La EPA dice que el nivel del mar podría crecer hasta tres pies y medio, lo que concuerda con las advertencias del tercer informe de evaluación del IPCC."

Ya hemos hablado bastante de lo que dicen los organismos estatales. ¿Qué dicen los científicos? A juicio de los científicos especializados en los niveles marinos, no hay modo de pronosticar, dentro de lo que es ciencia, ningún crecimiento en el nivel del mar durante el siglo XXI. Por motivo de su tratamiento de los temas relativos al nivel del mar, el IPCC ha recibido duras críticas por parte de la Unión Internacional para las Investigaciones del Cuaternario (siglas en inglés: INQUA). La INQUA es un organismo científico, fundado hace 75 años, que se dedica a investigar los cambios en el clima y en el medio ambiente global de los últimos 2 millones de años.[311]

La Comisión de la INQUA sobre los Cambios en el Nivel del Mar y la Evolución de los Litorales, dice que el IPCC ha hecho caso omiso de los científicos que proporcionaron la mayor parte de los datos y de las observaciones relativas a los niveles marinos, y que al contrario prefirió depender de los resultados producidos por modelos no comprobados. Basado en el criterio de los peritos, el pronóstico que dan los estudiosos del nivel del mar, relativo al crecimiento de este nivel, es de, "10 cm, más o menos 10 cm."

Según Nils Axel Morner, el geólogo sueco que hasta hace poco fue presidente de la Comisión del Nivel del Mar, el nivel del mar no muestra

---

[309] IPCC, *Climate Change 2007*, Sumario para los Responsables de la Política.

[310] Agencia de EE.UU. de Protección del Medio Ambiente, Calentamiento global— Nivel del mar.

[311] El lector puede comunicarse con la Unión Internacional para las Investigaciones del Cuaternario mediante el Secretario General, Peter Coxon, del Depto. de Geografía en el Trinity College, Dublín, Irlanda <pcoxon@tcd.ie>.

tendencia alguna a lo largo de los últimos trescientos años y la telemetría por satélites no muestra prácticamente ningún cambio en la década más reciente. Ello va en contra de los pronósticos por modelos que el IPCC presenta. "Ello significa que en el futuro no hay que temer inundaciones masivas, al contrario de lo que predicen la mayor parte de los escenarios del calentamiento global," dice Morner.[312]

Niels Reeh, de la Universidad de Dinamarca, ha informado de un "amplio consenso" entre los expertos del nivel del mar, al efecto de que un grado más de calentamiento sólo conduciría a un cambio minúsculo en los niveles marinos globales. Según él, el deshielo por los bordes del inlandsis en Groenlandia solamente debería incrementar el nivel del mar de 0,3 a 0,77 mm por año. Al mismo tiempo, a medida que los incrementos en la cantidad de la precipitación agregaran tonelaje al casquete de hielo austral, la Antártida *restaría* de 0,2 a 0,7 mm por año a ese nivel.[313]

La tasa más probable de elevación en el nivel del mar durante el siglo XXI, es de 10,16 a 15,24 cm (de 4 a 6 pulgadas), o sea la misma tasa vista en siglos recientes. No hay ninguna razón para anticipar un incremento mayor en los niveles marinos durante el siglo próximo, ni en el que le sigue, porque las tasas de derretimiento que el calentamiento global causa se ven compensadas por incrementos en la humedad y por ende en la caída de nieve y en los depósitos de hielo en los Polos.

EL ESCENARIO POCO PROBABLE DE AL GORE

En su película, desgraciadamente exitosa, "An Inconvenient Truth" ("Una realidad inconveniente"), el ex-vicepresidente de EE.UU., Al Gore, pronostica que el nivel del mar va a crecer, no las 4 a 6 pulgadas que la mayoría de los expertos respaldan, ¡sino *20 pies!* ¿De dónde sacó una cifra tan absurda?

Gore predice otro evento climático parecido al episodio de la Joven Dryas de hace 12.500 años, cuando la liberación repentina de billones de toneladas de agua derretida de los glaciares de Norteamérica detuvo el Transportador del Atlántico y sumió al mundo en una edad de hielo que duró 1.000 años. Podemos concebir de cuatro razones para *no* tomar este pronóstico en serio.

---

[312] Nils Axel Morner, "Para estimar los cambios futuros en el nivel del mar con base en los registros del pasado," *Global and Planetary Change* 40, núms. 1-2 (enero de 2004): 49-54.

[313] N. Reeh, "Equlibrio de masa del manto de hielo de Groenlandia: ¿Pueden los métodos modernos de observación disminuir la incertidumbre?" *Geografiska annaler* 81A (1999): 735-42.

Primero, tengamos en cuenta los billones de toneladas de los mantos de hielo del período glacial que no tenemos porque ya se han derretido hace más de 10.000 años. Hace doce mil años, la Corriente del Golfo sí quedó abrumada, por el agua que se descongeló de los vastos glaciares y de los mantos de hielo de la Edad de Hielo, a medida que el planeta se calentaba para entrar en el Óptimo Climático. La edad de hielo había creado un manto de hielo con un espesor de hasta 9.000 pies sobre las comarcas septentrionales de Europa y de Norteamérica. El Manto de Hielo Laurentino en el centro de Norteamérica se extendió sobre todos los Grandes Lagos, por el oeste hasta Iowa y por el sur hasta Indiana y Ohio. Calculamos que, en aquella época, los diversos glaciares y mantos de hielo del mundo contenían unos 40.000 billones de toneladas de hielo. Gran parte de todo ese hielo ha desaparecido y el agua descongelada ya se encuentra en los océanos. El escenario de Gore *no puede* suceder, porque no queda cantidad suficiente de hielo como para provocarlo.

En segundo lugar, los años recientes de calentamiento, lejos de provocar la clausura del Transportador del Atlántico, han producido un incremento rápido y sistemático en la tasa de flujo de las corrientes profundas del Atlántico.[314]

Tercero, el Dr. Gagosian del Instituto de Oceanografía en Woods Hole, uno de los pocos científicos que Gore puede citar para apoyar su tesis increíble, manifiestamente participa en la práctica científica, ahora muy difundida, de "recaudar fondos para las investigaciones mediante el uso del temor." Observa él en sus declaraciones, que los mares son responsables de la mitad, más o menos, de los factores que influyen en el clima global, mientras que prácticamente casi todas las subvenciones para investigar el calentamiento global se han dirigido a los científicos de la atmósfera.[315] Su notorio pronóstico alarmista fue poco más que una solicitud, apenas disimulada, para recibir mayores subvenciones.

Cuarto, los modelos de computadora de la circulación global dicen que eso no va a suceder. La modelación por computadora puede ser útil si los factores son conocidos y si las instrucciones que se alimentan a la computadora pueden basarse en datos del mundo real. Tras la publicación de un informe por el Comité sobre el Cambio Climático Abrupto, del Consejo

---

[314] R.R. Dickson et al., "Refrescamiento rápido del Océano Atlántico Norte Profundo durante las cuatro últimas décadas," *Nature* 416 (2002): 832-37.

[315] Robert Gagosian, Director, Instituto de Oceanografía en Woods Hole, en el Foro Económico Mundial, Davos, Suiza, 27 de enero de 2003.

Nacional de Investigación,[316] los investigadores del Observatorio Terrestre Lamont-Doherty pasaron varias versiones de la teoría del Colapso de la Corriente del Golfo por el modelo del clima global en el Instituto Goddard de Estudios Espaciales. El equipo no halló evidencia alguna de la existencia de algún supuesto "punto crítico" que pudiera impulsar al planeta del calentamiento proyectado para el siglo XXI a un enfriamiento global abrupto. Al contrario, descubrieron una respuesta lineal al agua de descongelación glacial. Dicen que el incremento anticipado en el agua de descongelación por el Calentamiento Moderno, "con la alimentación de datos realistas relativos al agua dulce, no es uno rápido."[317] En otras palabras, sin tener 40.000 billones de toneladas más de hiclo para derretir, el calentamiento no podría detener el Transportador del Atlántico, igual que no lo hizo durante los saltos de calentamiento de 1850 a 1870 y de 1920 a 1940.

El informe del Consejo Nacional de Investigación ofrece una advertencia acerca de, "cambios grandes y repentinos en el clima" de "tanto como 10° C en espacio de 10 años," y declara que dichos cambios "son no solamente posibles, sino probables en el futuro."[318] Sin embargo, el equipo de Rind no encontró ninguna evidencia de este tipo de "umbral" dramático. Según Rind, en las operaciones que realizó su equipo con los modelos el Transportador del Atlántico "disminuye linealmente con el volumen de agua dulce agregada por el río San Lorenzo," y lo hace "sin que se vea ningún efecto de umbral evidente."[319]

Ni tampoco hallaron prueba alguna que apoyara la tesis de los enormes incrementos en el insumo de agua dulce debido al calentamiento que se proyecta, pese al incremento en la precipitación que con éste se relaciona. Por supuesto, una de las razones es que la nieve puede acumularse sobre los mantos de hielo hasta cuatro veces más rápido durante los períodos cálidos

---

[316] Richard B. Alley, *Abrupt Climate Change: Inevitable Surprises* (Washington, D.C.: National Research Council, 2001).

[317] David Rind, Peter deMenocal et al., "Efectos del agua de descongelación glacial en el modelo emparejado I de atmósfera y océano de GISS, Respuesta del agua profunda del Atántico Norte," *Journal of Geophysical Research* 106 (2000): 27335-353.

[318] Richard B. Alley, *Abrupt Climate Change: Inevitable Surprises* (Washington, D.C.: National Research Council, 2001), págs. v-vi.

[319] Rind et al., "Efectos del agua de descongelación glacial en el modelo emparejado I de atmósfera y océano de GISS, Respuesta del agua profunda del Atántico Norte," 27335-353.

que durante los períodos de frialdad relativa.[320] Otra razón es que el hielo se derrite lentamente, así desviando gran parte del calor del Sol y evitando que éste llegue al núcleo. El resultado, según los investigadores de Rind, es que el efecto que el calentamiento surte sobre el sistema de convección de las aguas profundas en el Atlántico Norte, "no es rápido."[321]

Peili Wu y un equipo del Centro Hadley para la Investigación y el Pronóstico del Clima, en el Reino Unido, emplearon el modelo climático de Hadley para examinar la misma hipótesis, de que el incremento en la cantidad de agua descongelada pudiera detener la circulación de los océanos.[322] No pudieron lograrlo. En efecto, el modelo de Hadley halló lo contrario: "junto con la tendencia desalinizante, la [circulación termohalina] muestra inesperadamente una tendencia ascendiente y no descendiente." Por lo tanto, el modelo concuerda con la tendencia vista en el mundo real. Con el calentamiento y la cantidad mayor de precipitación que éste acarrea, las corrientes oceánicas profundas se están volviendo más vigorosas.

POR QUÉ LOS NIVELES DEL MAR
NO VAN A SUBIR MUCHO

Los alarmistas del calentamiento global suponen que es inevitable que resulte un enorme incremento en el nivel del mar y que ello está a punto de suceder si el planeta sigue calentándose. Sin embargo, el aumento del nivel del mar es el producto de factores contrapuestos.

Cuando la temperatura es más alta, el volumen del agua es mayor. Las temperaturas más altas también derriten el hielo de los glaciares y así crean una mayor cantidad de agua líquida. Pero, por otra parte, las temperaturas más altas también evaporan cantidades mayores del agua de los lagos y de los océanos. Cuando las nubes depositan la humedad acrecentada por esa rápida evaporación sobre los glaciares del mundo y en los casquetes de hielo de las

---

[320] E. Tziperman y H. Gildor, "Estabilización de la circulación termohalina por el proceso de realimentación de la precipitación mediada por la temperatura," *Journal of Physical Oceanography* 32 (2002): 2702-12.

[321] Rind et al., "Efectos del agua de descongelación glacial en el modelo emparejado I de atmósfera y océano de GISS, Respuesta del agua profunda del Atántico Norte," 27335-353.

[322] P. Wu et al., "La tendencia desalinizante reciente en el Atlántico Norte, ¿es indicadora de un deblitamiento de la circulación termohalina?" *Geophysical Research Letters* 31 (2004): 10.1029/2003GL018584.

regiones polares, los glaciares y los casquetes crecen y dejan más agua capturada, a no ser que las temperaturas locales sean lo suficientemente calientes como para aumentar la descongelación local.

El tiempo es un factor crítico. El hielo se derrite lentamente. Los glaciares y los casquetes de hielo pueden tomar miles de años en descongelarse por completo, gracias a que sus superficies reflejan una proporción tan grande del calor del Sol. Esta es la razón por la cual, a 10.000 años de la última Edad de Hielo, al casquete de hielo de la Antártida Occidental todavía le quedan 7.000 años más de hielo para derretir, según John Stone de la Universidad de Washington.[323] Junto con su equipo, Stone analizó la composición química de la roca dejada en las montañas de la Cordillera de Ford en la Antártida cuando el hielo comenzó a retroceder.

En vista del historial climático altamente variable de la Tierra, es casi seguro que vaya a intercalarse otro período de enfriamiento mucho antes de que desaparezca el Manto de Hielo de la Antártida Occidental. Además, el Manto de Hielo de la Antártida Oriental, el que contiene la gran mayoría del hielo antártico, seguiría siendo enorme.

D.C. "Bruce" Douglas, del Centro de Huracanes en la Universidad Internacional de la Florida, y W. Richard Peltier de la Universidad de Toronto, observaron no hace mucho tiempo que los cambios contemporáneos en el nivel del mar son minúsculos en comparación con los de los períodos glaciales e interglaciales anteriores. Los corales antiguos descubiertos en Barbados indican que el nivel del mar ha subido unos 120 metros (394 pies) desde que el último período glacial comenzara a derretir los hielos hace unos 21.000 años. Hasta hace unos 5.000 ó 6.000 años, la mayor parte de los billones de toneladas de hielo adicional de la edad de hielo se habían derretido.[324] Posteriormente el nivel del mar vino subiendo más lentamente, para aparentemente alcanzar un estado de equilibrio de 3.000 a 4.000 años en el pasado. No hay ningún estudio que haya detectado aceleración alguna de importancia durante el siglo XX.

Walter Munk, del Instituto Scripps de Oceanografía, informa que la descongelación glacial por causa de las temperaturas más altas del siglo XX solamente puede explicar 10,16 cm (4 pulgadas) por siglo de las subidas o de las bajadas en el nivel del mar. Básicamente no se sabe por qué en décadas recientes los niveles marinos a veces han crecido al doble de esta tasa, pero el

---

[323] J. Stone et al., "Desglaciación, durante el Holoceno, de Marie Byrd Land, Antártida Occidental," *Science* 29 (2003): 99-102.

[324] D.C. Douglas y W.R. Peltier, "El misterio del crecimiento global en el nivel del mar," *Physics Today* 55 (marzo de 2002): 35-40.

promedio es de seis pulgadas por siglo.[325]

La costa del mar Chukchi en el noroeste de Alaska, estable en términos de la tectónica, muestra que allí el nivel del mar solamente ha crecido un cuarto de milímetro por año durante los últimos 6.000 años, aunque han habido varios plazos con aumentos más rápidos y otros más lentos.[326]

El conjunto de observaciones más antiguas del nivel del mar se ha registrado durante más de mil años en Estocolmo, Suecia. Según M. Ekman, el registro nos dice que, "es probable que, desde el 800 d. C., los cambios en el nivel del mar debidos a las variaciones en el clima del hemisferio septentrional siempre hayan permanecido dentro de -1,5 y +1,5 mm/año, con el promedio bastante cerca de cero."[327] Ello resulta porque allí la superficie terrestre va subiendo, lo cual compensa la crecida del mar. La tierra escandinava sigue rebotando a medida que se ajusta a la eliminación de la carga pesada de hielo que la cubrió hace 12.000 años.

Y, ¿qué decir de Venecia? El mundo entero sabe que los tesoros arquitectónicos inestimables de la ciudad de los canales se ven amenazados por las aguas que siguen subiendo. Venecia actualmente queda inundada 43 veces al año, comparado con siete veces al año hace un siglo. ¿Acaso no es eso prueba de que el crecimiento del mar constituya un problema?

El Consejo Nacional de Italia para las Investigaciones descubrió que el nivel relativo del mar en Venecia subió 23 cm (9 pulgadas) entre 1897 y 1983, aunque las mediciones recientes muestran que el proceso se ha vuelto más lento en años recientes. Estas son las buenas noticias.

Desgraciadamente, una mitad del incremento aparente en el nivel de las aguas se debió al hundimiento del suelo en Venecia y por sus contornos. Ello se debe en parte a la carga que constituyen los edificios y los puentes de la ciudad sobre los suelos blandos de la región costera. Peor es que parte de la razón consiste en que Venecia se encuentra sobre la placa tectónica africana, la que paulatinamente va deslizándose por debajo de la placa europea y lleva a Venecia consigo a razón de 2,5 cm (0,98 pulgadas) por siglo. La ciudad actualmente se hunde a una tasa a largo plazo de 2 a 4 cm (de 0,79 a 1,6 pulgadas) por siglo, cosa que prácticamente no tiene nada que ver con el

---

[325] W. Munk, "Desalinización del océano, crecida de los mares," *Science* 300 (2003): 2014-43.

[326] O.W. Mason y J.W. Jordan, "Crecida mínima en el nivel del mar durante el Holoceno Tardío en el mar Chukchi: ¿Insensibilidad del Ártico al cambio global?" *Global and Planetary Change* 32 (2002): 13-23.

[327] M. Ekman, "Los cambios en el clima, detectados mediante la serie más larga de observaciones del nivel del mar," *Global and Planetary Change* 21 (1999): 1215-224.

calentamiento global.[328]

Con el fin de limitar los daños causados por los niveles crecidos del agua durante las mareas altas, la ciudad va erigiendo barreras móviles y estructuras de defensa interna contra las aguas. Éstos son los mejores métodos que tenemos en la actualidad para adaptarnos, no sola ni aun principalmente al crecimiento de los mares, sino también al hundimiento, a todas vistas inevitable, de la masa terrestre veneciana.

POR QUÉ LAS ISLAS NO VAN A HUNDIRSE

Si el incremento en el nivel del mar es tan moderado como nos dicen los científicos, es poco probable que las islas del mundo queden sumergidas. Comencemos con un vistazo a las Islas Maldivas. Las Maldivas, un archipiélago de 1.200 islas bajas situado en el Océano Índico, actualmente yacen apenas uno o dos metros sobre el nivel del mar. La infraestructura y sus 300.000 habitantes quedan tan expuestos, que INQUA seleccionó las Maldivas como objeto prioritario de investigación. El equipo de investigadores descubrió que el nivel del mar alrededor de las Maldivas ha venido "oscilando" durante los últimos 5.000 años, bajando y subiendo en respuesta a los eventos locales de corta duración.

Han habido cuatro períodos cuando el nivel del mar fue más elevado que en la actualidad. Hace unos 3.900 años, el océano se halló de 1,1 a 1,2 metros por sobre su nivel actual. (El Óptimo Climático, bien caluroso, terminó hace unos 5.000 años.) Entonces, hace 2.700 años, el Océano Índico estuvo un poco más alto que hoy, de 0,1 a 0,2 metros por sobre los niveles actuales. Durante el máximo del Calentamiento Medieval (950-1300), el mar estuvo de 0,5 a 0,6 metros más alto que hoy.

Existen señales claras de un descenso reciente en el nivel del mar por las Maldivas. El mismo Nils Axel Morner dirigió a un equipo que llegó a la conclusión de que el nivel del mar, "ha experimentado un descenso general del orden de 20 a 30 cm" desde 1970.[329] El hallazgo que mayor sorpresa suscitó fue el que el Océano Índico se vio más crecido entre 1900 y 1970 que en la actualidad, así como que el nivel marino ha bajado desde entonces, en medio de un período de calentamiento. El equipo no detecta ningún motivo, ni en la historia ni en la actualidad, para esperar que las Islas Maldivas vayan a

---

[328] Dominic Standish, "¿Quién salvará de hundirse a Venecia?" <www.spiked online.com/Articles/00000000543C.htm> (accedido el 5/VIII/07)

[329] Morner et al., "Nuevas perspectivas para el porvenir de las Maldivas," *Global and Planetary Change* 40 (2004): 177-82.

inundarse en el futuro próximo.

¿Se hunde Tuvalu?

En el 2001, Lester R. Brown declaró que el Primer Mundo estaba inundando injustamente a Tuvalu, nación isleña del Pacífico, mediante el calentamiento global provocado por los gases de invernadero salidos de sus centrales eléctricas.[330] Dado que Brown tiene antecedentes de formular predicciones falsas, vamos a echarle un vistazo más detallado al caso de Tuvalu.

Desde el punto de vista geológico, Tuvalu se halla en una situación arriesgada. Sus atolones descansan sobre roca volcánica que poco a poco se hunde en el mar. Encima de la roca existe el coral, el que sólo crece lentamente y cuyas capas mueren a medida que se hunden tanto en el mar que ya no pueden recibir la luz del Sol. Efectivamente parece poco probable que Tuvalu pudiera sobrevivir el veloz crecimiento del nivel del mar que los activistas vaticinan.

En 2004, Brown dijo que los océanos habían subido de 8 a 12 pulgadas durante el último siglo y que para el 2100 podrían subir 18 pulgadas más. Sin embargo, desde 1993, los radares de satélite TOPEX/POSEIDON han descubierto que el nivel del mar en Tuvalu ha *descendido* cuatro pulgadas en el transcurso de diez años. Los mareómetros modernos que se instalaron en Tuvalu en 1978 dan un registro alternativo e independiente que corrobora las mediciones por satélite. Éste muestra que un fuerte evento El Niño en 1997-1998 bajó el nivel del mar en Tuvalu a razón de un pie, más o menos. El fenómeno El Niño/Oscilación Meridional es un evento natural y periódico que no influye en nada las tendencias a largo plazo relativas al nivel del mar.

Según el director de la Instalación Nacional de Australia para las Mareas, Wolfgang Scherer, "Una afirmación que podemos hacer definitivamente, es que no existe ninguna señal, basada en las observaciones, de que la subida del nivel del mar vaya acelerándose."[331]

Si el mar que rodea Tuvalu no va subiendo, ¿porqué está tan enojado el primer ministro de Tuvalu? *Primero*, es posible que algunos habitantes del país anticipen que las demandas en los tribunales vayan a rendirles grandes cantidades de dinero como "indemnización" por el calentamiento global. *En*

---

[330] Lester R. Brown, "La crecida de los mares obliga a evacuar un país isleño," comunicado de prensa, Earth Policy Institute, 15 de noviembre de 2001.

[331] Citado por Sallie Baliunas y Willie Soon, "El apagón de Lester: Activista explota a los isleños pobres," 10 de diciembre de 2001, <www.techcentralstation> (accedido en junio de 2004).

segundo lugar, si se les permite mudar a sus 11.000 habitantes a las playas de países más acaudalados como Australia o Nueva Zelandia, aquéllos podrían esperar que fueran a prosperar. Tuvalu es un sitio pequeño y remoto, con cantidades limitadas de agua dulce y escasas oportunidades económicas.

Un funcionario ambiental de la isla, Paani Laupepa, nos dirige la atención a una tercera posible explicación. Dice que los isleños han estado excavando la arena para los proyectos de construcción, lo cual da la impresión a los observadores no muy cuidadosos de que el mar ha crecido. "La isla está repleta de huecos y el agua de mar entra por ellos, inundando zonas que hace 10 ó 15 años no se inundaban normalmente," dice Laupepa.[332]

Otro funcionario del medio ambiente en Tuvalu, Elisala Pita, dijo en una entrevista con el periódico canadiense *Toronto Globe and Mail* (el 24 de noviembre del 2001) que, "Han usado a Tuvalu en la polémica del cambio climático. La gente dice todas estas mentiras, usando a Tuvalu para probar lo que dicen. No se va hundiendo ninguna isla. Tuvalu no se está hundiendo."

ADAPTACIÓN AL NIVEL CRECIDO DEL MAR

El incremento lento y seguido en el nivel del mar será probablemente la mayor dificultad que el hombre enfrentará por motivo de un calentamiento global moderado. Seis pulgadas al siglo es lento, pero de continuar, dígase durante los próximos cinco siglos, llegaría a causar cambios de importancia en las zonas costeras. Así y todo, es un problema más pequeño de lo que dicen los alarmistas.

El mundo no perdería las tierras anegadizas por causa de los incrementos en el nivel del mar. Estas tierras y las especies que en ellas viven sencillamente se trasladarían un poco más cuesta arriba, igual que lo han hecho tantas veces en el pasado. La cantidad de las tierras afectadas sería insignificante. El impacto mayor resultaría sobre las estructuras artificiales, las que habría o que abandonar o que mudar tierra adentro. Aun en estos casos, las dificultades a superar no serían mayores. ¿Cuántos edificios cerca de las costas son erigidos con la expectativa de que vayan a durar 100 años, 200 años o más aun?

Si somos sabios, dejaremos de dar aliento a la construcción y al desarrollo nuevos en las planicies litorales bajas. Independientemente de si el nivel del mar va subiendo, tiene sentido imponer reglamentos de zonificación más estrictos para las tierras bajas, así como códigos de construcción más estrictos para las zonas que quedan al alcance de las oleadas durante los temporales.

---

[332] S. Baliunas y W. Soon, "¿De veras está hundiéndose Tuvalu?" *Pacific Magazine*, febrero de 2002 <www.pacificmagazine.net> (accedido el 5/VIII/07)

Las enormes dificultades que impuso el Huracán Katrina sobre la ciudad de
Nueva Orleáns y sobre las comunidades de la Costa del Golfo en 2005,
subrayan el concepto y sirven para recordarnos que los riesgos que los
huracanes acarrean para el hombre crecen con el tamaño de nuestras ciudades
y a medida que la gente busca vivir y divertirse en las zonas que dan al mar.
Cuando menos, el país debería dejar de fomentar, mediante la concesión de
pólizas de seguro subvencionadas por el Estado, la muy riesgosa construcción
de edificios pegados al mar.

John Christy, el climatólogo oficial del estado de Alabama, declaró
recientemente ante el Congreso de Estados Unidos que:

> Uno de mis deberes en el puesto de Climatólogo del Estado, consiste en
> mantener informados a la industria y a los urbanizadores acerca de los
> riesgos y de los beneficios posibles relacionados con el clima en Alabama.
> Soy bien franco en señalar los peligros que entraña construir en las
> propiedades situadas sobre la playa por la Costa del Golfo. Un incremento de
> 6 pulgadas en el nivel del mar en espacio de 100 años o aun de 50 años es
> algo minúsculo comparado con las oleadas que desatan los huracanes
> potentes como Fredrick y Camille. Las zonas del litoral que hoy se ven
> amenazadas, también se verán amenazadas en el futuro. El incremento en el
> nivel del mar seguirá, pero será lento y dará decenas de años para adaptarse a
> él, si es que podemos sobrevivir los azotes de las tempestades.
>
> Lo más importante que recalco tanto a las agencias locales y estatales
> como a la industria, es que inviertan hoy en la infraestructura que pueda
> soportar los recios eventos meteorológicos que, como sabemos, van a seguir
> produciéndose. Estas inversiones comprenden la extensión de los canales de
> descarga, las mejoras en los sistemas de drenaje de aguas pluviales y el evitar
> el desarrollo urbano por los litorales propensos a los temporales, entre otras
> medidas.[333]

Más de un observador ha anunciado que sería necesario "construir un dique
alrededor de Bangla Desh" para evitar que el nivel creciente del mar acabara
con ese país bajo y que ahogara a millones de seres humanos. Efectivamente,
puede que en todo caso no sea mala idea construir un dique alrededor de
Bangla Desh.

La dificultad radica, no en el nivel del mar de por sí, sino en las oleadas
de los inmensos ciclones tropicales que en décadas recientes azotan al país
cada tres o cuatro años. Bangla Desh ha construido un gran número de "torres
para los tifones" que permiten a los habitantes ascender a niveles por sobre las
inundaciones, llevando lo que puedan cargar consigo. Sin embargo, las

---

[333] John Christy, Climatólogo del Estado de Alabama, ante el Comité de los Recursos
Naturales de la Cámara de Representantes de EE.UU., 13 de mayo de 2003.

inundaciones del agua salada a menudo permanecen por semanas, propagando enfermedades, contaminando los suelos, impidiendo las actividades económicas y causando enormes daños físicos a los edificios, a las vías, a los puentes y a los acueductos.

Los diques son costosos y habría que construirlos con gran atención a las tierras anegadizas de la costa, pero quizás será necesario hacerlo.

Y, ¿qué de las islas bajas? Como ya hemos observado, los habitantes de Tuvalu no parecen estar amenazados por la subida del nivel de los mares. Pero si en verdad lo estuvieran, dado que solamente se trata de unos 11.000 residentes la emigración no presentaría problemas insuperables. Y además puede ser que los tuvaluanos hasta fueran a preferir esta solución.

El caso es que vivimos sobre un planeta donde el clima ha venido cambiando constantemente durante mil millones de años. Siempre habrá altibajos entre la tierra y las aguas; su zona de contacto se enriquecerá de organismos en competencia mutua. Anticipamos una abundancia continua de corales, de selvas costeras y de cangrejos, por no decir de pulgas de mar, de moscas que pican, de mosquitos y de raqueros.

Capítulo 9

Extinción de las especies

El calentamiento global causado por el hombre podría ocasionar la destrucción de más de un millón de especies de plantas y de animales durante los próximos 50 años, advirtió un equipo internacional de investigadores científicos en comunicados de prensa y en un escrito que salió en la revista *Nature* a principios del 2004. El equipo, que comprende a 19 miembros, funcionó bajo el liderazgo de Chris D. Thomas, de la Universidad de Leeds en Gran Bretaña.[334]

Según el informe de Thomas, los modelos del clima pronostican cambios tan radicales en los sistemas y en los procesos ecológicos, que llegarán a afectar los "sobres de supervivencia" de las especies, haciendo la vida imposible en el planeta para enormes cantidades de aves, de animales terrestres, de peces y de formas de vida inferiores. Este informe recibió una dosis generosa de atención en la prensa y siguió a dos proyecciones, igualmente deprimentes, que salieron en *Nature* y que fueron preparadas por otros equipos norteamericanos, uno dirigido por Terry Root y el otro por Camille Parmesan.[335] Todos estos investigadores concluyen que ni las plantas ni los animales podrán ajustarse a la escala y a la velocidad inauditas de los cambios en las temperaturas que están por venir en los próximos cincuenta años, con el resultado de que grandes cantidades de especies quedarán

---

[334] C.D. Thomas et al., "Riesgo de extinciones a causa del cambio climático," *Nature* 427 (2004): 145-48.

[335] T. Root et al., "Las huellas digitales del calentamiento global en las plantas y en los animales silvestres," *Nature* 421 (2003): 57-60; C. Parmesan y G. Yohe, "Huella digital, con coherencia global, del impacto del cambio climático en los sistemas naturales," *Nature* 421 (2003): 37-42.

183

extintas.

Sin embargo, el fundamento de la tesis de las extinciones que proponen los equipos de Thomas, de Root y de Parmesan se puso en duda aun antes de que salieran sus artículos. Algunas de las pruebas al contrario las publicó el mismo Thomas.

NO PASA LA PRUEBA DEL SENTIDO COMÚN

La mayoría de los "prototipos corporales" se establecieron durante el Período Cámbrico, según Jeffrey Levinton, presidente del Departamento de Evolución y de Ecología en la Universidad Estatal de Nueva York en Stony Brook, en un artículo bien difundido que salió en la revista *Scientific American* en 1992.[336] De ello se desprende que las especies más importantes han lidiado exitosamente a través de los siglos con las nuevas plagas, con las enfermedades emergentes, con las edades de hielo y con calentamientos globales mayores que el que se ve en la actualidad.

Prácticamente todas las especies salvajes llevan por lo menos un millón de años de existencia, lo que significa que han pasado por un mínimo de seiscientos de los ciclos climáticos de 1.500 años. El Óptimo Climático del Holoceno, que fue aun más caliente que lo que pronostica para el 2100 el Panel Intergubernamental del Cambio Climático, no ha sido el menor de todos estos calentamientos. Ese plazo bien cálido terminó hace menos de 5.000 años.

Los ambientalistas responden que la celeridad del calentamiento actual es mayor que el de los calentamientos pasados y que terminará por abrumar la capacidad adaptiva de las plantas y de los animales. Pero tanto la Historia como la paleontología concuerdan en que muchos de los cambios anteriores en las temperaturas globales se produjeron bien rápidamente, a veces en cuestión de apenas unas cuantas décadas. Por ejemplo, hace 12.000 años el evento denominado la Joven Dryas cambió, violenta y súbitamente, de temperaturas calientes de vuelta a los niveles de la Edad de Hielo. Ello sucedió al verse detenida la Corriente del Golfo a medida que el billón de toneladas adicionales de agua, que se habían acumulado en el hielo glaciar durante los 90.000 años anteriores del clima helado, fueron liberadas para correr hacia los océanos. La clausura del Transportador del Atántico rápidamente provocó mil años más de época de hielo. Entonces, ¿cómo pudieron las especies silvestres soportar los giros bruscos y violentos de la Naturaleza?

---

[336] J. Levinton, "La Gran Explosión en la evolución de los animales," *Scientific American* 267 (1992): 84-91.

Para dar otro ejemplo, a partir de 1840, más o menos, en espacio de unos diez años un glaciar en el estado de Wyoming pasó del frío de la Pequeña Edad de Hielo a calores casi como los de la actualidad.[337] No existe evidencia alguna de que ninguna especie local haya sido destruida por este cambio rápido en la temperatura.

LAS AMENAZAS DEMOSTRADAS DE LA EXTINCIÓN

Ya el hombre sabe cómo desparecieron la mayoría de las especies extintas del mundo, así como con qué orden de magnitud.

Primero: Enormes asteroides que chocan con la Tierra. Los sitios web de centros de enseñanza tales como las universidades de California en Berkeley, Smith y la Estatal de Carolina del Norte, están repletos de evidencia de estas "grandes explosiones." Las colisiones del planeta Tierra con misiles gigantescos venidos del espacio, hacen estallar miles de millones de toneladas de ceniza y de escombros en la atmósfera, lo que oscurece los cielos y prácticamente elimina los períodos de cultivo durante años. Aparentemente más de una docena de estas colisiones han tenido lugar en el pasado de la Tierra, con la destrucción de millones de especies que conocemos solamente por los fósiles.

Los investigadores hace poco anunciaron que la evidencia de la geología sugiere la posibilidad de que un objeto se haya estrellado en lo que actualmente es el litoral noroeste de Australia hace 251 millones de años y que así haya creado cambios en el clima y otras catástrofes naturales. El periódico *Washington Post* informó del descubrimiento:

> Ayer los científicos reportaron haber encontrado evidencia de que un enorme meteorito o cometa cayera en las aguas costeras del Hemisferio Sur hace 251 millones de años, lo cual puede haber conducido a la extinción en masa más catástrofica en la historia de la Tierra. Los investigadores dijeron que la evidencia geológica sugiere la posibilidad de que un objeto con un diámetro de unas seis millas se haya estrellado en lo que actualmente es la costa noroeste de Australia y que así haya creado cambios en el clima y otras catástrofes naturales que aniquilaron el 90 por ciento de las especies marinas y el 70 por ciento de las especies de tierra.[338]

---

[337] P.F. Schuster et al., "Refinación cronológica de un registro de núcleo de hielo tomado del Glaciar Fremont Superior en el Centro Sur de Norteamérica," *Journal of Geophysical Research* 105 (2000): 4657-666.

[338] Guy Gugliotta, "Cráter de impacto designado pista de la extinción en masa," *Washington Post*, 14 de mayo de 2004.

Segundo: La cacería humana. El segundo asalto mayor sobre las especies silvestres proviene del intento de la humanidad de buscar comida. Durante un millón de años, el hombre cazó lo que pudiera; si el animal desaparecía, sencillamente buscaba algo otro que cazar. En este sentido la última Edad de Hielo sí produjo algunas extinciones indirectamente. Durante ese período sumamente frío, una cantidad tan grande del agua del mundo quedó atrapada en los casquetes de hielo y en los glaciares, que el nivel del mar bajó a unos cuatrocientos pies por debajo de donde se encuentra hoy. Los cazadores de la Edad de Piedra cruzaron a pie desde el Asia por el Estrecho de Bering y encontraron hordas de pájaros y de mamíferos silvestres que no tenían temor al hombre. Más de cuarenta especies comestibles desaparecieron en lo que, en términos históricos, fue un abrir y cerrar de ojos, entre ellas los mamuts, los mastodontes, los caballos, los camellos y los osos perezosos de tierra del continente norteamericano.[339]

Una racha similar de extinciones causadas por los cazadores humanos recientemente ha sido confirmada en Australia, mediante el descubrimiento de una cueva llena de fósiles por debajo de la Llanura de Nullabor. Estos fósiles nuevos invalidan la tesis de que un gran número de especies australianas, entre ellos el león marsupial, el canguro con patas de garra, el wombat gigante y genyornis, el ave más grande que se haya conocido, quedaran extintos hace 46.400 años a causa del cambio climático. El equipo responsable de este descubrimiento dice que las especies que hallaron en la cueva murieron durante un plazo de clima seco, parecido al de la actualidad, que no había cambiado en 400.000 años. Sin embargo, los bosques sensibles a los incendios, a los que estas especies se habían adaptado, de repente desaparecieron hace unos 46.000 años, aparentemente porque los recién llegados aborígenes quemaron los bosques para espantar la caza fuera del bosque hacia los brazos de los cazadores armados con garrotes. El paisaje se rehizo por el fuego, cambiando de bosque a matorral.[340]

Tercero: El hombre aprendió a cultivar las tierras. La agricultura nos volvió menos propensos a cazar animales y pájaros hasta el punto de volverse extintos, pero finalmente reclamamos la tercera parte de la superficie terrestre del planeta para fines de cultivo. Lo que alivió la situación es que los mejores terrenos para el cultivo tienden a tener pocas especies de animales, al contrario tienen gran número de contadas especies, como por ejemplo el bisonte de las Grandes Planicies norteamericanas y el canguro en la pradera australiana. Por

---

[339] Jared Diamond, *Guns, Germs and Steel* (Nueva York: W.W. Norton & Company, 1997), 46-47.

[340] "La megafauna antigua de Nullabor prosperó en el clima seco," comunicado de prensa del Museo de Australia Occidental.

contraste, los investigadores han encontrado tantas especies en una zona de cinco millas cuadradas de la región del Amazonas como en la totalidad de Norteamérica. Felizmente, el hombre tiende a cultivar los mejores terrenos para rendir las cosechas sostenibles más abundantes, así dejando gran parte de las tierras más pobres (con su diversidad de especies) para la naturaleza.[341]

Cuarto: Las especies foráneas. Los barcos, los automóviles y los aviones llevan las especies a través de los obstáculos naturales y les permiten reproducirse y competir con las especies originarias. Ello ha vuelto la lucha por la supervivencia entre las especies un proceso mucho más global en su alcance. Las especies isleñas en particular se encuentran en una competencia más intensa y muchas de ellas se han extinguido.

NO HAY EVIDENCIA DE LA CIENCIA, DE EXTINCIONES DEBIDAS AL CALENTAMIENTO MODERNO

Según el equipo de Thomas, los aumentos y las disminuciones en la temperatura de la Tierra causarían extinciones de la fauna en modo lineal. Como corresponde, los cambios reducidos en la temperatura ocasionan reducciones relativamente limitadas en la cantidad de las especies, mientras que los aumentos mayores en la temperatura conducen muchas más especies hacia la extinción.

Primero el equipo determinó los "sobres de supervivencia" para más de 1.100 especies de fauna en Europa, en la región del Amazonas en Brasil, en los trópicos húmedos del noreste australianao, por el desierto de México y en la punta sur de Sudáfrica. Luego se sirvieron de una "ecuación de poder" para relacionar la pérdida de hábitat con la tasa de extinciones. Si la ecuación pronostica que la extensión posible del hábitat de una especie va a disiminuir, dicha especie se categoriza de amenazada: mientras mayor es la pérdida del hábitat, mayor es el grado de amenaza. No hubo disposiciones ni para la adaptación ni para la migración de las especies.

Uno de los escenarios "moderados" que imagina el equipo de Thomas, consiste en un incremento de 0,8° C en la temperatura de la Tierra durante los próximos cincuenta años. Según los investigadores, ello causaría la extinción de un 20 por ciento de las especies silvestres del mundo, quizá un millón de ellas. Afortunadamente es fácil verificar este pronóstico. La temperatura de la Tierra ya había subido 0,8° C en los últimos 150 años. ¿Cuántas especies desaparecieron por causa de este incremento en las temperaturas? Ninguna.

---

[341] Dennis T. Avery, *Saving the Planet with Pesticides and Plastics: The Environmental Triumph of High-Yield Farming* (Indianápolis: Instituto Hudson, 2000), 36-37.

El informe de Thomas declara en el primer párrafo que, "El cambio climático de los últimos 30 años ha producido numerosos cambios en la distribución y en la abundancia de las especies y se ha visto implicado en una extinción a nivel de especie."[342]

Sí, exactamente. Los mismos científicos que pronostican que 0,8° C de calentamiento provocaría la extinción de cientos de miles de especies de animales durante los próximos 50 años, admiten que este nivel de aumento en las temperaturas durante los últimos 150 años ha resultado en la extinción de *una sola* especie.

Y la realidad desecha hasta esa extinción. El único ejemplo que da Thomas de la extinción de una especie por causa del calentamiento reciente, es el sapo dorado de Costa Rica. El fundamento de ello radica en un informe que salió en la revista *Nature* en 1999, escrito por J. Alan Pounds, de la Reserva del Bosque Nuboso de Monteverde en Puntarenas, Costa Rica.[343] Pounds sostuvo que, por motivo del incremento en las temperaturas de la superficie del mar por la franja ecuatorial del Pacífico, de las cincuenta especies de sapos y de ranas (contando entre ellas el sapo dorado) en la zona de estudio de un bosque nuboso, veinte habían desaparecido en los 30 kilómetros cuadrados de la zona. (Los bosques nubosos son hábitats de niebla que solamente se encuentran en las montañas a alturas de más de 1.500 metros, donde los árboles quedan rodeados de nubes frescas y húmedas durante gran parte del tiempo. Este clima poco usual sirve de hogar para miles de plantas y de animales extraordinarios.)

Pounds expuso su tesis ante una conferencia científica en 1999:

> La humedad suele abundar en el bosque nublado. Aun durante la temporada de sequía... las nubes y la neblina normalmente mantienen la selva mojada. Los vientos alisios que soplan desde el Caribe llevan la humedad cuesta arriba, donde ésta se condensa para formar una capa de nubes que rodea las montañas. Se teoriza que el calentamiento del clima, especialmente a partir de mediados de los años 70, haya elevado la altitud promedio donde comienza la formación de las nubes, lo cual disminuye la eficacia de las nubes en proporcionar humedad a la selva.... Los días que no experimentaron niebla durante la temporada de sequía... se han cuadruplicado en décadas

---

[342] C.D. Thomas et al., "El riesgo de extinción a causa del cambio climático," *Nature* 427 (2004): 145-48.

[343] J.A. Pounds, et al., "Respuesta biológica al cambio climático en un monte tropical," *Nature* 398 (199): 611-15.

recientes.[344]

Pounds asevera que al menos 22 especies de anfibios han desaparecido del bosque nublado. Se sabía que las demás especies que desaparecieron existen en otros lugares, pero el sapo dorado perdió el único hogar que se le conocía.

No obstante, dos años después de que Pounds teorizara que los anfibios perdieron su clima de bosque nuboso al éste secarse por el calentamiento de la superficie marina, otro equipo de investigadores demostró que lo que cambió la modalidad de la formación de las nubes sobre el hogar, antes más húmedo, del sapo dorado casi seguramente fue el despeje de la selva de las tierras bajas que se encuentran en las altitudes menores por debajo del bosque nublado de Monteverde.[345] El equipo, que lo dirigió R.O. Lawton de la Universidad de Alabama en Huntsville, observó que los vientos alisios que traen la humedad del mar Caribe, pasan de cinco a diez horas sobre las tierras bajas antes de llegar al hogar montañoso del sapo dorado en la Cordillera de Tilerán. Ya para el 1992, sólo quedaba un 18 por ciento de la vegetación original en las tierras bajas. La despoblación forestal disminuyó el grado de infiltración de las lluvias e incrementó la tasa de desagüe, así reduciendo el grado de humedad de los suelos. La transformación de las áreas de árboles en áreas de cultivos y de pasto también disminuyó la cantidad de cubierta forestal que contiene el agua.

En marzo de 1999, el equipo de Lawton recibió imágenes de satélite que mostraron que los cúmulos de las últimas horas de la mañana durante la temporada de sequía se presentan mucho menos abundantes sobre las zonas desforestadas de Costa Rica que sobre las tierras bajas vecinas, todavía cubiertas de selvas, en Nicaragua. Para confirmar la conclusión, Lawton y su equipo simularon el impacto de la desforestación costarricense en el Sistema de Modelación Atmosférica Regional de la Universidad Estatal de Colorado. El modelo de computadora mostró que el techo de nubes sobre las zonas de pasto ascendió a un nivel más alto que los picos de la Cordillera (1.800 metros) en las últimas horas de la mañana. Sobre la selva, el techo de nubes no pudo alcanzar los 1.800 metros hasta temprano por la tarde. Lawton nota que estos valores "concuerdan en grado razonable con los techos de nubes que se

---

[344] J.A. Pounds y S.H. Schneider, "Consecuencias, en el presente y para el futuro, del calentamiento global para los ecosistemas de los bosques de las tierras altas tropicales: El caso de Costa Rica," informe presentado en el cursillo del Programa de EE.UU. para Investigar los Cambios Globales, Washington, D.C., 29 de septiembre de 1999.

[345] R.O. Lawton et al., "Impacto climático de la desforestación de las tierras bajas tropicales sobre los bosques nubosos en las montañas vecinas," *Science* 294 (2001): 584-87.

observan en la región."[346]

Ello pone la responsabilidad del estado de sequedad en el bosque nublado directamente en los agricultores y en los rancheros que despejaron las tierras bajas. El informe de la propia Pounds advierte que la desforestación constituye una gran amenaza para los bosques nublados de la montaña. Tras el estudio hecho por Lawton, el impresionante estudio por computadora que realizó el equipo de Thomas, acerca de la extinción en masa de las especies, se queda sin evidencia alguna de que los cambios moderados en el clima, aun si éstos sucedieran de repente, conduzcan a la extinción de las especies.

Los otros dos artículos recientes en *Nature* tampoco dan evidencia de ninguna extinción provocada por la tendencia reciente al calentamiento. Entre los coautores de Terry Root de Stanford se cuentan, entre otros, la misma J. Alan Pounds, famosa por el sapo dorado, y su marido, Stephen Schneider, uno de los más conocidos preconizadores de la tesis de que el calentamiento global es algo creado por el hombre y además peligroso. El otro estudio que salió en *Nature*, editado en el mismo número, lo dirigió Camille Parmesan de la Universidad de Texas.

Lo sorprendente es que de los estudios que los equipos de Root y de Parmesan revisaron, ninguno documenta amenaza alguna de las extinciones. Lo que más se acerca a ello en los estudios de Root, fue la expansión del zorro rojo a lo que antes fue la parte sur de la zona correspondiente al zorro del Ártico por Eurasia y Norteamérica. Sin embargo, ello representa un desplazamiento o sustitución y no una extinción. Pall Hersteinsson, de la Universidad de Islandia, y Dusty W. Macdonald, de la Universidad de Alaska, llegaron a concluir que los cambios en las habitaciones de los zorros dependieron de la disponibilidad de la caza. Los zorros del Ártico se encuentran principalmente en las regiones sin árboles del Ártico, donde se alimentan de lemmings y de ratones campestres durante el verano y mayormente de los cuerpos de focas muertas durante el invierno. Los zorros rojos, mayores en tamaño, consumen una variedad más amplia de presas y de frutas y son consideradas competidoras más fuertes en las zonas de bosque y de matorrale. Por otra parte, no gozan de un camuflaje tan bueno para el invierno en la tundra carente de árboles, como los zorros del Ártico con su pelo de invierno de color azul blanco.[347]

Las temperaturas más altas han permitido a los árboles, a los arbustos y a los zorros rojos extenderse más hacia el norte en los últimos 150 años, pero

---

[346] Ibíd., 584-87.

[347] P. Hersteinsson y D.W. Macdonald, "Competencia interespecífica y la distribución geográfica de los zorros rojos y del Ártico, *Vulpes vulpes* y *Alopex lagopus*," *Oikos* 64 (1992): 505-15.

también han dejado a los zorros del Ártico suficientes terrenos y animales de presa como para seguir prosperando al norte de los zorros rojos. No se sabe lo que hubiera pasado de no haber habido hábitat y presas hacia el norte para mantener los zorros del Ártico durante una expansión de los zorros rojos, pero los zorros ya han sobrevivido episodios de calentamiento más radicales que el de la época actual. En plazos anteriores del período interglacial, las temperaturas en el Ártico fueron de 2° a 6° más altas que en la actualidad.[348]

LA AGRICULTURA DE ALTO RENDIMIENTO DISMINUYE LA INCIDENCIA DE LAS EXTINCIONES

En 2002, el Programa de las Naciones Unidas para el Medio Ambiente (siglas en inglés: UNEP) publicó una nueva edición del *Atlas Mundial de la Biodiversiad*. Ahí reportaron que las pérdidas en las especies de animales mayores durante las tres últimas décadas del siglo XX (veinte aves, mamíferos o peces) fueron solamente la mitad de las que tuvieron lugar en las tres últimas décadas del siglo XIX (extinción de cuarenta especies mayores). De hecho, según el UNEP, la incidencia de extinciones a finales del siglo XX fue la más baja vista desde el siglo XVI, pese a los 150 años transcurridos con elevaciones en las temperaturas del mundo.

La razón mayor de la disminución en la pérdida de especies no tuvo nada que ver con las temperaturas, sino con los mejoramientos en los métodos de agricultura. A partir de 1960 las variedades de semillas de mejor rendimiento, la irrigación, los fertilizantes químicos y los pesticidas lograron triplicar las cosechas en la mayor parte de los terrenos buenos para la agricultura. El hombre ya no tuvo que despejar grandes extensiones de terreno adicionales para sembrar cultivos de bajo rendimiento.

La Unión Internacional para la Conservación (IUCN), basada en Suiza, es posiblemente el organismo mayor y más profesional del mundo que trabaja para asegurar la conservación de la fauna. En 2001, la IUCN editó un informe que llevó el título de, *Common Ground, Common Future*. Los autores declararon que la mayor amenaza contemporánea para las especies de animales del mundo la constituyen los mil millones de gente pobre que tratan de subsistir en las "zonas calientes" de biodiversidad (la mayoría de éstas situadas en los trópicos). Esta gente caza con tecnologías novedosas tales

---

[348] K. Taira, "Variación en las temperaturas del 'Kurosivo' y de los movimientos de la corteza en el este y el sureste de Asia 700 años antes del presente," *Palaeogeography, Palaeoclimatology, Palaeoecology* 17 (1975): 333-338; A.M. Korotky et al., *Development of Natural Environment of the Southern Soviet Far East (Late Pleistocene-Holocene)* (Moscú, Rusia: Nauka, 1988).

como los rifles AK-47 y dependen de la agricultura de corte y quema, de bajo insumo, para mantener a las familias extensas que caracterizan a las sociedades de subsistencia.[349]

La IUCN recomendó adoptar la "ecoagricultura" para resolver el problema. Básicamente, ello significa enseñar a los agricultores que emplean los métodos de bajo insumo a sacar más de cada hectárea, de modo que puedan dejar una mayor parte de sus terrenos de baja calidad para que sirvan de hábitat, de refugio y de corredores para los animales silvestres. En efecto respaldaron lo que mantiene Norman Borlaug, ganador del Premio Nobel de la Paz en 1970. Según Borlaug, "Al cultivar más alimentos por acre, quedan más terrenos para la Naturaleza."[350] Esta llamada conservación de alto rendimiento podría haber evitado la necesidad de despejar las tierras bajas en Costa Rica que manifiestamente condenaron a desaparecer el sapo dorado.

Muchos de los mismos ecogrupos que dicen que el calentamiento causado por el hombre terminará por aniquilar inmensas cantidades de especies, también han hecho campaña en contra de la Revolución Verde en la agricultura y del fertilizante de nitrógeno, ambos de los cuales han evitado que se haya producido un grado mucho mayor de desforestación. Lo que es peor, el intento de disminuir las emisiones humanas de los gases de invernadero, con el tratado de Kioto por ejemplo, seguramente harán tan costoso emplear la tecnología moderna (contando el fertilizante de nitrógeno) que resultará imposible fomentar el crecimiento económico y el mejoramiento de los métodos de cultivo en el Tercer Mundo. Entonces, los mil millones de agricultores de subsistencia que viven en las regiones críticas para la biodiversidad amenazarían innecesariamente los hábitats de muchas más especies que el sapo dorado.

LOS CAMBIOS ECOLÓGICOS DEBIDOS AL CALENTAMIENTO GLOBAL, NO SERÁN RÁPIDOS

El razonamiento clave de los alarmistas en favor de la tesis de las extinciones en masa, es que los árboles y las plantas son esencialmente inmóviles. No podrían trasladarse rápidamente aun si el calentamiento global rápido los empujara fuera de sus "sobres de supervivencia." Luego, sigue el

---

[349] J.A. Neeley y S.J. Scherr, *Common Ground, Common Future* (Washington, D.C.: The World Conservation Union/Future Harvests, 2001): 1-23.

[350] Norman Borlaug, comunicado de prensa, "Declaración en apoyo de la conservación de alto rendimiento," Washington, D.C., 30 de abril de 2002.

razonamiento, los mamíferos y los animales inferiores quedarán extintos porque los árboles y las plantas de las que tantos de aquéllos dependen habrán desaparecido. La "red de la vida" se verá destruida irremediablemente por el calentamiento rápido.

La teoría está equivocada, porque los árboles y las plantas no van a tener que cambiar rápidamente. Los árboles y las plantas que prosperan más cerca de los polos han podido adaptarse al frío, pero sus ámbitos rara vez se ven limitados por el calor. En el Hemisferio Norte, por ejemplo, Craig Loehle, del Laboratorio Nacional de Argonne, ofrece la observación de que los árboles que se han adaptado al frío solamente pueden madurar de cincuenta a cien millas al norte de sus extensiones naturales.[351] Sin embargo, estos árboles con frecuencia pueden madurar hasta mil millas al sur de sus límites meridionales.

Loehle nos informa que, "muchas plantas alpinas y árticas poseen un grado sumo de tolerancia a las temperaturas altas y en general resulta imposible distinguir, con base a la tolerancia al calor, entre los tipos que viven en los hábitats ártico, templado y tropical húmedo."[352] Según Loehle, ello significa que, "Los plantones de estas especies meridionales no gozarán de grandes ventajas competitivas, frente a los bosques de las especies septentrionales, por su crecimiento más rápido. Los árboles adultos asentados sí gozan de este tipo de ventaja gracias a la intercepción de la luz del Sol. Los tipos meridionales tienen que esperar a que se produzcan aberturas, trastornos o separaciones en el bosque para poder aprovecharse de su tasa de crecimiento más rápida y así establecerse en el bosque. Ello asegura el que la sustitución de las especies se demore, al menos, hasta que mueran los árboles actuales, lo cual puede tomar cientos de años.... Por lo tanto, la sustitución en el bosque (los tipos meridionales sustituyen a los septentrionales) será un proceso intrínsecamente lento (entre varios y muchos cientos de años)."[353] Todo ello

---

[351] C. Loehle, "Las compensaciones recíprocas entre la tasa de crecimiento y la altura determinan los límites septentrionales y meridionales de los árboles," *Journal of Biogeography* 25 (1998): 735-42.

[352] "Ibíd. Véase también Y. Gauslaa, "Resistencia al calor y el presupuesto energético en distintas plantas escandinavas," *Holarctic Ecology* 7 (1984): 1-78; J. Levitt, *Responses of Plants to Environmental Stresses, Vol. 1: Chilling, Freezing and High Temperature Stresses* (Nueva York: Academic Press, 1980); L. Kappen, "Significado ecológico de la resistencia a las temperaturas elevadas," en *Physiological Plant Ecology. I. Response to the Physical Environment*, red. por O.L. Lange et al. (Nueva York: Springer-Verlag, 1981), 439-474.

[353] C. Loehle, "Las compensaciones recíprocas entre la tasa de crecimiento y la altura determinan los límites septentrionales y meridionales de los árboles," *Journal of Biogeography* 25 (1998): 735-42.

quiere decir que los mamíferos, las aves, los peces, los liquenes, los hongos y demás especies que dependen de la vida vegetal y de los ecosistemas basados en las plantas, tendrán amplia oportunidad de mudarse con ellas.

La obra *The Specter of Species Extinction*, escrita por Sherwood Idso y por sus hijos Craig y Keith, es aun más optimista que Loehle y ataca con igual fuerza la tesis de que el calentamiento moderado llevará a las especies silvestres a la extinción. Los Idso sostienen que el calentamiento global traerá consigo un grado mayor, y no uno menor, de diversidad en las especies a la mayor parte del mundo. El estudio de los Idso pronostica que las temperaturas del planeta servirán para extender el alcance de miles de plantas y de animales, así como para fomentar una mayor diversidad de plantas, de árboles y de las especies que de éstos dependen en los bosques y en las praderas.[354]

Sherwood Idso es un físico del clima. Su hijo Craig es especialista en la geografía del clima y su otro hijo Keith es botánico especializado en la respuesta de las plantas a los cambios en el CO_2. El informe de los Idso enfatiza que las temperaturas más cálidas proporcionan a la mayor parte de los árboles, de las plantas, de los animales y de los peces la oportunidad de extender sus zonas de habitación hacia los polos Norte y Sur, sin imponer ningún "límite de calor" que pudiera obligarlos a abandonar las zonas que ocupan actualmente. Concuerdan con la conclusión de Loehle, al efecto de que los árboles del sur que crecen más rápido solamente podrían vencer a los árboles septentrionales ya maduros al final de procesos de cientos de años de duración. Los bosques y las plantas mudarían sus zonas de habitación hacia el norte y hacia el sur bien lentamente.

Otra posibilidad que debe tenerse en cuenta seriamente, según los autores, es que en un mundo más caliente los bosques de las altitudes septentrionales pudieran no ser reemplazados en absoluto por los bosques meridionales, sino que los dos tipos de bosque podrían unirse para crear bosques completamente novedosos con una mayor variedad de especies. Las investigaciones que ha realizado D.I. Axelrod han encontrado que tales tipos de bosques con una profusión de especies ya existieron durante el Período Terciario de la Era Cenozoica, cuando en el oeste de Norteamérica muchas especies montañesas crecieron normalmente, mezcladas con coníferas y esclerofilos.[355]

---

[354] S. Idso, C. Idso y K. Idso, *The Specter of Species Extinction* (Washington, D.C.: The Marshall Institute, 2003), 1-39.

[355] Ibíd. Véanse también D.I. Axelrod, "La flora de Oakdale (California)," *Carnegie Institute of Washington Publication* 553 (1944): 147-200; D.I. Axelrod, "Floras del Mio-Plioceno del centro-oeste de Nevada," *University of California Publications in the Geological Sciences* 33 (1966): 1-316; y D.I. Axelrod, "La flora de Creede del Oligoceno Tardío en Colorado," *University of California Publications in the*

GRACIAS A LOS NIVELES MAYORES DE CO_2, PUEDE QUE LAS PLANTAS NO TENGAN QUE MUDARSE

El análisis que realizaron los Idso indica además que un mayor nivel de CO_2 sirve de fertilizante para los árboles y para las plantas, así como que disminuye la cantidad de energía que la mayoría de las especies de plantas requieren para llevar a cabo un proceso que se denomina la fotorespiración. Siempre que tanto las temperaturas como el nivel de CO_2 vayan subiendo, los árboles y las plantas cobrarán fuerza para aprovecharse de las oportunidades que el calentamiento les presenta para extender su zona de habitación.

"Los que propugnan lo que llamaremos la tesis de la extinción propulsada por el CO_2 que resulta del calentamiento global, parecen ignorar por completo el hecho de que al enriquecerse la atmósfera con CO_2, ello tiende a compensar los efectos perjudiciales sobre la vegetación de la Tierra que las elevaciones en las temperaturas provocan," dice el informe de los Idso. El escrito agrega que:

> Parecen no estar conscientes de que una mayor cantidad de CO_2 en el aire ayuda a las plantas a crecer mejor a casi todas las temperaturas, pero especialmente a las temperaturas más altas.... En estas condiciones, las plantas que viven cerca de los límites, determinados por el calor, de sus zonas de habitación no experimentan el impulso de migrar hacia comarcas más frías del globo, es decir hacia los polos o hacia las zonas más elevadas del mundo. Al extremo opuesto del espectro de las temperaturas, sin embargo, las plantas que viven cerca de los límites, determinados por el frío, de sus zonas de habitación son facultadas para extenderse a las zonas donde la temperatura anteriormente era muy baja como para poder sobrevivir....
>
> Los animales reaccionan de manera muy parecida. Durante el último siglo y medio de aumentos en la temperatura del aire y en la concentración de CO_2, muchas especies de animales han extendido marcadamente los límites, determinados por el frío, de sus zonas de habitación, tanto hacia los polos en latitud como cuesta arriba en altitud, al mismo tiempo que han podido mantener la extensión de los límites de su habitación que son determinados por el calor.[356]

Los Idso han escrito extensamente con respecto a los beneficios que el CO_2 proporciona para el crecimiento de las plantas. Por la importancia que tiene para los cultivos, este fenómeno se ha estudiado ampliamente en docenas de países. El análisis revisado inter pares de los Idso, de cuarenta y dos

---

Geological Sciences 130 (1987): 1-235.

[356] S. Idso, C. Idso y K. Idso, *The Specter of Species Extinction*, 1-39.

colecciones de datos experimentales recogidos por numerosos científicos, mostró que la potenciación media del crecimiento debida a un incremento de 300 partes por millón en el CO_2 atmosférico, sube de casi nada al nivel de 10° C, al doble del crecimiento al nivel de 38° C.[357] Otros científicos informan de que a temperaturas elevadas hay un efecto aun mayor de estimulación del crecimiento.[358]

La importancia del CO_2 como fertilizante la confirman las observaciones por satélite de la vegetación del mundo, realizadas entre 1982 y 1999, las que descubrieron un incremento de más del 6 por ciento en el crecimiento global de las plantas. Durante ese plazo, el planeta experimentó algo más de lluvia y temperaturas algo mayores, pero para las plantas el cambio mayor fue el incremento en la cantidad de CO_2 en la atmósfera.[359] Todas las regiones mostraron aumentos en el crecimiento de las plantas pese a las presiones ambientales, reales e imaginarias, que los alarmistas del calentamiento global postulan.

La duplicación del nivel de CO_2 eleva la productividad neta de las plantas herbáceas en razón del 30 al 50 por ciento, y la de los árboles y de las plantas leñosas a razón del 50 al 80 por ciento, según los exámenes extensos de las investigaciones realizados por Sherwood B. Idso y Bruce A. Kimball, entonces del Laboratorio para la Conservación del Agua del Departamento de Agricultura estadounidense, y por Henrik Saxe, de la Real Escuela de Veterinaria y de Agricultura en Dinamarca.[360] Aun si el planeta fuera a calentarse notablemente a causa del incremento en los niveles de CO_2, aparentemente la gran mayoría de las plantas de la Tierra no tendrían que migrar a las partes más frías del globo.

---

[357] K.E. Idso y S.B. Idso, "La respuesta de las plantas al enriquecimiento de la atmósfera con CO_2 ante las limitaciones ambientales: Examen de las investigaciones de los últimos 10 años," *Agriculture and Forest Meteorology* 69 (1994): 153-203.

[358] M.G.R. Cannell y H.H.M. Thornley, "La respuesta a la temperatura y al CO_2 de la fotosíntesis del follaje y de la cubierta forestal: Clarificación con el modelo de hipérbola no rectangular de la fotosíntesis," *Annals of Botany* 82 (1998): 883-92.

[359] R.R. Nemani et al., "Incrementos, propulsados por el clima, en la producción primaria terrestre global neta de 1982 a 1999," *Science* 300 (2003): 1560-563.

[360] B.A. Kimball, "El dióxido de carbono y el rendimiento agrícola: Recopilación y análisis de 430 observaciones previas," *Agronomy Journals* 75 (1983): 779-88; y K.E. Idso y S.B. Idso, "La respuesta de las plantas al enriquecimiento de la atmósfera con CO_2 ante las limitaciones ambientales: Examen de las investigaciones de los últimos 10 años," *Agriculture and Forest Meteorology* 69 (1994): 153-203.

EL ESTUDIO ANTERIOR DE CHRIS D. THOMAS CONTRADICE SU INFORME EN *NATURE*

El famoso estudio por computadora que realizó Chris D. Thomas, al efecto de que un millón de especies de la Tierra desaparecerían para siempre, fue preparado después de los estudios de Root y de Parmesan y posterior a la publicación de, *The Specter of Species Extinction*. Sin embargo, el análisis de Root incorporó otro estudio, realizado por el equipo anterior de Thomas. Lo que es sorprendente es que este estudio anterior desacredita por completo la tesis del estudio de Thomas que salió en *Nature* en 2004, de que las especies poseen "sobres de supervivencia" bien definidos, fuera de los cuales aquéllas no pueden sobrevivir.

El equipo de Thomas comenzó el informe de 2001 con un nuevo planteamiento del concepto, antiguo y difundido, de que muchos animales son "relativamente sedentarios y especializados en zonas marginales de sus distribuciones geográficas." Por ende, los animales "cabe esperar que sean lentos en colonizar hábitats nuevos."[361]

A pesar de esta creencia, el equipo de Thomas cita su propio estudio y los de muchos otros investigadores que muestran que, "los márgenes fríos de la distribución de muchas especies se han extendido rápidamente en relación con el calentamiento reciente del clima."[362] Esto socava ligeramente su tesis.

Mucho peor (o mucho mejor) los esperaba. Las dos especies de mariposa que ellos mismos estudiaron, revelaron algo verdaderamente asombroso. Las mariposas "aumentaron la variedad de los tipos de hábitat que ellas pueden colonizar." El informe de Thomas del 2001 observó además que las dos especies de grillos de matorral que estudiaron, "mostraron fracciones mayores de individuos con alas más largas (dispersivas) en las poblaciones recién encontradas."[363] Los grillos con las alas más largas podrían volar más lejos en búsqueda de hábitats nuevos.

Como consecuencia de estas adaptaciones, los autores del informe de Thomas relatan que, "Los incrementos en la amplitud de los hábitats y en las tendencias a la dispersión han conducido a aumentos de 3 a 15 veces en las tasas de expansión [del entorno], lo cual permite que estos insectos crucen las separaciones en los hábitats que, antes de comenzar las expansiones, hubieran

---

[361] C.D. Thomas et al., "Los procesos ecológicos y evolucionarios en la expansión del margen de las habitaciones," *Nature* 41 (2001): 577-81.

[362] Thomas et al., "Los procesos ecológicos y evolucionarios en la expansión del margen de las habitaciones," *Nature* 41 (2001): 577-81.

[363] Ibíd.

constituido obstáculos mayores o aun absolutos a la dispersión."[364]

Respecto a la tesis de Thomas relativa a los supuestos "sobres de supervivencia," los cambios en las poblaciones de los grillos y de las mariposas la hacen una teoría inadecuada en el mejor de los casos y probablemente hasta carente de toda relevancia. No obstante, este informe no solamente fue escrito antes del análisis de Root, sino que también quedó incluido en ese análisis como una de las pocas investigaciones selectas que apoyan la teoría de las megaextinciones.

Otros biólogos han hallado pruebas adicionales de la adaptabilidad de las especies. Los biólogos informaron en la década del 90 que los gusanos de lodo de Foundry Cove en el río Hudson de Nueva York, cerca de una antigua fábrica de baterías, habían desarrollado una asombrosa resistencia al elemento cadmio. "La evolución de la resistencia al cadmio no debe de haber tomado más de 30 años," dijo el biólogo de la evolución Jeffrey Levinton, de la Universidad Estatal de Nueva York en Stony Brook. "Esta capacidad de cambio evolucionario rápido ante un desafío ambiental novedoso fue algo sorprendente. Ninguna población de gusanos en la naturaleza podría haber enfrentado condiciones como las que el hombre les creó en Foundry Cove.... La evolución veloz de la tolerancia a las concentraciones elevadas de las toxinas, parece ser algo común. Toda vez que se introduce un pesticida nuevo, surge una nueva cepa resistente de la plaga. Lo mismo sucede con las bacterias al introducir los antibióticos nuevos."[365]

Un pez del Antártico, *Pagothenia borchgrevinki*, recientemente se ha descubierto que puede soportar temperaturas hasta 9° C más calientes que la temperatura estable de -1,9° C que ha caracterizado a las aguas del Antártico durante los últimos 14 millones de años, con una variación anual de menos de 0,3° C. Ello aparentemente quiere decir que este pez podría sobrevivir aun si el calentamiento global fuera a derretir por completo el casquete de hielo del Antártico, dice Clara Lowe, la estudiante de posgrado neozelandesa que en 2004 dio el informe de la investigación ante la Conferencia del Antártico de Nueva Zelandia en la Universidad de Waikato.[366]

En 2004, un grupo de universitarios de Oxford publicaron su propia reseña de los informes relativos a la "extinción en masa," en un informe bajo el título de, *Crying Wolf on Cimate Change and Extinction* ("Falsas alarmas

---

[364] Ibíd.

[365] Jeffrey Levinton, "La Gran Explosión en la evolución de los animales," *Scientific American* 267 (noviembre de 1992): 84.

[366] Simon Collins, "Pez antártico preparado para sobrevivir los mares más calientes," *New Zealand Herald*, 16 de abril de 2004.

en torno al cambio climático y a las extinciones").[367] Los cuatro autores son integrantes del grupo de investigación de la biodiversidad en la facultad de geografía y del medio ambiente en Oxford. La reseña acusa a los organismos ambientalistas de exagerar la amenaza del cambio climático para recaudar mós fondos del público. Según el Dr. Paul Jepson, uno de los autores de la reseña, "Aun la idea misma de la modelación del cambio climático es actualmente una cuestión mayormente teórica, de modo que resulta imposible hacer estos tipos de pronósticos y de contrapronósticos acerca de las especies." El Dr. Richard Little, otro de los académicos críticos, dijo que es probable que la mayoría de las especies que supuestamente están en peligro de desaparecer para el 2050, no vayan a hacerlo. Ladle observó que la respuesta del World Wildlife Fund a sus críticas consistió en que los fines ambientales justifican el simplificar los llamados para hacerlos más conmovedores.[368]

LOS ESTUDIOS DEL MUNDO REAL HALLAN INCLINACIÓN HACIA LA ABUNDANCIA DE LAS ESPECIES

En vez de respaldar el concepto de las extinciones en masa, los estudios de Root y de Parmesan en general confirman la tesis de Idso y de Loehle, en el sentido de que las temperaturas más calientes y las concentraciones elevadas de CO_2 conducen a una mayor abundancia de especies con el calentamiento y los aumentos del CO_2.

La misma Camille Parmesan examinó los límites septentrionales de cincuenta y dos especies de mariposa en el norte de Europa y los límites meridionales de cuarenta especies de mariposa en el sur de Europa y en el norte del África durante el siglo pasado. Dado los 0,8° C de calentamiento en las temperaturas europeas durante ese plazo, nos sorprende ver que Parmesan nos diga que, "casi todos los cambios hacia el norte tuvieron que ver con extensiones en el límite septentrional, con estabilidad en el límite meridional." Por lo tanto, "la mayor parte de las especies en efecto extendieron el tamaño de sus ámbitos."[369]

---

[367] Elizabeth Day, "Organizaciones caritativas 'difunden cuentos espantosos sobre el cambio climático para mejorar las contribuciones del público'," *Weekly Telegraph/UK*, 24 de febrero de 2005.

[368] R.J. Ladle, P. Jepson, M.B. Araújo y R.J. Whittaker, "Los peligros de las falsas alarmas en torno al riesgo de las extinciones," *Nature* 428 (22 de abril de 2004): doi: 10.1038/428799b.

[369] Parmesan y Yohe, "Coherencia global," 37-42.

Entre 1970 y 1990, Chris Thomas documentó cambios en la distribución de muchas especies de pájaros británicos.[370] Encontró que los límites septentrionales de las especies meridionales se trasladaron hacia el norte en un promedio de 19 km, mientras que los límites meridionales de las especies septentrionales permanecieron inalterados.

En 26 cumbres de altas montañas en la sección central de los Alpes, un estudio de las especies de plantas descubrió que, "la abundancia de las especies ha crecido durante las últimas varias décadas y se observa más pronunciada en las altitudes más bajas." En otras palabras, las cimas de las montañas muestran pocas pérdidas en términos de la biodiversidad en las elevaciones superiores y mayor abundancia de especies en las elevaciones inferiores, hasta donde las plantas de las elevaciones aun más bajas extendieron sus ámbitos cuesta arriba."[371]

Harald Pauli, de la Universidad de Viena, examinó la flora de las cumbres de treinta montañas en los Alpes europeos, con conteos de especies que se remontaron hasta el 1895. Pauli informa que las temperaturas en las cimas han aumentado 2° C desde 1920, con un aumento de 1,2° C apenas en los últimos treinta años. De las treinta cimas, nueve no mostraron cambio alguno en el conteo de las especies, pero 11 adquirieron un promedio del 59 por ciento más en la cantidad de especies y una montaña ganó un asombroso 143 por ciento. ¿Pudiera ser que las especies históricas hayan sido expulsadas por la inundación de las plantas nuevas venidas de las zonas más cálidas? Las treinta montañas mostraron una pérdida media de especies de 0,68, de un promedio de 15,57 especies.[372] No hubo ninguna documentación de que alguna de las especies "perdidas" en montes particulares representara extinciones sino, más bien, desapariciones locales.

Las especies nativas sensibles al calor han respondido a las elevaciones de las temperaturas en la Península Ibérica y por la costa del Mediterráneo durante los últimos treinta años, extendiendo sus zonas "hacia las comarcas

---

[370] C.D. Thomas y J.J. Lennon, "Las aves extienden sus ámbitos hacia el norte," *Nature* 399 (1999): 213.

[371] G. Grabherr et al., "Efectos del clima sobre las plantas montañesas," *Nature* 369 (1994): 448.

[372] H. Pauli et al., "Efectos del cambio climático sobre los ecosistemas montañeses—traslado cuesta arriba de las plantas de montaña," *World Resource Review* 8 (1996): 382-390.

más frías tierra adentro, de donde antes estaban ausentes."[373]

La cantidad de los grupos de especies de liquen presentes en el centro de Holanda, aumentó de 95 en 1979 a 172 en 2001 a medida que la región fue calentándose. C.M. Van Herk, de la Universidad de Eindhoven, halló que el número promedio de especies agrupadas por sitio creció de 7,5 a 18,9.[374] Una vez más, el mayor calor produjo una mayor abundancia de las especies.

Al observar la distribución de 18 especies de mariposa, corrientes y ampliamente difundidas por los campos británicos, según Emie Pollard del Instituto de Ecología Terrestre en Gran Bretaña "casi todas las especies corrientes han crecido en su abundancia [durante el calentamiento], más en el este de Gran Bretaña que por el oeste."[375]

Las especies de plancton de agua caliente respondieron velozmente a las oleadas de calentamiento y de enfriamiento en la zona oeste del Canal de la Mancha, cambiando hasta 120 millas en latitud y aumentando o disminuyendo sus cantidades hasta el doble o el triple en un espacio de setenta años, según investigaciones realizadas por A.J. Southward de la Asociación de Biología Marina en Gran Bretaña.[376]

En el Antártico, los pingüinos de Adelia necesitan los bancos de hielo para poder prosperar, mientras que los pingüinos de barbijo prefieren las aguas sin hielo. R.C. Smith descubrió que los pingüinos de Adelia de la Península de la Antártida Occidental están en declive porque el calentamiento por la península favorece a los pingüinos de barbijo. Al mismo tiempo, los pingüinos de barbijo en la zona del mar de Ross vienen sufriendo porque el 97 por ciento de la Antártida, o sea la parte que no comprende la Península, va

---

[373] E.S. Vesperinas et al., "La expansión de las plantas termofílicas en la Península Ibérica como señal del cambio climático," en G. Walther et al., reds., *"Fingerprints" of Climate Change: Adapted Behavior and Shifting Species Ranges* (Nueva York: Academic/Plenum Publishers, 2001), 163-84.

[374] C.M. Van Herk et al., "Vigilancia a largo plazo en los Países Bajos sugiere que los liquenes responden al calentamiento global," *Lichenologist* 34 (2002): 141-54.

[375] E. Pollard et al., "Las tendencias en las poblaciones de mariposas británicas corrientes en sitios vigilados," *Journal of Applied Ecology* 32 (1995): 9-16.

[376] A.J. Southward, "Setenta años de observaciones de los cambios en la distribución y en la abundancia del zooplancton y de los organismos intermareales, en el oeste del Canal de la Mancha en relación con las elevaciones en la temperatura marina," *Journal of Thermal Biology* 20, núm. 1 (febrero de 1995): 127-55.

volviéndose más fría.[377] Ello apenas debería sorprender. Dos variedades de una especie bien móvil se han trasladado a los sitios que favorecen sus requisitos de alimentación y de reproducción, mientras que sus números disminuyen en los sitios menos propicios.

Las dos únicas especies de planta de nivel superior en la Antártida, han respondido al calentamiento en la Península Antártica con incrementos en sus cantidades en dos lugares bien alejados uno de otro.[378] Felizmente, tomaría miles de años de calentamiento acrecentado para llegar a descongelar todo el hielo antártico y un plazo de tiempo bien largo de frío extendido para cerrar todas las aguas abiertas en los contornos de la Península Antártica. El ciclo climático de 1.500 años asegura casi por completo el que las plantas y los pingüinos del Antártico podrán seguir adaptándose, en vez de desaparecer.

Los invertebrados en un sitio rocoso intermareal en Pacific Grove, California, no pueden moverse pero sus poblaciones sí cambian. Los invertebrados fueron sometidos a estudio en 1931-33 y nuevamente en 1993-96 (tras un calentamiento de 0,8° C). De las once especies meridionales, diez crecieron en su abundancia, mientras que de las siete especies septentrionales cinco disminuyeron.[379]

Un conjunto de nuevas fotografías de la Sierra de Brooks y de la costa ártica de Alaska, fueron tomadas para compararlas con una colección de fotografías tomadas en 1948-50. En más de la mitad de los sitios comparados, los investigadores descubrieron "incrementos distintivos y, en algunos casos, dramáticos en la estatura y en el diámetro de los arbustos individuales... así como en la expansión de los matorrales a zonas donde antes no existían."[380]

A medida que el clima se calienta, las especies de pájaros en el oeste norteamericano van colonizando y agrandando sus zonas de habitación sobre extensas comarcas con enormes diferencias en el clima. N.K. Johnson, de la Universidad de California en Berkeley, recopiló registros de 24 especies de aves de los manuales *Audubon Field Notes* y *American Birds* y de otras

---

[377] R.C. Smith et al., "La sensibilidad del ecosistema marino al cambio climático," *BioScience* 49 (1999): 393-404.

[378] R.I.L. Smith, "Las plantas vasculares como bioindicadores del calentamiento regional en la Antártida," *Oecologia* 99 (1994): 322-28.

[379] R.D. Sagarin et al., "Cambios relacionados con el clima en una comunidad intermareal en escalas cortas y largas de tiempo," *Ecological Monographs* 69 (1999): 465-90.

[380] M. Sturm et al., "Mayor abundancia de arbustos en el Ártico," *Nature* 411 (2001): 546-47.

fuentes. Descubrió que, "cuatro especies septentrionales han extendido sus zonas de habitación hacia el sur, tres especies orientales se han expandido al oeste, catorce especies mexicanas o del suroeste han penetrado hacia el norte, una especie de la Meseta de Colorado/la Gran Cuenca se ha expandido radialmente y dos subespecies de las Montañas Rocosas/la Gran Cuenca se han extendido al oeste."[381]

¿EN QUÉ CONSISTE LA "EXTINCIÓN"?

Al ver los informes de las investigaciones seleccionadas para apoyar la teoría de las extinciones en masa como resultado del calentamiento, es chocante el concepto erróneo que aparentemente tienen los biólogos en relación con la extinción. Algunos biólogos parecen creer que un programa eficaz de conservación significaría la preservación de todas y cada una de las poblaciones locales de mariposas y de flores montañesas. Ello resultar ser manifiestamente imposible en un planeta como el nuestro que experimenta los procesos continuos y masivos de cambio en el clima y de las influencias del hombre.

Algunos biólogos pretenden definir poblaciones cada vez más locales como especies apartes, lo que constituye un subterfugio. Un artículo reciente que salió en la revista *Science* sirve ampliamente para ilustrar los sentimientos contradictorios y el deseo desesperado de los biólogos, de protegerlo todo. En "All Downhill from Here" ("A partir de ahora, todo va cuesta abajo"), el autor Kevin Krajick lamenta el peligro que se supone amenaza a los diminutos y graciosos roedores, llamados pikas (que son primos de los conejos), los que viven en las cimas de los montes sin árboles:

> Según las temperaturas del globo aumentan, la población de las pikas por las sierras cae velozmente... los investigadores temen que, si el calor sigue agravándose, muchas plantas y animales alpinos enfentarán declives rápidos o hasta extinciones... las bestias por todas partes responden al calentamiento, pero las biotas montañesas, como las especies polares que disfrutan del frío, tienen alternativas más limitadas para hacerle frente.... Estas islas de tundra, que solamente comprenden el 3% de la superficie terrestre con vegetación, son arcas de Noé donde ecosistemas enteros, a menudo residuos de los tiempos glaciales, ahora quedan aislados en medio de extensiones impasables

---

[381] N.K. Johnson, "La colonización y la expansión natural de las distribuciones de la cría en las aves norteamericanas occidentales," *Studies in Avian Biology*, 15 (1994): 27-44.

de tierras bajas calientes.[382]

El mismo Krajick parece olvidar sus propias palabras en el primer párrafo: que la pika "además es uno de los mamíferos más robustos del mundo." En cuanto a esas "extensiones impasables de tierras bajas calientes," las pikas no podrán ganar en la competencia por las tierras bajas, pero sí parece probable que allí puedan hallar vegetación suficiente durante sus recorridos como para poder subsistir hasta que lleguen a otras cimas más frías.

El informe de Parmesan en *Nature* igualmente ofrece una burda distorsión del concepto de, "extinción." Parmesan contó las mariposas llamadas Edith's Checkerspot en 115 lugares en Norteamérica con pruebas históricas de albergar esta especie. Clasificó la especie en cada lugar como, "extinta" o "intacta," y encontró que las poblaciones de la mariposa en México, donde hace mucho más calor, manifestaron una tendencia cuatro veces mayor a verse "extintas localmente" que las que se encuentran en el Canadá, país mucho más frío.

Sin embargo, eso de "extinto localmente" no es una frase científica. Extinto quiere decir que "ya no existe; murieron todos." Ido para nunca volver. En este caso, Parmesan emplea la frase para hablar de poblaciones de mariposas que sencillamente se han mudado y que hasta han dejado noticia de sus direcciones nuevas más al norte. Las mariposas vienen respondiendo eficazmente al cambio climático, precisamente lo que sería de esperarse de las especies de mariposa que viven en un planeta con un pasado climático tan variable como el de la Tierra.

El estudio de Parmesan halló poblaciones de la mariposa Edith's Checkerspot que prosperan sobre la parte mayor del oeste norteamericano. Encontró menos poblaciones al extremo meridional de su zona, en Baja California y cerca de San Diego, que en el pasado. Sin embargo, vastas extensiones del Canadá han venido calentándose para entrar en el tipo de clima que estas mariposas prefieren.

Para concluir, hemos de reconocer que las especies ofrecen fuerte resistencia a la extinción y a veces perduran aun cuando el hombre haya llegado a creer que finalmente han desaparecido. Hace poco el pájaro carpintero de pico de marfil, supuestamente extinto, fue visto y su existencia fue confirmada en dos bosques del este del estado de Arkansas.[383] La organización Nature Conservancy recientemente encontró tres caracoles

---

[382] Kevin Krajick, "A partir de ahora, todo va cuesta abajo," *Science* 303 (2004): 1600-602.

[383] Comisión de Caza y Pescadería de Arkansas, comunicado de prensa, "Hallado en Arkansas el pájaro carpintero de pico de marfil," 5 de agosto de 2005.

"extintos" en Alabama y en California. Los botánicos han descubierto una planta, denominada alforfón del Monte del Diablo, por primera vez desde 1936. Por lo menos 24 otras especies "extintas" se han encontrado en Norteamérica durante los sondeos de la herencia natural desde 1974.[384]

HISTERISMO EN TORNO AL CORAL BLANQUEADO

La afirmación de que las temperaturas más altas van a matar los corales del mundo resulta irresistible para los activistas del calentamiento global. Ellos comprenden el atractivo emocional que tienen los arrecifes con sus peces coloridos. Quizás de manera predecible, Greenpeace se ha apresurado a jugar esta carta:

> Puede que los arrecifes de coral de las Filipinas, que son de los más grandes y más diversos del mundo, no duren por mucho más tiempo.... El último día del simposio [en Bali] la organización ambientalista, Greenpeace, emitió un nuevo estudio de los arrecifes de coral que muestra que, a causa del calentamiento global, el Océano Pacífico podría perder la mayor parte de sus arrecifes de coral para finales de este siglo.[385]

La única dificultad con la teoría de la "desaparición de los corales," es que es falsa. Los corales se remontan a 450 millones de años en el pasado y la mayoría de las especies de coral que viven en la actualidad datan al menos 200 millones de años. Tan sólo en los dos últimos millones de años, los arrecifes de coral han pasado por cuando menos diecisiete períodos glaciales, intercalados con sus períodos interglaciales cálidos. Este vaivén glacial-interglacial ha impuesto cambios dramáticos en las temperaturas, además de cambios drásticos en el nivel del mar de hasta cuatrocientos pies.

Las temperaturas a través del Pacífico cambian abruptamente con el evento El Niño/Oscilación Meridional (siglas en inglés: ENSO), el que suscita un cambio de mucha envergadura en las temperaturas del Pacífico cada cuatro a siete años. El Niño de 1998 hizo subir las temperaturas en la superficie del mar por todo el Pacífico y causó blanqueos masivos de los corales, particularmente en el Océano Índico. Fue entonces que Mark Spalding, dizque

---

[384] Mark Schaefer de NatureServe, grupo que fomenta la conservación situado en Arlington, estado de Virginia, citado en "Cuando extinto no lo es," 9 de agosto de 2005, <ScientificAmerican.com>.

[385] Informe de la IXª Conferencia Internacional sobre los Arrecifes de Coral, Bali, 23 de junio de 2003.

perito en el tema de los corales, declaró que la gran mayoría de los corales habían perecido.[386] El blanqueo forma parte de la estrategia del coral para adaptarse a los cambios casi continuos en las temperaturas.[387]

Ross J. Jones, de la Universidad de Queensland en Australia, reportó el blanqueamiento del coral en una sección de la Gran Barrera de Arrecifes justo después de que la temperatura diaria promedio del mar subiera 2,5° en un espacio de ocho días.[388] Sin embargo, los canadienses D.R. Kobluk y M.A. Lysenko hallaron fuertes blanqueamientos en el mar Caribe después de que la temperatura hubiera bajado 3° C en dieciocho horas.[389]

Los estudios nuevos nos indican que el blanqueamiento es la manera en que los sistemas de coral hacen frente a los cambios súbitos en la temperatura. Cynthia Lewis y Mary Alice Coffroth, de la Universidad de Buffalo, provocaron blanqueo a propósito en algunas colonias de coral. En respuesta las colonias expulsaron el 99 por ciento de sus algas simbióticas amigas. Las investigadoras luego expusieron el coral descolorido a una variedad poco común de alga que no existía en las colonias al principio del experimento. Desde luego, en espacio de unas cuantas semanas los corales habían vuelto a llenar sus estantes con algas, y una mitad de ellos contenían las algas marcadoras nuevas. Más adelante, la variedad marcadora quedó desplazada de varias de las colonias de coral por otras cepas de algas más eficaces, lo cual apunta a que los corales escogen los mejores socios para las condiciones nuevas a partir de la amplia variedad de algas que van flotando en su región del océano.[390]

Según Lewis y Coffroth, ello es una demostración saludable de la flexibilidad de las colonias de coral. Los sistemas de coral, dicen, poseen la flexibilidad para establecer asociaciones nuevas con cepas de algas

---

[386] Samanta Sen, "La desaparición de los arrecifes de coral es también una pérdida para el hombre," Interpress News Service, 13 de septiembre de 2001.

[387] Jeff Hecht, "Los corales se adaptan para hacer frente al calentamiento global," NewScientist.com, 11 de agosto de 2004.

[388] R.J. Jones et al., "Los cambios en las densidades zooxantelares y en la concentración de la clorofila en los corales durante y después de un evento de blanqueo," *Marine Ecology Progress Series* 158 (1997): 51-59.

[389] D.R. Kobluk y M.A. Lysenko, "Blanqueo de anillos en la Agaricia agaricites del Caribe meridional durante un enfriamiento rápido del agua," *Bulletin of Marine Science* 54 (1994): 142-50.

[390] C.L. Lewis y M.A. Coffroth, "Adquisición de simbiontes de alga exógena por un octocoral tras el blanqueamiento," *Science* 304 (2004): 1490-491.

seleccionadas de toda la gama que les ofrece su medio ambiente, y esto es "un mecanismo para la resiliencia ante el cambio ambiental."[391]

En el mismo número de *Science* de junio de 2004, Angela Little, de la Universidad Cook en Australia, y Madeline van Oppen, del Instituto de Ciencias Marinas en Australia, se hicieron eco de los resultados de Lewis y de Coffroth. Aquéllas fijaron losetas en varias partes de la Gran Barrera de Arrecifes en Australia para estudiar las algas reclutadas por los corales jóvenes que comenzaron a crecer sobre las losetas. Ellas encontraron que estos corales jóvenes estaban dispuestos a probar todo tipo de algas—"un rasgo potencialmente adaptivo."[392]

Una vez más se equivocan los ecoactivistas y los biólogos que dicen que el calentamiento global está matando los corales. La ciencia ha rendido su veredicto relativo a los corales y el calentamiento global: no hay conexión alguna.

CONCLUSIÓN

Hemos examinado la teoría y buscado la evidencia, del mundo real, de las extinciones en masa debidas al calentamiento global. No hallamos ningún fundamento convincente de que grandes cantidades de especies perecerían por causa del calentamiento global, ni tampoco de ninguna pérdida de especies silvestres en el mundo real que tenga que ver con el calentamiento global que la Tierra ha experimentado últimamente. Al contrario, encontramos amplia evidencia de que, en respuesta al cambio climático, las especies actúan eficazmente para mantener sus zonas de habitación o aun para extenderlas. Por sus movimientos dan testimonio en contra del alarmismo que propagan los alarmistas del calentamiento global.

Además hallamos tanto teorías como evidencias de que las concentraciones elevadas de CO_2 ayudan a las plantas, y finalmente a los animales, a adaptarse a las temperaturas más altas. El que los teóricos de las extinciones sigan haciendo caso omiso de esta literatura revisada inter pares es algo imperdonable. Los biólogos de la fauna seguramente detestarán recibir consejos de los colegios de agricultura, donde se ha realizado la mayor parte de las investigaciones relacionadas con el CO_2. No obstante, la investigación

---

[391] Ibíd.

[392] A.F. Little et al., "La flexibilidad en la endosimbiosis de las algas da forma al crecimiento en los arrecifes de coral," *Science* 305 (2004): 1492-94; Kobluk y Lysenko, "Blanqueo de anillos en la Agaricia agaricites del Caribe meridional durante un enfriamiento rápido del agua," 142-50.

del CO_2 constituye un elemento vital del análisis de la amenaza que el calentamiento global supondría.

Encontramos la aseveración de la pérdida de una especie por los efectos del calentamiento global (el sapo dorado) que no debería haberse presentado sin una advertencia, sea por los autores, sea por la redacción de *Nature*: los dos deberían haber sabido del estudio de la desforestación que parece rebatir la afirmación de que el calentamiento de la superficie del mar causó la desaparición del sapo dorado.

Dimos con un biólogo reputado, Chris Thomas, que dice cosas espantosas acerca de las extinciones masivas, las que son rebatidas por sus propias investigaciones publicadas. Hallamos a una bióloga bien conocida, Camille Parmesan, como autora de una aseveración bastante exagerada y mal respaldada en una prestigiosa revista científica, y además empleando mal y repetidamente la frase "localmente extinta" para enfatizar de manera excesiva los riesgos del calentamiento global. Finalmente, encontramos a ecoactivistas y a biólogos que dicen que el calentamiento global está matando los corales, en contradicción directa de la ciencia que demuestra la adaptabilidad de los arrecifes de coral.

Capítulo 10

Hambre y sequía

Los alarmistas del calentamiento global lo pasaron en grande en 2004 cuando un informe, supuestamente "secreto," encargado por el Departamento de Defensa de EE.UU., advirtió de hambre y de extensas sequías a causa del calentamiento global. Un periódico londinense desató el pánico:

> Un informe secreto, suprimido por los militares estadounidenses y adquirido por *The Observer*, advierte que grandes ciudades de Europa quedarán sumergidas bajo los mares elevados cuando la Gran Bretaña caiga en un clima "siberiano" antes del 2020. Alrededor del mundo estallarán conflictos nucleares, megasequías, hambre y disturbios difundidos.... Las muertes por hambre y por guerra ascienden a los millones, hasta que la población humana del planeta se vea tan reducida que la Tierra pueda volver a sostenerla. El acceso al agua se vuelve un campo de batalla principal.... Las regiones ricas de EE.UU. y de Europa se convertirían "prácticamente en fortalezas" para impedir la entrada de millones de migrantes expulsados de sus tierras, las que habrían quedado inundadas por la elevación del nivel de los mares o que ya no podrían sostener la agricultura.[393]

Mucho menos difundida resultó la explicación que dio el coautor del informe, al efecto de que el estudio, que fue preparado por "futuristas" y no por científicos, fue sólo un ensayo especulativo sobre lo que pudiera constituir el peor de los casos. "Se trata de un evento poco probable y el Pentágono a

---

[393] Mark Townsend y Paul Harris, "Ahora el Pentágono avisa a Bush: El cambio climático habrá de destruirnos," *The Observer*, 22 de febrero de 2004.

menudo piensa en lo impensable, eso es todo."[394]

Pero millones leyeron los titulares originales y siguen creyendo que el calentamiento global acabará por causar hambre, sequías y penurias aun mayores. Una vez más, la percepción popular es incorrecta.

LAS LECCIONES DE LA HISTORIA

Históricamente, la producción de alimentos del hombre ha aumentado durante los períodos de calentamiento global. Los capítulos anteriores documentan contundentemente que la sociedad humana floreció durante los Calentamientos romano y medieval.

La producción de los alimentos aumentó durante los calentamientos anteriores principalmente porque los climas más cálidos proporcionan más de lo que las plantas quieren: la luz del Sol, lluvia y temporadas de crecimiento más largas. Además, durante los calentamientos existe menos de lo que no les gusta: heladas a fines de la primavera y a principios del otoño que acortan la temporada de crecimiento, así como granizadas destructoras de los campos de cultivo.

La Historia nos indica que tanto los calentamientos como los enfriamientos pueden provocar sequías bien prolongadas en algunas comarcas. Las temperaturas más elevadas del Calentamiento Moderno pudieran surtir cierto efecto dañino sobre las cosechas en las latitudes medianas meridionales, por ejemplo por medio de veranos más secos en lugares tales como el sur de Rumanía, España y Texas. Hay motivo para pensar que California, México y el África austral todos corren un riesgo mayor de experimentar sequías a medida que el ciclo climático de 1.500 años siga su curso regido por el Sol.

Las sequías prolongadas causan daños dondequiera que tengan lugar. Sin embargo, los datos tomados de los fósiles, de los anillos de crecimiento de los árboles—y de los modelos del clima—acerca de dónde y cuándo estas sequías pudieran producirse, es fragmentario e incierto. Todavía no sabemos dónde nuestros descendientes tendrán necesidad de instituir medidas adicionales para controlar las inundaciones y para almacenar el agua, por no decir cuáles tipos de tecnologías poseerán ellos para realizar estos propósitos.

Felizmente, un calentamiento natural seguirá un rumbo lento y errático durante los próximos siglos, dando tiempo para adaptarse a los agricultores, a las comunidades y a los gobiernos para adaptarse. Es probable que estas

---

[394] Doug Randall, citado por Seth Borenstein en, "EE.UU.: El cambio climático podría provocar infortunio global," Knight-Ridder-Tribune News Service, 24 de febrero de 2004.

adaptaciones vengan paulatinamente, en incrementos modestos, según la opinión pública y la viabilidad técnica determinen los cambios necesarios.

El registro geológico señala que toda la región oeste de Estados Unidos normalmente ha sido más seca en épocas previas que durante el siglo XX. Los pozos de agua que los indios excavaron en las Altas Planicies hace 6.000 años, apuntan a la existencia de una sequía que duró 2.500 años y que produjo el Gran Desierto Americano.[395] Ello fue durante el muy caliente Óptimo Climático (del Holoceno), cuando las temperaturas de verano fueron de 2° a 4° C más altas y la precipitación fue menos copiosa de lo que es hoy en día.[396]

Evidencia adicional de las elevaciones en las temperaturas y en el grado de sequedad proviene de las capas anuales del sedimento del lago Elk, en el estado de Minnesota,[397] y del lago Chappice en la provincia canadiense de Alberta.[398] Los dos conjuntos de sedimentos lacustres señalan un paisaje de pradera que alcanzó los máximos de calor y de sequedad hace 7.000 años, durante el Óptimo Climático. Luego el paisaje se vio cubierto de un forraje escaso y solamente con plantas y animales resistentes a las sequías.

Las elevaciones en las temperaturas y las disminuciones en la cantidad de precipitación en el oeste norteamericano además produjeron extensas dunas de arena por grandes sectores del oeste de EE.UU., contando las Altas Planicies, la cuenca de las Montañas Rocosas, partes del mediooeste, Texas y Nuevo México.[399]

---

[395] D.J. Meltzer, "La desecación de la Norteamérica prehistórica," *New Scientist* 131 (1991): 39-43.

[396] Integrantes del Proyecto Cooperativo para la Cartografía del Holoceno, "Los cambios climáticos de los últimos 18.000 años: Observaciones y simulaciones por modelos," *Science* 241 (1988): 1043-52.

[397] W.E. Dean et al., "La variabilidad del cambio climático durante el Holoceno: Evidencia de los sedimentos lacustres estratificados," *Science* 226 (1984): 1191-194.

[398] R.E. Vance et al., "Registro de 7.000 años de cambio a nivel lacustre en las Grandes Planicies septentrionales: Valor sustitutivo, de alta resolución, del clima en el pasado," *Geology* 20 (1992): 870-82.

[399] S.L. Forman et al., "Dunas estabilizadas a gran escala en las Altas Planicies de Colorado: Comprensión de la respuesta del paisaje a los climas del Holoceno mediante el empleo de imágenes tomadas desde el espacio," *Geology* 20 (1992): 145-48; D.R. Muhs y P.B. Maat, "La posible respuesta de las arenas cólicas al calentamiento de invernadero y a la disminución de la precipitación en las Grandes Planicies de EE.UU.," *Journal of Arid Environments* 25 (1993): 351-61; y W.E. Dean et al., "Aridez regional en Norteamérica durante el Holoceno Medio," *The Holocene* 6

Los exploradores de las Grandes Planicies del siglo XIX describieron un paisaje lleno de dunas y de mantos de arena.[400] Estos registros por escrito los apoya la evidencia de los anillos de crecimiento de los árboles de las Grandes Planicies de la misma época.[401] El grado de movilización de las arenas durante el último milenio ha sido comparativamente pequeño, regional e intermitente.[402] La prevalencia de los incendios de pradera, causados por los relámpagos, también puede haber contribuido a despejar los terrenos con los resultantes movimientos de arena.

La sequía constituye una dificultad posible durante los calentamientos globales, pero también lo es durante los enfriamientos globales. La crónica de las inundaciones del Valle del Misisipí superior comprende un clima caliente y seco desde el 3000 a. C. hasta el 1300 a. C., con cantidades de lluvia y de nieve un 15 por ciento inferiores a las de hoy, según James C. Knox de la Universidad de Wisconsin. Luego la precipitación aumentó poco a poco, hasta llegar a un período de inundaciones nunca igualadas durante el Calentamiento Medieval (900-1300) y la transición a la Pequeña Edad de Hielo a principios del siglo XIV.[403]

Knox se sirvió de los guijarros, depositados por las inundaciones, que él encontró en los terrenos aluviales para calcular la profundidad mínima de la inundación que sería necesaria para llevar las piedras, además de la datación por radiocarbono para determinar la edad de la grava de inundación. Según él, durante los últimos 150 años las crecidas del Misisipí han sido relativamente pequeñas e infrecuentes, con tan sólo tres inundaciones extremas (en 1851, 1973 y 1993). Si el calentamiento global actual repite los patrones del tiempo

---

(1996): 145-48.

[400] D.R. Muhs y V.T. Holliday, "Evidencia de arena de dunas activas en las Grandes Planicies durante el siglo XIX, tomada de los relatos de los primeros exploradores," *Quaternary Research* 43 (1995): 198-208.

[401] D. Meko et al., "El registro de sequía seria y prolongada, determinado de los anillos arbóreos," *Water Resources Bulletin* 31 (1995): 789-801; Muhs y Holliday, "Evidencia de arena de dunas activas," 198.

[402] R.F. Madole, "Evidencia estratigráfica de la desertificación en el centro oeste de las Grandes Planicies dentro de los últimos 1.000 años," *Geology* 22 (1994): 483-486.

[403] J.C. Knox, "Influencia del clima sobre las inundaciones del Valle del Misisipí superior," en *Flood Geomorphology*, red. por V.R. Baker, R.C. Kochel y A.C. Patton (Nueva York: Wiley and Sons, 1988), 279-300; J.C. Knox, "Grandes incrementos en la magnitud de las inundaciones en respuesta a cambios modestos en el clima," *Nature* 361 (1993): 430-432.

del bien caluroso Óptimo Climático (del 9000 a. C. al 2000 a. C.), el Valle del Misisipí podría volver a experimentar grandes inundaciones con una frecuencia mucho mayor.

El Centro Nacional de Datos del Clima también dice que el suroeste de Estados Unidos experimentó largos períodos de sequía durante los últimos 2.000 años, pero con inundaciones frecuentes y extremas durante el Óptimo Medieval.[404] Los dos primeros siglos de la Pequeña Edad de Hielo presenciaron unas cuantas inundaciones grandes por el Suroeste, pero después inundaciones grandes y repetidas a fines de esa época de frío en el siglo XIX. El Centro empleó datos de los anillos de crecimiento de los árboles, los que fueron confirmados mediante la datación por radiocarbono de los depósitos dejados por las inundaciones extremas.

Algo más que nos cuenta la Historia, es que las grandes hambrunas en la historia reciente no han sido resultado de las dificultades relacionadas ni con el clima ni con el tiempo. En su mayoría han sido resultado de los fallos de los gobiernos:

- *En los años 30*, la Unión Soviética a propósito dejó morir de hambre a millones de pequeños agricultores con sus familias (el saldo probablemente excede los 7 millones) como instrumento de la política del Estado para hacerse de sus terrenos a favor de las granjas colectivas.[405]

- *En 1943*, tantos como 3 millones de seres humanos murieron en lo que hoy en día es Bangla Desh. La cosecha de arroz fue más pequeña ese año que en 1942. Sin embargo, una de las mayores dificultades fue que el auge económico de la guerra dio a los trabajadores urbanos tanto poder adquisitivo que éstos pudieron negarle los alimentos disponibles a los campesinos sin tierras. La administración británica se preocupaba por una posible invasión japonesa y apenas prestó atención a la escasez que se difundió por el campo hasta que se hizo muy tarde.

- *En 1959*, el Presidente Mao Tse-tung de China obligó a decenas de millones de pequeños agricultores a participar en las granjas colectivas. Para congraciarse con el Presidente Mao, los funcionarios rurales luego

---

[404] Centro Nacional de Datos del Clima, "Desarrollo de un banco de datos de los anillos de crecimiento de los árboles para ayudar a resolver las cuestiones en torno al cambio climático," 1996 <www.ncdc.noaa.gov/paleo/treering.html> (accedido el 5/VIII/07)

[405] Stéphane Courtois, et al., *The Black Book of Communism* (Massachusetts: Harvard University Press, octubre de 1999).

exageraron de manera sistemática el rendimiento de comestibles de las granjas colectivas. Cuando el gobierno central exigió la tercera parte de esas cifras exageradas de la cosecha, los agricultores se quedaron casi sin nada que comer. En los dos años siguientes los agricultores no tuvieron la energía necesaria para sembrar los cultivos ni para cuidar de ellos, y el hambre se extendió a las ciudades. Más de 30 millones de seres humanos perdieron la vida.[406]

- *En 1984-1985*, Etiopía cayó bajo el dominio de una junta militar tipo estalinista. Posterior a una mala cosecha de cereales, los países occidentales enviaron alimentos y medios de transporte, pero la junta usó gran parte de los alimentos para abastecer a sus tropas. La gente común y corriente solamente pudo recibir comida si abandonaban sus terrenos en las tierras altas, controladas por las fuerzas opuestas a la junta militar, para cultivar tierras nuevas con grado de sostenibilidad desconocido en partes lejanas. Hasta un millón de seres humanos pueden haber muerto de hambre antes de finalmente caer la junta.

LAS LECCIONES DE LA CIENCIA

Richard Willson, de la NASA y de la Universidad de Columbia, ha medido un incremento del 0,05 por ciento por década en la irradiación del Sol durante las dos últimas décadas. Según él, puede que la tendencia al alza en la luz solar haya comenzado previamente.[407] Anteriormente no disponíamos de los instrumentos de precisión necesarios para medir esta tendencia, que aunque pequeña es de importancia capital. Pero cada poquito de ella sirve para estimular el crecimiento de los cultivos. Una luz del Sol más fuerte incrementará en grado significativo la producitvidad de las tierras de cultivo en las latitudes medianas septentrionales, como lo son Alemania, el Canadá y Rusia. La producción mayor de alimentos en las muy extensas planicies septentrionales excedería por mucho el impacto negativo de las condiciones algo más áridas en las latitudes medianas meridionales. El experto danés en agricultura Jorgen Olesen, del Instituto Danés de las Ciencias Agropecuarias, pronostica que la producción total de alimentos en Europa crecerá con el calentamiento, bien si algunas regiones del sur europeo experimentarán

---

[406] Ibíd.

[407] R. Willson y A.V. Mordvinov, "Las tendencias seculares de la irradiación solar total durante los ciclos solares 21-23," *Geophysical Research Letters* 30, núm. 5 (2003): 1199.

cosechas disminuidas por la aridez.[408]

Más calor significa mayor precipitación, según se evapora una cantidad crecida del agua de los océanos para regresar en forma de lluvia y de nieve. La NASA dice que durante el siglo XX la lluvia alrededor del mundo aumentó en un 2 por ciento, en comparación con las postrimerías de la Pequeña Edad de Hielo en el siglo XIX. La mayor parte de la humedad acrecentada cayó sobre las latitudes medianas y altas, donde se encuentra gran parte de las tierras agrícolas más productivas.[409] Cabe esperar que ello vaya a continuar durante el Calentamiento Moderno.

Otra razón por la cual la producción de alimentos se ha inclinado al crecimiento durante los últimos 150 años, es que los niveles de CO_2 en la atmósfera han aumentado. Cuando los océanos se calientan, éstos liberan CO_2. La cantidad mayor de CO_2 no solamente sirve para fertilizar las plantas, sino que también las ayuda a emplear el agua con mayor eficiencia.

En 1997 los investigadores del Departamento de Agricultura estadounidense cultivaron trigo en un túnel largo de plástico y variaron el nivel de CO_2 para las plantas del cereal, a partir del nivel visto durante la Edad de Hielo de unas 200 partes por millón en un extremo del túnel, hasta el nivel medido a fines de la década del 1980, de 350 ppm por el extremo opuesto.[410] Y, ¿los resultados? Unas 100 ppm de CO_2 adicionales aumentaron la producción de trigo en el 72 por ciento en condiciones de agua abundante y en el 48 por ciento en condiciones de semisequía. Ello significa un incremento promedio del 60 por ciento en el rendimiento de la cosecha. Los resultados, como ya hemos informado en el capítulo 9, concuerdan con los de una amplia variedad de estudios del enriquecimiento con CO_2 que se han realizado en más de una docena de países y con muchas cosechas distintas.

TECNOLOGÍAS DE CULTIVO MEJORADAS

La producción de comestibles por el hombre en la actualidad depende mucho más de la tecnología de cultivo que de los cambios modestos en el clima. No

---

[408] R. Uhlig, "Comilona y escasez en Europa a medida que el calentamiento global quema las fincas," *Daily Telegraph* (Londres), 21 de agosto de 2003.

[409] A. Dai, I.Y. Fund y A. Del Genio, "Variación en la precipitación terrestre global, observada desde la superficie, 1900-1988," *Journal of Climate* 10 (diciembre de 1997): 2943-962.

[410] H.S. Mayeaux et al., "Rendimiento del trigo a lo largo de un gradiente de dióxido de carbono subambiental," *Global Change Biology* 3 (1997): 269-78.

estamos condenados a sufrir la escasez de alimentos a causa del Calentamiento Moderno, más que lo que estamos condenados a sufrir de malaria en la época de los pesticidas y de las mallas de ventana. De hecho la abundancia de alimentos de la que el mundo ha gozado a partir del siglo XVIII, se debe principalmente a los adelantos en los campos de la ciencia y de la tecnología.

En el 1500, la Gran Bretaña no podía alimentar a más de 1 millón de seres humanos. Hacia el 1850, gracias al conocimiento del concepto de la rotación de cultivos y a las maquinarias agrícolas como la sembradora y la segadora, la Gran Bretaña pudo alimentar a más de 16 millones. Hoy día ese país tiene más de 60 millones de habitantes, los que se alimentan mayormente de los terrenos nacionales.

El fertilizante industrial de nitrógeno representa uno de los mayores adelantos para la agricultura en la historia del hombre. Antes de 1908, los agricultores solamente podían mantener los niveles de nutrientes de sus suelos con estiércol de ganado o con un cultivo aumentado de las cosechas que rinden abono verde, como el trébol por ejemplo. Las dos estrategias precisan del empleo de mucho terreno. Pero en 1908 el Proceso Haber-Bosch comenzó a extraer nitrógeno del aire, cuya proporción de nitrógeno representa el 78 por ciento del contenido. Los agricultores modernos aplican unos 80 millones de toneladas de nitrógeno industrial al año para mantener la fertilidad de sus suelos, y no les cuesta ni un acre de terreno.

Para sacar 80 millones de toneladas de nitrógeno al año del estiércol de ganado vacuno, el mundo precisaría de casi ocho mil millones de reses más, además de unos cinco acres de tierra de forraje para cada una de las bestias. Ello significaría eliminar a la mitad de las personas, despejar todos los bosques o alguna combinación de estas dos estrategias.

La Revolución Verde de la década del 60 triplicó el rendimiento de las cosechas por toda Europa y por grandes extensiones del Tercer Mundo, en gran parte con tres métodos:

- Las semillas más potentes, muchas de ellas resistentes a las sequías y a las plagas, hicieron un mejor uso de la lista entera de los nutrientes vegetales (el nitrógeno, el fosfato y la potasa, más veintiséis elementos minerales traza) que emplean en sus terrenos los agricultores modernos que analizan los suelos.

- La irrigación asegura una cantidad amplia de agua, a menudo aun en las zonas semiáridas.

- Los insecticidas y los fungicidas protegen los altos rendimientos de las cosechas, tanto durante la temporada de crecimiento como durante el plazo de almacenamiento.

En Estados Unidos, donde la agricultura de alto rendimiento comenzó primero, los diarios de los primeros colonizadores en el Valle del Shenandoah en el estado de Virginia señalan que el rendimiento del trigo alrededor del 1800 fue solamente de 6 a 7 fanegas por acre. Hoy en día los agricultores del valle a menudo sacan rendimientos diez veces mayores. En EE.UU. hacia la década de 1920 el rendimiento del maíz había alcanzado las 25 fanegas por acre. En la actualidad el promedio nacional es de más de 140 fanegas y sigue creciendo.

La misma trama de ascensos en el rendimiento y de cosechas más seguras se desenvuelve en la mayor parte del mundo. El África es el único lugar en el mundo donde la producción de alimentos per cápita no ha mejorado en décadas recientes. La producción africana de alimentos se ha visto desfavorecida por los suelos antiquísimos, por las sequías frecuentes y por la abundancia de insectos y de enfermedades. Además ha habido falta de investigación adecuada de los suelos, de los microclimas y de las plagas particulares a ese continente, así como una falta, igualmente perjudicial, de infraestructura y de estabilidad en los gobiernos.

Dos acontecimientos recientes en la investigación ahora pueden ayudar al África especialmente:

- El maíz con proteína de alta calidad, creado en el Centro Internacional de Mejoramiento de Maíz y Trigo en México, no sólo rinde más sino que también proporciona mayores cantidades de lisina y de triptófano, dos aminoácidos de importancia crítica para la alimentación del hombre pero que faltan en la mayor parte de las variedades de maíz. El maíz con proteína de alta calidad por sí mismo podría curar a muchos niños africanos que sufren de la malnutrición.

- Los genetistas del arroz han podido cruzar las especies de arroz nativas del África con las variedades asiáticas de arroz para crear una familia de variedades nuevas de arroz que, aparte de ser más robustas, dan mayor rendimiento.

En caso de invertirse más en las investigaciones para y en aquel continente, son de esperarse mayores adelantos semejantes para los agricultores africanos. Independientemente de lo que suceda con el clima, el mejoramiento de los puentes y de las vías de transporte, así como de la seguridad nacional, también haría los insumos agropecuarios menos costosos y los rendimientos mayores más fáciles de vender.

La agricultura moderna de alto rendimiento es también la más sostenible en la historia gracias a los fertilizantes, a los análisis de los suelos, y a un sistema de cultivo introducido en el siglo XX y que se denomina "labranza de conservación." La labranza de conservación controla las malas hierbas con siembras de abono y con el uso de los pesticidas químicos en vez del arado, el que invita la erosión del suelo. El agricultor de conservación remueve solamente las dos o tres pulgadas superiores de la capa del suelo junto con los tallos y los residuos de la cosecha anterior. Este proceso crea billones de represas inifinitesimales que impiden la erosión por el agua y por los vientos. Estas represas diminutas además ayudan el agua a filtrarse hasta las raíces en vez de correr hacia el arroyo más cercano.

La labranza de conservación disminuye la erosión de los suelos a razón del 65 al 95 por ciento y a menudo duplica la cantidad de humedad en el terreno. Fomenta el crecimiento de bacterias y de lombrices en el suelo, tanto gracias al suministro abundante y continuo de los residuos de las cosechas como porque a aquéllas no les gusta ser aradas, tal y como les sucede en los campos convencionales y en los orgánicos.

Mediante la expansión del empleo de los métodos de la labranza de conservación por Estados Unidos, el Canadá, Suramérica, Australia y, más recientemente, en el sur de Asia, cientos de millones de acres actualmente producen más a niveles sostenibles que nunca antes.

Otro empleo fructífero de la tecnología con mayor sostenibilidad, consiste en la irrigación más eficiente. En el Tercer Mundo, los sistemas primitivos de la irrigación por inundación usan el agua con una eficiencia de menos del 40 por ciento. Los sistemas de irrigación de pivote central con tubería de plástico para llevar el agua directamente a las raíces, lo cual limita la evaporación, y controlados por computadora para aplicar la cantidad precisa de humedad que cada parte del terreno necesite, pueden acercarse a una eficiencia del 90 por ciento. Los agricultores del mundo actualmente usan un 70 por ciento del agua dulce que la humanidad consume. Según el agua se vuelve más valiosa, habrá justificación para realizar inversiones mayores de capital en los sistemas de irrigación de alta eficiencia.

LA BIOTECNOLOGÍA

El nivel moderno de rendimiento de las cosechas es el producto de más de 200 años de la práctica científica convencional, conducida a tientas. Pero hacia el 2050 es probable que el mundo tenga más de siete mil millones de seres humanos acaudalados, todos exigiendo las dietas de alta calidad que hoy día sólo pueden costear mil millones de hombres y mujeres. Además habrás más animales de mascota para alimentar.

Ello significa que la demanda por los alimentos crecerá en más del 100 por ciento, y resulta que ya estamos cultivando la mitad de los terrenos disponibles de la Tierra. Será necesario desarrollar fuentes nuevas de cosechas y de ganado de alto rendimiento. El mundo ya se sirve de la genética de plantas, de los fertilizantes, de la irrigación y de los pesticidas. Sin embargo, el mundo apenas comienza a emplear la biotecnología, nuestros nuevos conocimientos de los códigos genéticos de la Naturaleza.

La primera aplicación de amplia utilidad para la biotecnología agropecuaria, ha sido la creación de las plantas que soportan los herbicidas sintéticos, de modo que, a fin de proteger mejor nuestras cosechas de la competencia de las malas hierbas, podamos emplear los herbicidas que ofrezcan el mayor grado de seguridad para el medio ambiente. El resultado es que en muchos países hemos mejorado algo el rendimiento de las cosechas y así bajado el costo de los comestibles.

También sucede que uno de los peores factores nocivos endémicos en el África es una hierba parasítica denominada hierba bruja (Spriga asiatica). Esta hierba mala invade las plantas de maíz y de sorgo por las raíces. El agricultor nunca se da cuenta de su presencia hasta que en los tallos de sus cosechas brotan de repente las flores de color rojo vivo de la hierba bruja, en vez de la espiga que él esperaba.

Las semillas tolerantes de los herbicidas, creadas mediante la manipulación genética, podrían solventar la dificultad. Con la semilla empapada de herbicida, la hierba bruja muere a medida que penetra la raíz de la planta, de modo que el cereal pueda prosperar. Desgraciadamente, los activistas y los gobiernos europeos han amenazado con represalias a los gobiernos africanos que permitan la siembra de las cosechas modificadas con métodos de biotecnología.

Últimamente los investigadores de la manipulación genética han logrado esquivar a los que se oponen a la biotecnología. Pioneer Hi-Bred identificó semillas de maíz con tolerancia natural al herbicida imazopir y donó el germoplasma al Centro Internacional de Mejoramiento de Maíz y Trigo (CIMMYT) en México. A su vez, el CIMMYT incorporó la tolerancia al herbicida en las variedades africanas de maíz. Los rendimientos de maíz se han más que duplicado. La tecnología no es cara y es fácil de usar hasta para las pequeñas fincas africanas.

La biotecnlología además ha permitido que los investigadores botánicos pongan un insecticida natural de los suelos (*Bacillus thuringiensis*) en las plantas de cultivo como el maíz y el algodón. Gracias a estas plantas resistentes, ya no resulta necesario rociar millones de libras de pesticidas por el medio ambiente ni poner en peligro a los insectos beneficiosos. Millones de pequeños agricultores, particularmente en China y la India, han sembrado maíz y algodón que contienen BT.

Un beneficio importante de segunda generación, consiste en descubrir genes naturales silvestres que puedan mejorar nuestras plantas de cultivo. Ya hemos visto un adelanto importante de este tipo. Los exploradores botánicos hace casi medio siglo hallaron un familiar de la patata silvestre que resiste el virus del tizón que causó la escasez de las patatas en Irlanda durante la década de 1840. Desgraciadamente, los genetistas nunca habían podido cruzar ese gene de la resistencia al tizón exitosamente, en ninguna variedad productiva y comestible de patata doméstica. Ahora, tres universidades distintas han empalmado el gene resistente al tizón en variedades nuevas de patata. Ello cobrará especial importancia para las regiones de Asia y del África con poblaciones de alta densidad (como por ejemplo Ruanda y Bangla Desh) que han llegado a depender más de la capacidad especial de la patata de producir una cantidad mayor de alimento por acre de terreno que cualquier otra cosecha.

La sigatoka negra, una enfermedad bacteriana nueva que afecta los plátanos (alimentos básicos en extensas comarcas del África) ha ido propagándose alrededor del mundo. Desgraciadamente, los plátanos resultan ser particularmente difíciles de cruzar. Felizmente, la biotecnología ha podido crear plantas resistentes a la sigatoka negra para proteger la tenue seguridad alimenticia del África tropical y subtropical.

Los investigadores de plantas además consideran que la biotecnología es la vía más probable hacia la creación de cultivos con tolerancia a las sequías, lo que sería sumamente importante para hacer frente a cualquier dificultad a largo plazo, relacionada con las sequías, que pudiera surgir durante el Calentamiento Moderno. Egipto ya ha incorporado en el trigo un gene de tolerancia a las sequías, tomado de la planta de la cebada, lo cual ha rendido variedades que necesitan de una sola tanda de irrigación en vez de ocho. El trigo tolerante a las sequías no solamente tomará menos agua, sino que también disminuirá el grado de salinización de los terrenos irrigados donde aquél se cultiva. Además deberá ser una bendición para las extensas zonas de tierras de buena calidad donde la lluvia escasea.

EL TRANSPORTE MODERNO

La mayor ventaja tecnológica del mundo moderno en lidiar con la hambruna relacionada con el mal tiempo, es el transporte moderno. En los próximos siglos de calentamiento, no hay duda de que vaya a ser posible producir cantidades de alimentos con las tierras que reciben buen tiempo en un año dado, suficientes para satisfacer todos los requisitos nutricionales del mundo. Lo que es igual de importante, podremos almacenar con seguridad los alimentos de los años de buenas cosechas para asegurar la abundancia de comestibles en los años de malas cosechas. Lo único que se necesita son silos económicos de concreto y los pesticidas modernos para impedir que las ratas y los insectos se alimenten de nuestras reservas antes de que nosotros tengamos que usarlas. Merced a los métodos modernos de transporte, además nos será posible llevar la comida de donde se coseche a donde se necesite.

En el siglo XV, el transporte dependió de los barcos, de las carretas de bueyes y de los mensajeros que corrían a pie. La noticia de una escasez de alimentos tardaba semanas en viajar de las comarcas donde la gente estaba pasando hambre a las regiones donde sobraban los comestibles. Imagínese el tiempo frígido y húmedo del siglo XV con sus caminos de tierra convertidos en fango para las carretas y sus bueyes, lentos y desnutridos. Hubiera sido muy difícil transportar grandes cantidades de trigo, de arroz o de forraje de las granjas de una región a las ciudades de otra. Y piense en los barquitos de madera del siglo XV, valientemente afrontando las tormentas para llevar comida a las víctimas del hambre, desviados de su ruta por días y semanas aun mientras que las ratas y los gorgojos poco a poco consumían sus cargamentos vitales.

Hoy en día, la noticia del posible fracaso de la cosecha y del hambre que habrá de seguirlo llega aun antes de que se produzca el fracaso mismo. La información viaja a la velocidad de la luz, de la Tierra a los satélites y de vuelta a la Tierra. Luego se envían enormes camiones y vagones de ferrocarril a los silos gigantescos; el alimento pasa por vías férreas controladas por computadora y por autopistas modernas hasta llegar a naves gigantes que esperan en el puerto más cercano. Los barcos pueden llegar a cualquier puerto del mundo en cuestión de días y descargar un millón de toneladas de abastecimientos a un precio que resulta asombrosamente módico.

El Japón, una de las sociedades más exitosas del siglo XX, carece casi por completo de recursos naturales y posee muy escasas tierras de labrantío. El Japón típicamente importa más de 40 millones de toneladas de granos, de forraje, de semillas oleaginosas, de carne y de productos lácteos. Mantiene solamente un mes de reservas más un mes en camino rumbo a las islas nacionales en buques mercantes, y además emplea contratos de entrega futura para asegurar el suministro a largo plazo.

En el siglo XXI, este sistema bien eficiente de transporte y de comunicaciones estará a la disposición de una parte mucho mayor de la población de la Tierra. Se hará aun más fácil y más barato el trasladar los comestibles de donde mejor crece, a donde la gente prefiere vivir.

¿QUÉ DE CHINA Y DE LA INDIA?

China y la India tienen poblaciones de más de mil millones cada una, y la población de la India sigue creciendo. Los terrenos de labor en China se ven seriamente restringidos por las montañas, por los desiertos y por la lluvia irregular. Los monzones de la India dejan el país árido durante gran parte del año y el suministro de agua apenas basta para mantener la población actual. ¿Cómo podrán estas sociedades alimentarse en el futuro sin privar a otros países de lo que necesitan?

El rendimiento de las cosechas todavía sigue mejorando en China, en la India y alrededor del mundo. Si seguimos invirtiendo en la investigación agropecuaria, hallaremos nuevas maneras de alimentar la población creciente del mundo. Ya el algodón, el maíz y la soja modificadas con métodos de biotecnología van surtiendo efectos positivos sobre la producción agrícola de China y de la India. Hace poco, una variedad híbrida de algodón, resistente a las plagas, ha sido creada en China por la manipulación genética. Ello servirá para liberar 600.000 hectáreas de terrenos que actualmente son dedicados al algodón, para las cosechas comestibles.

Además de lo cual, por supuesto existe un potencial enorme para importar los productos agrícolas a estos países tan densamente poblados. Los países de las zonas templadas y con abundancia de terrenos, como lo son Estados Unidos, Canadá, Francia, Argentina y Brasil ya tienen una gran capacidad para expandir la producción agropecuaria. Las potencias agropecuarias emergentes como Polonia, Rumanía, Turquía y Ucrania también tienen perspectivas mayores de expansión. China y la India tienen la capacidad cada vez mayor de pagar los comestibles que esos países importan con las ganancias que sus exportaciones y sus industrias no agrícolas les rinden.

También podemos esperar que los dirigentes mundiales hayan aprendido una lección importantísima de los costos descomunales y de los bajos índices de éxito que han tenido las "guerras por terrenos" que se han librado en décadas recientes. El Japón tomó Manchuria en los años 30 para hacerse de los yacimientos petrolíferos y de los campos de soja. Alemania desató la guerra en 1939, al menos en parte para obtener "espacio de vivienda," o sea terrenos de labrantía. Saddam Hussein invadió Kuwait por motivo del petróleo. Las naciones invasoras pagaron caro por sus tomas, en términos de la pérdida de vida y de los gastos militares, nada más para ser rechazadas por la comunidad mundial.

En la era del librecambio, de las comunicaciones veloces y del financiamiento fácil, en función de los costos mucho más eficaz resulta importar los recursos y los bienes que librar guerras por ellos.

Y, ¿QUÉ DE LOS BIOCOMBUSTIBLES?

Hasta la fecha, el error más grande que el alarmismo en torno al calentamiento global ha infligido al mundo, es la enorme expansión de la producción de los biocombustibles, especialmente del etanol de maíz en EE.UU. Los campos de maíz norteamericanos solamente rinden el equivalente de 50 galones de gasolina por acre al año, mientras que el consumo de gasolina en EE.UU. asciende sobre los 135 mil millones de galones al año. Los agricultores estadounidenses solamente tienen para sembrar unos 255 millones de acres de tierras agrícolas de alta calidad, de lo cual casi todo ya está sembrado. Unos 160 millones de acres de maíz y de soja se cultivan para rendir alimento y forraje de consumo nacional y de exportación. Durante largo tiempo se ha buscado fabricar el etanol de las virutas de madera, de la hierba switchgrass y de los tallos de maíz, pero ello no ha podido lograrse en escala comercial.

El Acta de los Energéticos de 2005 en EE.UU. estableció un objetivo de 7,5 mil millones de galones de "combustibles renovables;" el etanol derivado de maíz básicamente fue la única fuente disponible. En 2007, el presidente Bush, en su discurso anual sobre el estado de la Unión norteamericana, estableció un nuevo mandato al efecto de que el país debería producir 35 mil millones de galones de combustibles renovables al año, siendo todavía el etanol de maíz la única fuente visible de los biocombustibles.

Este dirigismo para estimular el empleo del etanol, obliga al consumidor a elegir entre la comida, los combustibles y el hábitat para las especies silvestres. Para mellar perceptiblemente la demanda de la gasolina en EE.UU. con el etanol de maíz, es probable que fuera necesario despejar de 50 millones a 100 millones de acres de los bosques del medioeste, a no ser que los agricultores norteamericanos dejaran de exportar sus productos de granos, de semillas oleaginosas y de carne, en cuyo caso los bosques despejados serían en los países que antes importaban los productos de la industria agropecuaria estadounidense.

De no ser por el temor al calentamiento global, seguramente los norteamericanos no aceptarían desviar la producción de sus alimentos para fabricar combustibles de poca calidad y de precio elevado. Toda palabra tranquilizadora acerca de la capacidad del mundo de alimentarse en un siglo XXI más cálido, deberá incorporar una advertencia contra la expansión importante de los biocombustibles derivados de los granos y de las semillas oleaginosas. Hasta la caña de azúcar, la que rinde muchísimo más etanol por acre y por unidad de energía invertida, quita terrenos necesarios para proporcionar alimentos o el hábitat de la fauna. El empleo de los combustibles fósiles no presenta estos inconvenientes.

Capítulo 11

Climas más violentos

Otro temor infundado que los alarmistas difunden, consiste en la idea de que el calentamiento global irá a provocar una mayor incidencia de eventos meteorológicos violentos. El servicio de noticias Reuters recientemente ayudó a diseminar el mito:

> De las inundaciones catastróficas a las sequías abrasadoras, el tiempo extremo relacionado con el calentamiento global ha contribuido a un aumento en las declaraciones de siniestro en años recientes, posiblemente provocando alzas en el precio de las primas de las pólizas de seguro, según un estudio emitido el miércoles. "Alrededor del mundo los eventos extremos van aumentando," declaró Thomas Loster, director de la investigación de los riesgos relacionados con el tiempo y con el clima en Munich Re, durante una rueda de prensa con el Programa Ambiental de la ONU en Milán. ... Los desastres naturales costaron al mundo más de $60 mil millones en 2003... lo cual fue más que en 2002, cuando las pérdidas globales alcanzaron los $55 mil millones.[411]

Pero los reclamos por daños son seguramente uno de los peores modos de medir el impacto del calentamiento global. Los reclamos por daños no miden ni la ferocidad ni la frecuencia de las tormentas, sino que sólo pagan por reconstruir las estructuras artificiales. Hoy en día tenemos estructuras más y más costosas, y más de ellas situadas en lugares expuestos a los azotes del clima. En vez de los reclamos por daños, tenemos que hacer enfoque en la teoría y en la historia de los temporales.

---

[411] "Las empresas de seguros se enfrentan con aumentos en los reclamos por daños," Reuters, 12 de diciembre de 2003.

EL MAL TIEMPO EN LA TEORÍA Y EN LA HISTORIA

Los patrones meteorológicos de la Tierra son regidos por el hecho de que el planeta se calienta de una manera que no es uniforme, tanto durante el día como a medida que pasan las temporadas. La línea del ecuador es la parte más ancha del globo y absorbe la mayor cantidad de calor.

Mientras mayor sea la diferencia en la temperatura entre el ecuador y los polos, mayor es la energía que se imparte a los vientos, a las olas, a las corrientes—y a las tormentas. Por ende, un calentamiento global que incrementara principalmente las temperaturas en los polos y durante el invierno, debería significar que las tormentas fueran menos numerosas y no más frecuentes, así como más suaves y no más recias.

En el 2003, la Organización Meteorológica Mundial de la ONU, la que generó el Panel Intergubernamental del Cambio Climático, declaró que podría esperarse que el calentamiento global fuera a dar más "eventos de tiempo extremo" a medida que subieran los niveles de dióxido de carbono. Sin embargo el propio IPCC ya reconoció en su informe del 2001 que, "No se pone en evidencia ningún cambio sistemático en la frecuencia de los tornados, de los días de truenos ni de los eventos de granizo en las zonas limitadas que se analizaron," y que "los cambios globales en la intensidad y en la frecuencia de las tormentas tropicales y subtropicales se ven dominados por las variaciones interdecadales y multidecadales, sin tendencias evidentes de importancia a lo largo del siglo XX."[412]

Kerry Emanuel, del Instituto de Tecnología de Massachusetts, ha afirmado, primeramente en los años 80 y luego en el 2005, que el calentamiento global va produciendo huracanes tanto más poderosos como más destructores. En el verano de 2005, Emanuel declaró que el calentamiento global había ayudado a duplicar el poder destructivo de los huracanes del norte del Atlántico y del Pacífico durante un calentamiento de 0,5° C de 1975 a 2005.[413] El nuevo pánico corrió rápidamente por los titulares en todo el país, a manos de los medios de prensa importantes como por ejemplo los periódicos *Washington Post, USA Today* y *The Seattle Times* y la red televisiva CBS.

Chris Landsea, de la División para la Investigación de los Huracanes de la NOAA, respondió enseguida que la evidencia muestra alternaciones naturales entre máximos y mínimos en la frecuencia de los huracanes, en plazos que a menudo duran de 25 a 40 años. La evidencia, que se remonta unos 150 años

---

[412] IPCC, *Climate Change 2001*, Resumen para los reponsables de la política (Cambridge, Reino Unido: Cambridge University Press, 2001), 2.

[413] K. Emanuel, "El poder destructivo creciente de los ciclones tropicales durante los últimos 30 años," *Nature* 436 (2005): 686-688.

en el pasado, no muestra relación alguna a largo plazo con el calentamiento global.[414]

Uno de los principales meteorólogos de huracanes, William Gray de la Universidad Estatal de Colorado, fue menos diplomático con las declaraciones que hizo Emanuel. "Es un informe malísimo, uno de los peores que yo haya visto en la vida," dijo Gray, cuyas propias investigaciones, publicadas en revistas de revisión inter pares, muestran que la intensidad mundial de los ciclones no va aumentando. Ya en el 2003 Gray había advertido contra relacionar los huracanes con el calentamiento global:

> Algunos interpretarán la elevación reciente en la actividad de los huracanes durante 1995 y 1996, así como [mi pronóstico de un nivel superior al promedio en la actividad de los huracanes durante los próximos varios años] como evidencia de cambios en el clima, debidos a la elevación del nivel de los gases de invernadero emitidos por el hombre. No hay ninguna manera sensata de aceptar dichas interpretaciones.[415]

Una de las pruebas más contundentes contra la tesis que propone Emanuel, proviene del mar Caribe. Las crónicas de la historia nos dicen que, de 1701 a 1850 durante la Pequeña Edad de Hielo, la comarca experimentó casi tres veces la cantidad de huracanes importantes por año que la que la misma experimentó durante los años de "calentamiento" de 1950 a 1998. A partir de 1700 la Marina británica llevó registros esmerados y completos de los temporales en el Caribe, porque la Gran Bretaña poseía grandes plantaciones de azúcar y una flota extensa de barcos de vela basados en la región. James Elsner y su equipo de la Universidad Estatal de la Florida, documentaron ochenta y tres huracanes importantes que sacudieron Bermuda, Jamaica y Puerto Rico entre 1701 y 1850 (uno cada dos años) y sólo diez que alcanzaron esas islas entre 1950 y 1998 (uno cada cinco años).[416]

Philip Klotzbach, de la Universidad Estatal de Colorado, ha examinado la

---

[414] C. Landsea, "Los huracanes y el calentamiento global," *Nature* 438 (diciembre de 2005).

[415] W. Gray et al., "Pronóstico de alcance ampliado para 2004 de la actividad estacional de los huracanes en el Atlántico y probabilidad de llegar a tierra en EE.UU.," Universidad Estatal de Colorado, diciembre de 2003 <http://hurricane.atmos.colostate.edu/forecasts/2004/dec2004/> (accedido el 5/VIII/07)

[416] J.B. Elsner et al., "Variaciones espaciales en la actividad de los huracanes importantes: La estadística y un mecanismo físico," *Journal of Climate* 13 (2000): 2293-305.

cantidad de ciclones de importancia y sus velocidades sostenidas del viento en las diversas regiones del mundo de 1986 a 2005. Él encontró que efectivamente sí hubo "una tendencia grande y creciente en la intensidad y en la longevidad de los ciclones tropicales en la cuenca del Atlántico Norte." Sin embargo, para el Pacífico Norte descubrió lo opuesto, una inclinación descendiente considerable. Las demás cuencas oceánicas productoras de los ciclones tropicales solamente mostraron variaciones pequeñas.[417]

Klotzbach no halló "ningún cambio notable en la actividad neta global de los ciclones tropicales," salvo un "pequeño incremento en los huracanes globales de las Categorías 4 y 5, del período 1985-1995 al período 1996-2005." Su conclusión:

> Estos resultados contradicen las conclusiones de Emanuel (2005) y de Webster et al. (2005). No respaldan el razonamiento de que los ciclones tropicales globales hayan experimentado incrementos en años recientes relativos a la frecuencia, a la intensidad y a la longevidad. Basado en los datos globales de la "mejor trayectoria," no ha habido ninguna tendencia ascendiente de importancia en la acumulación de la energía ciclónica y tan sólo un incremento pequeño (de un 10 por ciento) en los huracanes de las Categorías 4 y 5 durante los últimos 20 años, pese al incremento en la tendencia a elevaciones en las temperaturas por la superficie del mar.[418]

Klotzbach agrega que los cambios en las temperaturas por la superficie del mar solamente se correlacionan "marginalmente" con la formación de los huracanes en el Atlántico tropical. El cizallamiento vertical del viento es un factor de mucha mayor importancia.

En su testimonio dado ante el Congreso estadounidense, John Christy, director del Centro de Ciencias del Sistema Terrestre en la Universidad de Alabama en Huntsville, confirmó que ni las sequías, ni los huracanes, ni las tormentas eléctricas, ni las granizadas ni los tornados han aumentado en años recientes en lo que respecta a la frecuencia y a la intensidad. Observó que las mayores sequías en el suroeste norteamericano tuvieron lugar hace más de cuatro siglos, antes del 1600. Agregó que, antes de 1850, las Grandes Planicies se llamaban "el Gran Desierto Americano," y que los expertos de aquel entonces afirmaban que la agricultura era imposible en la región. El tiempo luce insólito y peligroso en nuestra época, dice Christy, pero eso es solamente porque los medios de comunicación prestan tanta atención a los

---

[417] Philip J. Klotzbach, "La tendencias en la actividad global de los ciclones tropicales durante los últimos veinte años (1986-2005)," *Geophysical Research Letters* 33 (2006): L010805, doi: 10.1029/2006GL025757.

[418] Ibíd.

grandes temporales. El historial geológico, dice, indica con plena claridad que el clima actual no es de ningún modo extraordinario ni palpablemente distinto a lo que pudiera esperarse de los procesos puramente naturales.[419]

Las crónicas escritas de la China se remontan más aun en el pasado y en mayor detalle que las de ningún otro país, y China siempre ha sido especialmente vulnerable a las sequías y a las inundaciones. El economista chino Kang Chao informa de que China promedió menos de cuatro inundaciones mayores por siglo durante el Calentamiento Medieval, y el doble de ello durante la Pequeña Edad de Hielo. Nos informa que, durante los siglos de calor, las sequías solamente sucedieron con una tercera parte de la frecuencia (tres por siglo) que tuvieron durante los siglos de frío (trece por siglo).[420]

Según Hubert H. Lamb, los temporales arreciados fueron "los primeros síntomas," no del calentamiento global, sino del cambio bastante súbito a la Pequeña Edad de Hielo. Lamb hace notar "los aumentos en la incidencia y en la severidad de las tormentas de viento y de las inundaciones marinas durante el siglo XIII. Algunas de éstas causaron pérdidas de vida horribles que pueden compararse con los peores desastres recientes sucedidos en China y en Bangla Desh."[421] Recuérdense las tres inundaciones marinas de los litorales de Holanda y de Alemania a principios del siglo XIV, tratados en el Capítulo 3. El saldo de muertos se calculó en unos 100.000 en cada una de las inundaciones.

¿QUÉ DECIR DE LAS MAREJADAS CICLÓNICAS EXTREMAS?

Keqi Zhang de la Universidad Internacional de la Florida dirigió un estudio, "Actividad de las tormentas por la costa este de EE.UU. durante el siglo XX," fundamentado en diez registros bien largos de las marejadas ciclónicas,

---

[419] John Christy, Profesor de Ciencias Atmosféricas, Universidad de Alabama en Huntsville y uno de los autores principales del Panel Intergubernamental del Cambio Climático de la ONU, en testimonio ante el comité de la Cámara de Representantes de EE.UU., 13 de mayo de 2003.

[420] Kang Chao, *Man and Land in China: An Economic Analysis* (Palo Alto, California: Stanford University Press, 1986).

[421] H.H. Lamb, *Climate, History, and the Modern World*, 191.

tomados de mareómetros por el litoral oriental estadounidense.[422] Los registros de los mareómetros se emplearon para calcular índices de la duración y de la intensidad de las tormentas. Los autores concluyen que el registro "no muestra ninguna tendencia secular distinguible a largo plazo en la actividad de las tormentas durante el siglo XX," pese al calentamiento global visto en este período.

El estudio de Zhang recibió el respaldo del equipo de M.E. Hirsch que había investigado las tormentas de invierno por la Costa Este, sin descubrir ninguna tendencia notable a largo plazo durante un período de 46 años a partir de 1951.[423]

Los registros a largo plazo, relativos a los niveles del mar, de varias estaciones litorales en el noreste europeo durante el siglo XX, no muestran "ningún indicio de que haya incremento alguno de importancia en el grado de tempestuosidad" a pesar de la tendencia al calentamiento desde el 1900 hasta el 2000.[424] Tal es la conclusión que determinó el Proyecto WASA (siglas en inglés de, "Olas y Tormentas en el Atlántico Norte") de Europa.

EL NÚMERO ESPECIAL DE *NATURAL HAZARDS* ACERCA DE LOS FENÓMENOS METEOROLÓGICOS EXTREMOS

La revista de revisión inter pares, *Natural Hazards*, sacó en junio de 2003 un número especial sobre los eventos meteorológicos extremos y el calentamiento global.[425] Hemos hecho enfoque, en cierto detalle, en las investigaciones de autores específicos publicadas en esta revista y en otras partes, y hallamos que aquéllas no corroboran la tesis del aumento en el grado de tempestuosidad, ni a causa de las temperaturas ni por motivo del CO_2.

El número especial de la revista presenta un vistazo general del tiempo extremo en EE.UU., preparado por Robert Balling y por Randall Cerveny de

---

[422] K. Zhang et al., "Actividad de las tormentas por la costa este de EE.UU. durante el siglo XX," *Journal of Climate Change* 13 (2000): 1748-761.

[423] M.E. Hirsch et al., "Una climatología de las tormentas de invierno por la Costa Este," *Journal of Climate* 14 (2001): 882-99.

[424] W. Bijl et al., "¿Cambios en la tempestuosidad? Análisis de la recopilación de datos relativos al nivel del mar a largo plazo," *Climate Research* 11 (1999): 161-72.

[425] *Natural Hazards* 29, núm. 2 (junio de 2003).

la Oficina de Climatología en la Universidad Estatal de Arizona.[426] Balling es asesor del Panel Intergubernamental del Cambio Climático de la ONU. Según ellos, a medida que el planeta se calienta hay *menos* eventos extremos del tiempo. El artículo de Balling y de Cerveny agrega que, pese a la falta de aumento en la tempestuosidad, hoy en día el público tiene una probabilidad tres veces mayor que hace treinta años de ver reportajes acerca de los eventos extremos. El público además ha sido convencido de que los científicos del clima están de acuerdo con la tesis de que el tiempo severo crecerá a medida que vayan acumulándose los gases de invernadero.

Dice Balling que los investigadores "no han podido identificar incrementos notables en la actividad general de las tormentas fuertes, según las mediciones de la magnitud y/o de la frecuencia de las tormentas eléctricas, de las granizadas, de los tornados, de los huracanes y de la actividad de las tormentas de invierno por los Estados Unidos. Hay evidencia de que las tempestades severas de lluvia han aumentado durante el plazo de las crónicas históricas.... Los daños por los eventos atmosféricos agudos han crecido durante este período, pero esta tendencia ascendiente se esfuma al tener en cuenta la inflación de los precios, el crecimiento y la redistribución de la población y la riqueza."[427]

Los informes de tornados en EE.UU. han aumentado por un factor de 10 durante el último medio siglo, pero Balling y Cerveny dicen que la traza de los tornados fuertes solamente (de categoría F3 o más) no muestra ninguna tendencia ascendiente. El incremento en los informes de tornados parece deberse a un sistema mejor de información acerca de los tornados menos fuertes. En efecto, Tom P. Grazulis, director del Proyecto de los Tornados, organismo privado, advierte que "toda vinculación de la actividad de los tornados con el cambio climático de cualquier tipo debe recibirse con el grado mayor de escepticismo. Los ingredientes que influyen en la creación de los tornados son tan diversos y complejos, que nunca podrían servir como indicador del cambio climático."[428]

---

[426] R.C. Balling Jr. y R.S. Cerveny, "Compilación y discusión de las tendencias en las tormentas severas en Estados Unidos: ¿Percepción popular, o realidad del clima?" *Natural Hazards* 29, núm. 2 (junio de 2003): 103-12.

[427] "¿Calentamiento global? La gran polémica: Entrevista con el Dr. Robert Balling, Jr.," 11 de agosto de 1998, <www.evworld.com/archives/interviews/balling.html> (accedido el 5/VIII/07)

[428] T.P. Grazulis, *Significant Tornadoes: 1680-1991/A Chronology and Analysis of Events 0* (St. Johnsbury, Vermont: Environmental Films, 1993); H.E. Brooks y C.A. Sowell, "Daños normalizados de los tornados mayores en Estados Unidos:

Stanley A. Changnon, de la Universidad de Illinois, y su hijo David, de la Universidad de Illinois Septentrional, examinaron la cantidad de "días de truenos" que las 300 estaciones meteorológicas principales en EE.UU. registraron desde 1896 hasta el presente. La cantidad de días con truenos tuvo una tendencia al aumento desde 1896 hasta un punto máximo entre 1936 y 1955, seguido de una tendencia moderadamente descendiente a partir de 1955.[429]

Los Changnon, padre e hijo, además analizaron las tendencias a largo plazo en las granizadas dentro de Estados Unidos. Sirviéndose de registros cuidadosamente seleccionados de 66 estaciones meteorológicas estadounidenses, descubrieron un incremento en la incidencia total de las granizadas desde 1916 hasta alcanzar un punto máximo en 1955, seguido de una disminución general en la actividad de granizo.[430] En otras palabras, las granizadas siguieron la misma pauta que las tormentas eléctricas y ninguno de los dos tipos de evento concuerda con los pronósticos que dan los modelos del clima global.

Numerosos investigadores, entre ellos Stanely Changnon, han descubierto que, durante el último siglo, la cantidad de lluvia que cae con las tormentas eléctricas ha aumentado sobre la mayor parte de los Estados Unidos.[431] Ello concuerda definitivamente con el incremento en la evaporación que ha sucedido según las temperaturas ascendientes del siglo XX han producido un ciclo hidrológico revigorizado. Por sí misma, sin embargo, el incremento moderado en la cantidad de la lluvia presenta escasos peligros.

E. Kenneth Kunkel, del Estudio Hidrológico del Estado de Illinois, en un artículo en el mismo número especial de *Natural Hazards*, halla que ha habido un incremento considerable en la frecuencia de las lluvias copiosas desde la década del 20. Actualmente la frecuencia iguala el nivel de las lluvias copiosas visto a fines del siglo XIX, cuando el país salía de la Pequeña Edad de Hielo. Según Kunkel, el aumento en la lluvia sobre EE.UU. sin embargo

---

1890-1999," *Weather and Forecasting* 16 (2001): 168-76.

[429] Stanley Changnon y David Changnon, "Fluctuaciones a largo plazo en la actividad de las tormentas eléctricas en Estados Unidos," *Climatic Change* 50 (2001): 489-503.

[430] S.A. Changnon y D. Changnon, "Fluctuaciones a largo plazo en la incidencia del granizo en Estados Unidos," *Journal of Climate* 13 (2000): 658-64.

[431] S. Changnon, "La lluvia de las tormentas eléctricas en los Estados Unidos contiguos," *Bulletin of the American Meteorological Society* 82 (2001): 1925-40; y Thomas R. Karl y Richard W. Knight, "Tendencias seculares de la cantidad, la frecuencia y la intensidad de la precipitación en Estados Unidos," *Bulletin of the American Meteorological Society* 79 (1998): 233-41.

sirve poco para resolver la polémica del calentamiento global, porque entre el calentamiento natural y el forzado antropogénico a elevaciones en las temperaturas, ni uno ni otro podrían incrementar el vapor de agua captado por la atmósfera de la Tierra.[432]

¿Qué decir de los monzones asiáticos? El IPCC dijo en su informe de 1996, que "la mayoría de los modelos del clima, con un clima más caliente y con elevaciones en el nivel de CO_2, producen mayores cantidades de lluvia sobre el sur de Asia." En su informe del 2001, el IPCC declaró que, "Es probable que el calentamiento relacionado con las concentraciones crecientes de los gases de invernadero, vaya a causar un incremento en la variabilidad de los monzones de verano asiáticos, así como cambios en la potencia de los mismos."[433]

Un equipo de investigaodres indios, dirigido por R.H. Kripalani del Instituto Indio para la Meteorología Tropical, examinó la variabilidad de los monzones de la India según el planeta se ha calentado desde 1871, y descubrió que el IPCC está equivocado.[434] Los investigadores hallaron una serie de épocas distintas, de tres a diez años cada una, con alternancia en la cantidad de lluvia entre superior e inferior a lo normal en cada época. Sin embargo, no hay evidencia de que los monzones de la India hayan sido afectados por las temperaturas ascendientes, en cuanto ni a la potencia ni a la variabilidad. Además, durante la década de 1990, la que según el IPCC fue la más caliente del milenio, la variabilidad de los monzones de la India disminuyó marcadamente. La profundidad de las nieves sobre el continente de Eurasia ha venido crecicndo, aparentemente como resultado de las mayores cantidades de evaporación y de precipitación impelidas por las temperaturas más altas.

Madhav Khandekar, un meteorólogo con 25 años de experiencia en Environment Canada, no encontró aumento alguno en los eventos atmosféricos extremos (oleadas de calor, inundaciones, ventiscas de nieve, tormentas eléctricas, granizadas, tornados) en ninguna parte del Canadá. Al contrario, llegó a la conclusión de que, "los eventos extremos del tiempo

---

[432] E.K. Kunkel, "Tendencias en los extremos de precipitación en Norteamérica," *Natural Hazards* 29 (2003): 291-305.

[433] IPCC, *Climate Change 2001* (Cambridge: Cambridge University Press, 2001).

[434] R.H. Kripalani et al., "La variabilidad del monzón indio en un escenario de calentamiento global," *Natural Hazards* 29 (2003): 189-206.

definitivamente están en declive durante los últimos 40 años."[435]

Khandekar ofreció la observación de que en el Canadá los veranos más calientes del siglo XX sucedieron durante el período del Desierto de Polvo de las décadas del 20 y del 30, y no durante la del 90. Agregó que, "el cambio en el clima que se ha observado en los últimos 50 años es beneficioso para la mayor parte de las regiones de Canadá, en términos de los gastos reducidos de calefacción y de un clima más agradable."[436]

Nicolas Fauchereau encuentra que las sequías del África meridional guardan relación con incrementos extensos y cálidos de la temperatura de la superficie del mar tropical. Sin embargo, bajo estas condiciones las sequías del África meridional se vuelven menos sensibles a la temperatura en sí y más estrechamente vinculadas con el ciclo de El Niño/Oscilación Meridional (siglas en inglés: ENSO). De 1970 a 1988, por ejemplo, de los cinco años más secos cuatro se vieron relacionados con puntos máximos en el ciclo ENSO.[437] Dada su situación geográfica, los cambios abruptos en el terreno, los contornos oceánicos contrastantes y su dinámica atmosférica, el sur de África es una parte del mundo que tiene una propensidad especial a sufrir sequías. Desgraciadamente, las sequías en el sur de África se han vuelto más intensas y también más extensas a medida que las temperaturas globales han subido desde fines de los 60, según el Centro Francés para la Investigación Climatológica.

Resulta trágico y localmente devastador el que una región afectada por la pobreza, como lo es el África meridional, sufra más sequías a medida que el clima global se caliente. No obstante, dichos calentamientos se han producido anteriormente en la historia, y ello mucho antes de que existieran cantidades sustanciales de las emisiones humanas de CO_2.

ADAPTACIÓN AL TIEMPO EXTREMO

Aun si el calentamiento contemporáneo fuera el resultado de las acciones del

---

[435] M. Khandekar, "Comentario sobre la declaración [de la Organización Mundial Meteorológica de la ONU] acerca de los eventos extremos del tiempo," EOS Transactions, *American Geophysical Union* 84 (2002): 428.

[436] Khandekar, "Comentario sobre la declaración [de la Organización Mundial Meteorológica de la ONU]," 428.

[437] N. Fauchereau et al., "Variabilidad de la lluvia y los cambios en el África meridional durante el siglo XX, en el marco del calentamiento global," *Natural Hazards* 29 (2003): 139-54.

hombre, es perfectamente posible que las inversiones en la infraestructura hagan más en ayudar a la población de una región, que lo que harían los gastos comparables para sustituir los combustibles fósiles. Las carreteras pavimentadas y provistas de cunetas y de alcantarillas para evitar las interrupciones del tráfico debidas al agua, los puentes resistentes a las tempestades, las inversiones en la protección de la salud humana (aguas limpias, supresión de la malaria) y, para la agricultura, las variedades de cosechas resistentes a las sequías, los pozos y los sistemas novedosos de forraje para el ganado: todas estas medidas ayudan a la gente a hacer frente al mal tiempo.

Casi no hay duda de que deberíamos empezar a adaptarnos a los cambios probables en el tiempo que se deben al Calentamiento Moderno. Esta adaptación, realizada a lo largo de las décadas y de los siglos, sería menos costosa y más eficaz que el intento de "detener el calentamiento global" mediante la reducción de las emisiones de los gases de invernadero.

Lluvias más copiosas

El incremento en la evaporación del agua del océano que acompaña la elevación de las temperaturas, ya va aumentando la cantidad total de precipitación de la Tierra. Es probable que esta tendencia vaya a continuar. Ello conducirá a incrementos importantes en el agua de escorrentía. Para evitar la erosión, será menester instituir una mejor protección de los millones de acres de tierras agrícolas del planeta.

Un artículo de Mark Nearing, del Servicio de Investigación Agropecuaria del Departamento de Agricultura estadounidense, que salió en la revista *Journal of Soil and Water Conservation*, dice que los modelos de la circulación global no pueden pronosticar los cambios a escala local. Sin embargo, sí "podemos anticipar cambios del 2 por ciento y del 1,7 por ciento, respectivamente, en la escorrentía y en la erosión por cada punto de porcentaje de cambio en la precipitación total bajo el cambio climático."[438]

Por otra parte, un ejemplo elegante de la arqueología edafológica, realizado por Stanley Trimble de la Universidad de California en Los Ángeles, señala que los agricultores del Misisipí superior actualmente experimentan solamente el 6 por ciento de la erosión de los suelos en relación a la que sufrieron durante el período del Desierto de Polvo en la década del 30—gracias a las estrategias para el manejo de las tierras, tales como el

---

[438] M.A. Nearing et al., "Impactos anticipados del cambio climático sobre el índice de erosión de los suelos: Un análisis," *Journal of Soil and Water Conservation* 59 (2004): 43-50.

cultivo en curvas de nivel y la labranza de conservación.[439] La labranza de conservación disminuye la erosión de los suelos a razón del 65 al 95 por ciento. Controla las malas hierbas con herbicidas y no mediante el arado, y actualmente preserva la capa vegetal del suelo en cientos de millones de acres por toda Norte y Suramérica, Australia y el sur de Asia. A medida que la lluvia siga aumentando, pudiera crecer el interés del público en emplear la labranza de conservación aun más extensamente.

Los huracanes

Los huracanes van ocasionando daños económicos cada vez mayores en las comunidades del Primer Mundo, principalmente por motivo de que más gente se ha mudado a los poblados del litoral, en especial a las zonas atrayentes de playa que, desgraciadamente, son propensas a los azotes de los temporales. Desde que se inventara el acondicionamiento de aire, los Estados Unidos han presenciado un auge enorme en las economías y en la población de la llamada Franja del Sol, particularmente en la Florida y por la Costa del Golfo, las que son objetivos predilectos de las tempestades. Ahora muchos más de los edificios erigidos por estas partes son hoteles elegantes, condominios de lujo y casas de playa que rinden alquileres caros, en vez de las chozas de los pescadores y los remolques habitables que antaño describían a muchas comunidades de playa. Un estudio emitido por la Agencia Federal para la Administración de las Emergencias en el año 2000, calculó que Estados Unidos poseía 338.000 edificios situados a 500 pies o menos de la costa.[440]

Las pólizas federales de seguro contra inundaciones que se ofrecen con precios reducidos a los dueños de estas estructuras han dado fuerte aliento a toda esta construcción. El reportero John Stossel, de la cadena televisiva norteamericana ABC-TV, ha confesado en declaraciones públicas que él no habría vuelto a reconstruir su casa de playa, bien cara y destruida por un temporal, a no ser por la disponibilidad de los seguros patrocinados por el

---

[439] S. Trimble, "Índice disminuido de la acumulación de sedimentos aluviales en la cuenca del arroyo Coon, Wisconsin, 1975-1993," *Science* 285 (1999): 1244-46.

[440] *Evaluation of Erosion Hazards*, Centro H.J. Heinz para las Ciencias y para los Estudios de Economía y del Medio Ambiente, contrato de la FEMA núm. EMW-97-CO-0375, 2000 <www.heinzctr.org/publications.htm> (accedido el 5/VIII/07)

Estado.[441]

En el Tercer Mundo, los sistemas de advertencia costera se ven seriamente limitados por las malas redes de comunicación, por las carreteras malas, por las estructuras endebles y por la falta de transporte. Los países pobres además típicamente carecen de los equipos para las emergencias, del personal capacitado y de los recursos económicos necesarios para enfrentar las secuelas de los temporales. Por lo tanto, los huracanes siguen causando devastación a las economías del Tercer Mundo y puede que la reconstrucción posterior a un huracán no haya concluido antes de que el próximo los azote.

Sequías e inundaciones

No tendremos tormentas más frecuentes ni mayores en tamaño, pero a medida que las temperaturas se acerquen a los máximos del Calentamiento Medieval sí será probable que vayamos a experimentar sequías más intensas e inundaciones mayores en determinadas regiones. Pero el mundo ya ha sufrido sequías e inundanciones considerables aun durante las épocas de enfriamiento global.

La cuestión principal es, ¿cuáles regiones irán a recibir las sequías y las inundaciones? Es imposible formular una respuesta a ello porque los modelos de computadora no tienen la precisión necesaria, ni por mucho, para decirnos cuáles regiones serán afectadas y de qué manera. Por ejemplo, en la obra *Climate Change Impacts on the United States*, editada en el 2000 por el Programa de Investigación del Cambio Global de EE.UU., Richard A. Kerr de la revista *Science* examinó las dos colecciones de resultados dadas por los modelos y llegó a la conclusión de que, "Por mucho que los responsables de la política quisieran saber exactamente qué es lo que espera a los norteamericanos, el estado rudimentario de la ciencia del clima regional no lo permitirá en el futuro próximo."[442]

¿Acaso deberá California empezar a construir nuevas represas y embalses de agua para protegerse de una sequía de doscientos años, causada por el calentamiento global? ¿Deberíamos invertir mayores fondos para investigar métodos mejores para desalinizar el agua de mar? ¿Será necesario construir centrales de energía nuclear para estos propósitos? ¿Deberían los californianos comenzar a desplazarse de la agricultura, a fin de conservar el agua disponible

---

[441] John Stossel, "Confesiones de un abusador de la asistencia social," *Reason*, marzo de 2004.

[442] R.A. Kerr, "Duelo entre los modelos: El futuro del clima en EE.UU. es incierto," *Science* 288 (2000): 2113-114.

para las ciudades? ¿Deberíamos mudar a la población de California a zonas donde nos parezca que vaya a haber una mayor abundancia de agua, como por ejemplo el Valle del Misisipí, el que pronto va a quedar inundado nuevamente? ¿Deberíamos construir represas más grandes y diques más costosos para controlar las crecidas del Misisipí y de sus tributarios?

No es posible contestar ninguna de estas preguntas con grado alguno de confianza. Lo que sí se puede decir es que la capacidad creciente de la humanidad, de hacer frente a las dificultades relacionadas con el clima mediante los conocimientos y la tecnología, representa nuestra mejor esperanza de garantizar el bienestar del hombre y la protección del medio ambiente en el futuro. No hay perspectivas realistas de "estabilizar" las temperaturas del planeta en algún nivel seleccionado por el hombre. Además, los problemas relacionados con el estado tempestuoso que nos espera en los siglos calientes venideros serán ligeros, en comparación con las tormentas de la próxima "pequeña edad de hielo," posiblemente durante el siglo XXV.

Capítulo 12

El saldo de muertos

Las inundaciones, las sequías, las tormentas violentas y aun el hambre por lo general son eventos que, en nuestro concepto, afectan a "otros pueblos," no a nosotros, de modo que las referencias a ellos solamente pueden suscitar un nivel limitado de pánico entre el público. Por otra parte, la amenaza de morir la tomamos más en serio. En consecuencia no es sorprendente el que los propagandistas del calentamiento global digan que el Calentamiento Moderno mata a la gente y que está listo para matar a muchos más. Una vez más el servicio de noticias Reuters ha reportado el mito como si fuera verdad:

> El calentamiento global mató a 150.000 seres humanos en el año 2000 y de no revertir las tendencias actuales el saldo podría duplicarse durante los próximos 30 años, según dijo el jueves la Organización Mundial de la Salud.... "Anticipamos un saldo en las muertes y en la pérdida de años de salud de aproximadamente el doble" hacia el 2030, dijo el científico de la OMS, Diarmid Campbell-Lendrum.[443]

LOS RIESGOS A LA SALUD POR EL CALOR EN COMPARACIÓN CON EL FRÍO

Ciertamente existen casos de muertes y de enfermedades que se deben a las olas de calor. Éstas típicamente consisten en insolación, en ataques al corazón y en ataques de asma. Las muertes y las hospitalizaciones relacionadas con las olas de calor llenan los titulares cada vez que las temperaturas alcanzan

---

[443] "El calentamiento global mata a miles," Reuters, 11 de diciembre de 2003 <www.wired.com/science/discoveries/news/2003/12/61562> (accedido el 5/VIII/07)

niveles bien altos.

Sin embargo, los mismos tipos de titulares se ven durante las olas de frío. Los ancianos mueren en los hogares que no tienen calefacción suficiente. La gente se fractura el cráneo al resbalar en el hielo. Los hombres fallecen de ataques al corazón que se producen al palear la nieve. La gente contrae resfriados, influenza, pulmonías y otros males respiratorios. Las enfermedades infecciosas se propagan. El número de personas que ingresan en los hospitales aumenta.

Los alarmistas del calentamiento global ofrecen la teoría, bastante simplista, de que el alza en las temperaturas provocará más eventos meteorológicos extremos y de que estos eventos aumentarán el saldo de muertos. Pero sucede que globalmente, en términos de matar a la gente el tiempo frío es más eficaz que las olas de calor. El calentamiento global aumentaría modestamente las temperaturas máximas de verano, mientras que aumentaría notablemente las temperaturas de inverno. Juntos, los dos factores deberán ayudar a reducir la tasa de mortalidad.

De 1979 a 1997, los fríos extremos mataron alrededor del doble de norteamericanos que las olas de calor, según Indur Goklany del Departamento del Interior estadounidense.[444] En otras palabras, las rachas de frío resultan ser el doble de peligrosas para la salud que el tiempo caliente.

A medida que el acondicionamiento de aire se difunde, los calores se vuelven un factor cada vez menos importante para la salud humana. La mortalidad diaria, relacionada con el calor, en veintiocho ciudades grandes de EE.UU. entre 1964 y 1998 disminuyó de 41 en los años 60, a apenas 10,5 en 1998.[445] Un estudio grande por cohortes, en el que se compararon las casas con y sin aire acondicionado a principios de los 80, detectó una tasa de mortalidad menor a razón del 41 por ciento en las casas con acondicionamiento de aire durante los meses de calor.

En Alemania, las olas de calor *disminuyeron* ligeramente la tasa global de mortalidad, mientras que las rachas de frío produjeron incrementos notables en las muertes.[446] Los autores alemanes del estudio dicen que mientras más

---

[444] I.M. Goklany y S.R. Straja, "Tendencias en EE.UU. en el índice crudo de la mortalidad debida al frío extremo y al calor extremo atribuidas al tiempo, 1979-1997," *Technology* 7S (2000): 165-73.

[445] R.E. Davis et al., "Cambios en la mortalidad relacionada con el calor en Estados Unidos," *Environmental Health Perspectives* 111 (2003): 1712-718.

[446] G. Laschewski y G. Jendritzky, "Efectos del ambiente térmico sobre la salud humana: Investigación de 30 años de datos de la mortalidad diaria del suroeste de Alemania," *Climate Research* 21 (2002): 91-103.

dure la racha de frío, más pronunciado resulta el exceso en la mortalidad, además de lo cual la elevación en la tasa de muertes parece persistir por semanas. Por contraste, las rachas de calor provocan un aumento en las muertes, seguido de un plazo de disminuciones en la tasa de mortalidad que persiste durante más de dos semanas.

Una proporción importante de las muertes modernas se debe a las aflicciones cardiovasculares y para la gente que sufre problemas cardíacos los tiempos de frío presentan un peligro mucho mayor que los tiempos de calor. En el frío, el cuerpo automáticamente estrecha los vasos sanguíneos para conservar el calor del cuerpo. Ello aumenta la presión de la sangre y duplica el riesgo de ataque al corazón para los que ya tienen la presión alta. La gente hipertensa además corre un riesgo elevado porque sus vasos sanguíneos son demasiado reactivos y, cuando las temperaturas bajan de repente, sus vasos se estrechan más aun que los de la persona promedio.

Un estudio de los registros sanitarios en Siberia de 1982 a 1993, donde la tasa de apoplejía es una de las más altas del mundo, halló una elevación del 32 por ciento en el riesgo de apoplejía en los días de frío, en comparación con los días de calor.[447] La evidencia en Corea muestra básicamente lo mismo. Los períodos de frío se vieron relacionados con elevaciones en el riesgo de apoplejía, "con el efecto más fuerte visto al día siguiente de haber quedado expuesto a temperaturas frías."[448]

Numerosos estudios de alrededor del mundo muestran una conexión entre el tiempo frío y las enfermedades respiratorias. Un estudio en Noruega descubrió que las muertes por causas respiratorias en invierno son mayores que las de verano a razón del 47 por ciento.[449] En Londres, un descenso de 1° C en la temperatura media (por debajo de los 5° C) se vio relacionado con un aumento del 10,5 por ciento en el total de consultas atribuibles a las dolencias respiratorias.[450] En el Brasil, los cambios en la mortalidad para los adultos a

---

[447] V.L. Feigin et al., "Estudio, basado en la población, de la conexión de la incidencia de apoplejía con los parámetros meteorológicos en Siberia, Rusia (1982-1992)," *European Journal of Neurology* 7 (2000): 171-78.

[448] Y-C Hong et al., "Los ataques isquémicos relacionados con disminuciones en la temperatura," *Epidemiology* 14 (2003): 473-78.

[449] P. Nafsted, A. Skrondal y E. Bjertness, "La mortalidad y las temperaturas en Oslo, Noruega, 1990-1995," *European Journal of Epidemiology*, Vol 17, núm. 7 (2001): 621-27.

[450] S. Hajat y A. Haines, "Relación de las temperaturas frías con las visitas a los médicos de familia, debidas a las enfermedades respiratorias o cardiovasculares, entre los ancianos en Londres," *International Journal of Epidemiology* 31 (2002): 825-30.

causa de un enfriamiento de 1° C fueron el doble de los cambios en la mortalidad debidos a un calentamiento de la misma magnitud, y 2,8 veces mayor entre los ancianos.[451]

En Estados Unidos, la variabilidad de las temperaturas es el elemento del cambio climático de mayor importancia que tenga relación con las muertes por causas respiratorias, aunque los médicos no parecen haber esclarecido las razones de ello.[452] No obstante, el riesgo que acarrea la variabilidad de la temperatura tiene importancia en nuestro análisis, porque un estudio de 50 años, de 1.000 estaciones meteorológicas en EE.UU., descubrió que la variabilidad en las temperaturas disminuye sustancialmente con el calentamiento climático.[453] Ello significa que los beneficios del calentamiento deberán extenderse por todo el año.

En Londres, las temperaturas bajas surtieron el único efecto de importancia relacionado con el tiempo, tanto en las muertes inmediatas (un día después del extremo en la temperatura) como en la mortalidad a medio plazo (hasta 24 días después del extremo).[454] Estudios estrechamente relacionados examinaron la mortalidad de los ancianos (de 65 a 74 años de edad) en el norte de Finlandia, en el sur de Finlandia, en el suroeste de Alemania, en Holanda, en el Gran Londres, en el norte de Italia y en Atenas, Grecia.[455] Los investigadores descubrieron que el saldo anual de las muertes relacionadas con el frío, fue casi diez veces mayor que el de las muertes relacionadas con el calor.

Toda esta evidencia pone de manifiesto el hecho de que el calor es más

---

[451] N. Gouveia et al., "Diferenciales socioeconómicos en la relación temperatura-mortalidad en São Paulo, Brasil," *International Journal of Epidemiology* 32 (2003): 390-97.

[452] A.L.F. Braga y J. Schwartz, "El efecto del tiempo sobre las muertes respiratorias y cardiovasculares en 12 ciudades de EE.UU.," *Environmental Health Perspectives* 110 (2002): 859-863.

[453] S.M. Robeson, "Relaciones entre la media y la desviación estándar de la temperatura del aire: Implicaciones para el calentamiento global," *Climate Research* 22 (2002): 205-21.

[454] W.R. Keatinge y G.C. Donaldson, "La mortalidad relacionada con el frío y con la contaminación del aire en Londres, teniendo en cuenta los efectos de los patrones meteorológicos afines," *Environmental Research* 86A (2001): 209-16.

[455] W.R. Keatinge et al., "La mortalidad relacionada con el calor en las comarcas cálidas y frías de Europa: Estudio de observación," *British Medical Journal* 321 (2000): 670-73.

saludable que el frío. Así y todo, los alarmistas insisten en que una tendencia moderada al calentamiento es perjudicial para el hombre y que hasta nos puede matar a algunos de nosotros. Ciertamente la verdad es lo contrario.

LA MALARIA Y LAS ENFERMEDADES TRANSMITIDAS POR VECTORES

Los alarmistas del calentamiento global han advertido de que las infecciones de malaria y las muertes como consecuencia a ella, habrán de aumentar según suban las temperaturas. Por ejemplo, el ambientalista Paul Brown ha declarado que, "Los efectos combinados del mayor calor y del mayor volumen de agua estancada creado por las tormentas, provocan epidemias de malaria al proporcionar criaderos y un ciclo de vida más rápido para los mosquitos. En el África, donde el saldo de muertes debidas a la malaria es el mayor, los mosquitos portadores de la enfermedad van extendiéndose a las zonas montañosas donde antes hacía mucho frío para ellos."[456] Sin embargo, ello hace caso omiso de la realidad que las epidemias de malaria han brotado hasta en el círculo polar ártico. El peor brote que se conoce tuvo lugar en Rusia durante los años 20, con 16 millones de enfermos y 600.000 muertos.

Si las temperaturas del aire solas fueran el factor clave, las enfermedadas llevadas por el mosquito, entre ellas la malaria y la fiebre amarilla, ya hubieran vuelto a ser muy amenazadoras para los norteamericanos según éstos se mudan, durante la era del acondicionamiento de aire, hacia la Franja del Sol y a los ambientes de agua y de litoral. Al contrario, gracias a la medicina y a la tecnología modernas, podemos gozar de la playa, de la orilla del río, del estilo de vida sureño y de las casas próximas a los pantanos, con menos motivos para preocuparnos por nuestra salud que cualquier otro pueblo en la historia.

El Dr. Paul Reiter escribe que:

> Las discusiones sobre los efectos posibles del tiempo comprenden pronósticos de que la malaria saldrá de los trópicos para llegar a asentarse en Europa y en Norteamérica. Tanto la compleja ecología como la dinámica de la transmisión de las enfermedades, así como los relatos de su historia temprana, rebaten estos pronósticos. Hasta la segunda mitad del siglo XX, la malaria era endémica y ampliamente difundida por muchas regiones templadas, con grandes epidemias hasta por el círculo polar ártico. De 1564 a 1730, el período más frío de la Pequeña Edad de Hielo, la malaria fue una

---

[456] Paul Brown, "El calentamiento global mata a 150.000 al año," *The London Guardian*, 12 de diciembre de 2003.

causa importante de la enfermedad y de la muerte en varias partes de Inglaterra. La transmisión solamente empezó a disminuir durante el siglo XIX, cuando la tendencia actual al calentamiento ya se encontraba plenamente en marcha.[457]

Reiter ofrece la observación de que el autor inglés Chaucer escribió acerca de la malaria ya en el siglo XIV y de que Shakespeare mencionó la malaria (la que éste denominó "ague," o aguda) en ocho de sus obras de teatro—ello en una región que no es tropical y durante la Pequeña Edad de Hielo. En el medievo los únicos "tratamientos" para la malaria eran el alcohol y el opio. Fue solamente a fines del siglo XVII que los europeos empezaron a saber de la quinina como tratamiento eficaz para esta enfermedad, tras el descubrimiento, por los conquistadores españoles en el siglo XVI, de su uso por los indígenas andinos.

La *prevención* de la malaria solamente se hizo posible en la segunda mitad del siglo XX. Finalmente desarrollamos pesticidas que pudieran matar los mosquitos portadores de la malaria y tanto las puertas como las ventanas con telas metálicas llegaron a ser disponibles a precios módicos para impedir que los mosquitos entraran en las casas, en las escuelas y en los sitios de trabajo. Según Reiter:

> No fue hasta la venida del DDT, después de la IIª Guerra Mundial, que pudo instituirse un esfuerzo coordinado para erradicar la enfermedad de todo el continente [europeo]. Al mismo tiempo, el Centro para las Enfermedades Contagiosas fue fundado en Atlanta para eliminar la malaria de los Estados Unidos, donde seguía siendo endémica en 36 de los estados, entre ellos Washington, Oregón, Idaho, Montana, Dakota del Norte, Minnesota, Wisconsin, Iowa, Illinois, Michigan, Indiana, Ohio, Nueva York, Pensilvania y Nueva Jersey.[458]

Gracias en gran medida al DDT, Inglaterra se liberó de la malaria a fines de los 50 y Europa fue declarada libre de malaria en 1975. Para el 1977, el 83 por ciento de la población mundial ya vivía en regiones donde bien la malaria había sido erradicada o bien las actividades de control estaban en curso.

---

[457] Paul Reiter, "De Shakespeare a Defoe: La malaria en Inglaterra durante la Pequeña Edad de Hielo," *Emerging Infectious Diseases* 6 (enero-febrero de 2000).

[458] Ibíd.

LA EXPECTATIVA DE VIDA EN UN MUNDO MÁS CALUROSO

El demógrafo Shiro Horiuchi, de la Universidad Rockefeller, ha escrito un resumen extraordinario de la expectativa de vida durante el siglo XXI.[459] Él nos recuerda que los primeros humanos vivieron un promedio de veinte años, cifra que en los países acaudalados modernos se ha extendido a unos ochenta años.

La primera oleada de adelantos importantes para alargar la vida tuvo lugar en la segunda mitad del siglo XIX y en la primera del XX, según la medicina moderna pudo disminuir enormemente las muertes debidas a las enfermedades infecciosas o parasitarias, a la mala alimentación y a los riesgos del embarazo y del parto. En la segunda mitad del siglo XX, "la mortalidad debida a las enfermedades degenerativas, en particular la enfermedad de corazón y las apoplejías, comenzó a disminuir."[460]

Desde luego, según Horiuchi, la reducción en la incidencia de las muertes por enfermedad cardíaca o por apoplejía fue más marcada en los ancianos. Dice que algunos críticos sospechan que estas disminuciones en la mortalidad se han logrado "mediante el retraso de la muerte de personas muy enfermas." Sin embargo, agrega, los datos provenientes de Estados Unidos enseñan que, "la salud de los ancianos mejoró enormemente en las décadas del 1980 y del 1990, lo cual indica que la mayor longevidad en la tercera edad se debe principalmente a una mejor salud y no a la supervivencia prolongada en estado enfermo."[461]

No hay nada en ninguno de los escenarios relativos al calentamiento global que tenga perspectivas de cambiar los resultados que podemos esperar del cuidado médico moderno: una mejor salud y vidas más largas durante el siglo XXI, sea la tendencia al calentamiento un proceso natural o sea uno causado por el hombre. Efectivamente, el panorama que se presenta es uno con proporciones cada vez mayores de la población mundial viviendo lo que seguramente serán vidas más largas y en mejor estado de salud. Eso es, a no ser que el temor de que el calentamiento global haya sido causado por el hombre lleve a las sociedades a limitar o aun a abandonar el progreso económico que hemos logrado, merced tanto a los energéticos abundantes y de bajo costo como a los adelantos venideros en la ciencia y en la tecnología.

---

[459] S. Horiuchi, "Expectativa de vida mayor," *Nature* 405 (15 de junio de 2000): 789-92.

[460] Ibíd.

[461] Ibíd.

Parte Cuatro

Cómo responder
al calentamiento global

Capítulo 13

El Protocolo de Kioto

Según la teoría del invernadero, la manera de detener el calentamiento catastrófico que se acerca consiste en disminuir la emisiones de CO_2 que el hombre produce. El Protocolo de Kioto es el convenio internacional que pretende ser el "primer paso" hacia la realización de las disminuciones necesarias. Pero aun el Protocolo de Kioto, el que obligaría a los países desarrollados del mundo (y no a los países en vías de desarrollo) a reducir sus emisiones para el año 2012 a un nivel del 5,2 por ciento por debajo de los niveles de 1990, resultaría sumamente costoso.

El Protocolo de Kioto probablemente aumentaría el costo de los energéticos en el Primer Mundo en un 100 por ciento antes del 2012, y posteriormente pudiera cuadruplicarlos. Por lo tanto, Kioto podría aminorar o hasta neutralizar los enormes beneficios que la tecnología ha rendido en la vida de las personas.

Los mitos relativos al viento "gratis" y a la energía solar siguen fascinando tanto a los periodistas como a los activistas. Los que preconizan el convenio de Kioto afirman que los energéticos de las fuentes renovables no solamente servirán para satisfacer los requisitos de la sociedad moderna, sino que también el cambio de los combustibles fósiles a las fuentes de energía eólica y solar crearía empleos. Esto es como decir que podríamos volvernos más ricos si rompiéramos todas las ventanas para contratar a trabajadores que las arreglaran. La reparación de las ventanas "crea empleos," pero sólo regresa nuestro nivel de vida a donde se encontraba antes de romper las ventanas. El esfuerzo necesario para repararlas sería un desperdicio de recursos. El cambio a los energéticos renovables ciertamente crearía empleos, pero también consumiría tiempo y talentos que pudieran haberse dedicado a la producción de un mayor bienestar.

Según Bjorn Lomborg, autor de la obra *The Skeptical Environmentalist*

("El ambientalista escéptico"), "Es probable que el Protocolo de Kioto vaya a costar por lo menos $150 mil millones al año y posiblemente hasta mucho más. Según estima la UNICEF, tan sólo de $70 a $80 mil millones por año podrían servir para dar acceso a las necesidades básicas como el cuidado médico, la enseñanza, el agua y la sanidad a todos los habitantes del Tercer Mundo."[462] John Christy, climatólogo en la Universidad de Alabama en Huntsville, observa igualmente que:

> Al comienzo de mi carrera, fui misionario en el África. Viví en el interior con gente que no tenía acceso a fuentes útiles de energía.... Vi cómo las mujeres caminaban por la mañana hasta el borde de la selva, a menudo a varias millas de distancia, para cortar leña húmeda y verde con el fin de usarla como combustible.... Se volvieron animales de carga, llevando la leña sobre la espalda de vuelta a casa.... La quema de la leña y del estiércol dentro de la casa para los fines de cocina y de calefacción, creó una atmósfera interior contaminada en niveles peligrosos para la familia. Siempre pensé que, si en cada hogar pudiera instalarse un bombillo eléctrico y un horno de microondas, electrificados con una central de carbón, pasarían varias cosas buenas. Las mujeres podrían dedicar su tiempo a otros propósitos más productivos. El aire interior quedaría mucho más limpio, de modo que la salud sería mejor. La comida podría prepararse con menor peligro. Habría luz para poder leer y superarse. Sería posible recibir información mediante la radio o la televisión. Y la selva, con su bello ecosistema, podría salvarse.[463]

EL ORIGEN DEL PROTOCOLO DE KIOTO

El Protocolo de Kioto es el producto de una alianza entre los organismos no gubernamentales y los funcionarios designados (no elegidos) de las Naciones Unidas. Ninguna de las dos facciones ha sido elegido para nada, ni tampoco controlan pueblos ni territorios. No obstante, se sirven de la actitud del público, la que en general es favorable, en torno a la conservación del medio ambiente a fin de exigir lo que denominan una "póliza de seguro para el planeta" contra el sobrecalentamiento por CO_2 causado por el hombre.

El poder de las ONG en la polémica del calentamiento global con frecuencia se pasa por alto en EE.UU., mas no en Europa. La organización, Climate Action Network Europe, es una red que comprende más de 365 ONG

---

[462] Bjorn Lomborg, *The Skeptical Environmentalist* (Londres: Cambridge University Press, 2001), pág. 322.

[463] John Christy, Testimonio ante el Comité de los Recursos Naturales de la Cámara de Representantes de EE.UU., 13 de mayo de 2003.

subvencionadas por la Comisión Europea y por los gobiernos de Holanda y de Bélgica.[464] En EE.UU., el Climate Action Network comprende más de 40 ONG con "personal de un alto grado de profesionalidad y con programas bien desarrollados para la política de los energéticos y del clima, preparando el campo para su participación intensa en la formulación de la política en torno al clima y a los energéticos... dentro de la ONU."[465]

Las ONG emplearon sus computadoras nuevas y la naciente Internet para organizar una de las campañas de voluntarios más impresionantes de la época moderna. Casi 20.000 activistas del ambiente viajaron a Brasil en 1992 para asistir a la "Cumbre de la Tierra," evento secundado por la ONU. Al ponerse de manifiesto el gran nivel de interés, los gobiernos se apresuraron a anunciar sus delegados oficiales. Más de 179 Estados tuvieron representación, 108 de ellos asombrosamente por parte de sus jefes de Estado.

La mayor parte de las hordas de activistas en realidad asistieron a una conferencia, realizada paralelamente en un lugar cercano, que se llamó el Foro de las Organizaciones No Gubernamentales. Sin embargo, 2.400 de los activistas sirvieron de delegados oficiales en la cumbre propia. Estuvieron bien organizados y se refirieron repetidamente al gran número de sus colegas, reunidos al otro lado de la ciudad, que aguardaban "acción en nombre del planeta."

Desde luego, los políticos trataron a los cientos de miles de activistas del ambiente, tan sinceros y enérgicos, como un movimiento a cooptar. Los políticos europeos tuvieron especial interés en ello, porque allá los partidos Verdes con frecuencia o participan en sus frágiles coaliciones gobernantes o tienen buenas perspectivas de hacerlo. Aquéllos querían tener algo que ofrecer a los Verdes que no costara dinero antes de las próximas elecciones.

Lo que los Verdes quisieron fue terminar, o al menos limitar seriamente, el uso de los combustibles fósiles. Se trataba de la época cuando el biólogo Paul Ehrlich escribió mordazmente que la dificultad del mundo consistía en que había "demasiada gente rica."[466] El punto de vista de este movimiento activista era que la gente rica son los que usan los recursos en demasía. Según ellos, la energía barata es la raíz de la abundancia tecnológica que subyace la "sociedad del desecho." A su vez, la energía barata produce demasiada gente rica y tienta a los pobres con la idea de que ellos también pudieran volverse ricos.

---

[464] Acerca de Climate Action Network Europe
<www.climnet.org/aboutcne.htm>(accedido el 5/VIII/07)

[465] Acerca de USCAN <www.usclimatenetwork.org/about> (accedido el 5/VIII/07)

[466] Citado por la Prensa Asociada, 6 de abril de 1990.

Los Verdes querían que el público apreciara la energía solar y la eólica, no importa que como fuentes de energía éstas son caras y erráticas. Creían que, al alimentar a un exceso de seres humanos, la agricultura de alto rendimiento iba llevando a la sobrepoblación—y la agricultura de alto rendimiento depende del fertilizante de nitrógeno industrial, el que se fabrica mediante el empleo de los combustibles fósiles. Exigieron apasionadamente que se empleara la agricultura orgánica exclusivamente, con la mitad del rendimiento por hectárea y una capacidad radicalmente inferior de apoyar el crecimiento de la población.

Ni entonces hubo, ni ahora hay, evidencia legítima de que los combustibles fósiles sobrecalienten el mundo. La teoría dice que una cantidad mayor de gases de invernadero en la atmósfera captará más calor, pero nadie sabe si la cantidad de calor captada por los incrementos en el CO_2 tiene alguna importancia. Nada en la historia climática de la Tierra confirma el que el CO_2 sea un factor potente de forzado para calentar el clima.

Sin embargo, lo que sí es cierto es que nada serviría mejor para desbaratar la tecnología moderna, que el privar de energéticos al Primer Mundo. La calefacción para el invierno, el acondicionamiento de aire para el verano, los automóviles privados, el transporte colectivo por aire y por vías férreas, la industria manufacturera en los países del Primer Mundo, todos tendrían que reducirse en un 80 por ciento. Sin combustibles para operar las fábricas, no habría alimento industrial para las cosechas. Sin fertilizante, millones de seres humanos podrían morir de hambre, aun a medida que mayores secciones de la selva fueran despejadas para cultivar con medios "orgánicos" las cosechas de bajo rendimiento.

Por su parte, la ONU vio la teoría de los gases de invernadero como una entrada para ampliar la influencia y el poder del organismo. La teoría del invernadero exigía que los energéticos escasearan: la agencia que los racionara gozaría de un poder desmedido.

LO QUE HARÍA EL PROTOCOLO DE KIOTO

El Protocolo de Kioto es un convenio internacional con el supuesto propósito de limitar el empleo de los energéticos basados en las fuentes fósiles, mediante el requerimiento de que para el año 2012 los países desarrollados disminuyan sus emisiones de gases de invernadero a un nivel del 5,2 por ciento por debajo de los niveles de 1990. El protocolo modifica la Convención Marco sobre el Cambio Climático (siglas en inglés: FCCC), un tratado concluido en 1992, en la Cumbre para la Tierra en Río. El Artículo 2 de la FCCC declara que el objetivo final consiste en "lograr la estabilización de las concentraciones de gases de efecto invernadero en la atmósfera a un nivel que impida interferencias antropogénicas peligrosas en el sistema climático." En ninguna parte de la FCCC ni del Protocolo de Kioto se dice nada acerca de cuál sería el nivel de los gases de invernadero que pudiera ser "peligroso," ni para el hombre ni para el medio ambiente. Ni tampoco de qué manera lo sería.

El Protocolo de Kioto fue negociado en 1997 por el gobierno del presidente Bill Clinton, en cuyo proceso participó bastante el vicepresidente Al Gore en preparación para su fracasada candidatura a la presidencia de EE.UU. en el 2000. Sin embargo, el gobierno de Clinton y de Gore nunca se atrevió a presentar el tratado a votación ante el Senado.

El Senado estadounidense ya había aprobado la resolución de los senadores Robert Byrd y Chuck Hagel el 21 de julio de 1997, durante el período preliminar a la reunión de la ONU en Kioto, y votó 95 por 0 en contra de cualquier tratado de semejante índole. La resolución declaró que cualquier tratado sobre el clima que no incorporase a los países en vías de desarrollo, "no concuerda con la acción a escala global en torno al cambio climático y es deficiente desde el punto de vista ambiental." La resolución del Senado además subrayó que si el tratado excluía a los países del Tercer Mundo, "El grado necesario de reducción de las emisiones causaría daños graves a la economía estadounidense, contando entre otros efectos grandes pérdidas de empleos, desventajas comerciales y aumentos en el costo de los energéticos y al consumidor, así como cualquier combinación de los susodichos efectos."

La versión terminada del Protocolo de Kioto confirmó los temores del Senado estadounidense. No incorpora a los países grandes en vías de desarrollo, pero sí propone poner toda la carga de reducir las emisiones sobre los Estados Unidos y demás países del Primer Mundo. El motivo fue sencillo. El Tercer Mundo tuvo mucho más miedo de quedarse sumido en la pobreza, que de la tendencia climática en gran parte benigna que descubrieron los termómetros del Primer Mundo. Si Kioto hubiera precisado las firmas de China y de la India, el convenio nunca se hubiera concluido. La "evidencia" de la ONU para el calentamiento causado por el hombre se limitó básicamente a repetir el refrán de que, "la Tierra se ha calentado en 0,6° C durante el último siglo," a recitar la teoría de los gases de invernadero y a ofrecer copias impresas producidas por modelos de computadora, complejas pero incomprobadas.

APOYO PARA EL PROTOCOLO DE KIOTO

El Protocolo de Kioto tuvo un atractivo especial para los gobiernos europeos que por décadas han gravado los energéticos con impuestos elevados. Un barril de petróleo que rinde $35 a la industria petrolera saudita, podría rendir $150 en impuestos para el gobierno británico, con los gravámenes santificados en nombre de "salvar el planeta." Por motivos de competencia, Europa quiso ver a los Estados Unidos, con su economía creadora de empleos, cargada con los mismos costos altos de la energía que ya pagan los empleadores y los choferes europeos.

La primera etapa del Protocolo de Kioto requirió que los miembros disminuyeran sus emisiones de gases de invernadero a un nivel del 5,2 por ciento por debajo de los niveles de 1990. Ello solamente tendría un efecto impalpable sobre cualquier calentamiento global que el CO_2 generado por el hombre pudiera causar. Hasta los preconizadores de Kioto reconocen que el tratado lograría disminuir las temperaturas calculadas en un imperceptible 0,05° C para el 2050.[467]

La razón por la cual los grupos ambientalistas sintieron entusiasmo por el Protocolo de Kioto, fue la rigurosa segunda fase del tratado, la que debía entrar en vigor en 2012 para imponer limitaciones mucho más estrictas sobre las emisiones de los gases de invernadero. Efectivamente, en 1990 el Primer Informe de Evaluación del IPCC declaró que, para estabilizar los niveles de CO_2, sería necesario disminuir del 60 al 80 por ciento el empleo global de los combustibles fósiles.[468] Sin embargo, la fase segunda de las disminuciones de los gases de invernadero nunca llegó a negociarse.

La fase primera del Protocolo de Kioto habría obligado a los Estados Unidos a disminuir sus emisiones de gases de invernadero en un 7 por ciento (no el 5,2 por ciento) relativo a los niveles de 1990. El Dr. Harlan Watson, negociador principal de EE.UU. en la Conferencia de las Partes (COP) de 2004 en Buenos Aires, informó de la probabilidad que, en el 2010, Estados Unidos fuera a emitir un 16 por ciento más de gases de invernadero que en 1990. A fin de satisfacer los objetivos establecidos en Kioto, EE.UU. tendría que reducir las emisiones proyectadas en un 23 por ciento. Puesto que todavía los combustibles fósiles proporcionan un 85 por ciento de los energéticos norteamericanos, Estados Unidos tendría que disminuir su empleo de energéticos en casi la cuarta parte, a no ser que de algún modo lograra incrementar, rápida y radicalmente, el suministro de las energías nuclear, eólica y solar.

En la fase segunda de Kioto, si todos los países miembros del protocolo tuvieran que reducir los combustibles fósiles en el 60 por ciento relativo a los niveles de 1990, es probable que Estados Unidos tuviera que eliminar su empleo de combustibles fósiles prácticamente por completo, mientras que los países pobres podrían ampliar su consumo.

---

[467] M. Parry et al., "Adaptación a lo inevitable," *Nature* 395 (1998): 741.

[468] Panel Intergubernamental del Cambio Climático, *Scientific Assessment of Climate Change* (Cambridge: Cambridge University Press, 1990).

EL PAPEL DE RUSIA EN EL PROTOCOLO DE KIOTO

El Protocolo de Kioto quedó atascado desde la ceremonia de firma en 1997 hasta el 2005, porque las naciones firmantes no representaban el 55 por ciento de las emisiones globales de gases de invernadero. Rusia finalmente rescató el tratado al ratificarlo hacia fines del 2004. El tratado entró en vigencia el 16 de febrero del 2005.

El día 2 de diciembre de 2003, el presidente ruso Vladimir Putin anunció que su país no iba a ratificar el Protocolo de Kioto. Observó, con razón, que el convenio es "defectuoso desde el punto de vista científico" y que "aun el cumplimiento del 100 por ciento del Protocolo de Kioto no serviría para revertir el cambio climático."[469] Según informó el periódico *New York Times*: "El Sr. Putin no discutió el tratado en público... pero [Andrei Illarionov, un asesor principal de Putin] afirmó en una entrevista telefónica que la decisión de Rusia era inequívoca. 'No vamos a ratificarlo,' dijo.

"El Sr. Illarionov dijo que los que apoyan el tratado no habían respondido a las dudas acerca del razonamiento científico del tratado, de su imparcialidad y de los daños posibles a la economía rusa, la que el Sr. Putin ha prometido duplicar durante los próximos diez años."[470]

El artículo del *New York Times* subrayó que los países firmantes encontraban difícil cumplir con los límites que Kioto establece: "Aun a medida que las declaraciones de los rusos sacudían las negociaciones en torno al tratado, la Comisión Europea emitió un informe para advertir que la Unión Europea en general, y 13 de sus 15 Estados miembros, no cumplirían con sus objetivos establecidos por el Protocolo de Kioto, a no ser que se instituyeran medidas adicionales para limitar las emisiones de los gases de invernadero."[471]

Entonces, en una declaración emitida el día 1º de julio de 2005, la Academia Rusa de las Ciencias recomendó que Rusia no firmara el tratado de Kioto.[472] El primer motivo para rechazar el convenio, según la Academia, es que las temperaturas del mundo no obedecen a los niveles de CO_2. El organismo observó que los climas globales más calientes de los dos últimos milenios tuvieron lugar durante el Imperio Romano y el Medievo, cuando—

---

[469] Steven Lee Myers y Andrew Revkin, "Asistente de Putin excluye aprobación rusa del Protocolo de Kioto," *New York Times*, 2 de diciembre de 2003.

[470] Ibíd.

[471] Ibíd.

[472] Declaración de la Academia Rusa de las Ciencias, Moscú, 1º de julio de 2005 <www.junkscience.com/AGWResources.html> (accedido el 5/VIII/07)

pese a los niveles inferiores de CO_2—las temperaturas fueron más altas que en la actualidad. Segundo, dijo la Academia Rusa, existe una correlación mucho más fuerte entre las temperaturas mundiales y la actividad del Sol que con los niveles de CO_2. Tercero, los científicos rusos ofrecieron la observación de que los niveles del mar en el mundo no van creciendo más rápidamente con el calentamiento. Los niveles del mar han venido creciendo unas seis pulgadas por siglo desde el final de la Pequeña Edad de Hielo alrededor de 1850. Cuarto, los científicos rusos dejaron de lado uno de los temores mayores relativos al calentamiento global: la propagación de las enfermedades tropicales por motivo de la elevación de las temperaturas. Los rusos agregaron que la malaria es un mal fomentado, no por el calor climático, sino por las aguas estancadas y expuestas a la luz del Sol donde los mosquitos pueden reproducirse. Finalmente, la Academia Rusa de las Ciencias recalcó la falta de correlación entre el calentamiento global y los extremos del tiempo. Efectivamente, la delegación británica en la reunión reconoció no poder afirmar la existencia de ningún aumento en las tormentas que pudiera atribuirse al calentamiento global.

Sin embargo, entonces el presidente ruso, Vladimir Putin, *cambió de parecer* y la Duma rusa en breve ratificó el tratado de Kioto. Nadie sabe por cierto el porqué de ello. Una posibilidad es que Putin venía negociando con los gobiernos europeos al objeto de obtener condiciones favorables para la entrada de Rusia en la Organización Mundial del Comercio. A Rusia le urgía unirse a la OMC y su causa podría beneficiarse mucho si el país era tratado como economía "en vías de desarrollo" en vez de inscribirse como país desarrollado.

La decisión de los rusos de ratificar el Protocolo de Kioto prácticamente garantizó que el tratado en realidad no fuera a reducir las emisiones de los gases de invernadero por parte de sus miembros. Se anticipa que Rusia vaya a vender miles de millones de dólares en créditos para las emisiones, los que datan de la era soviética, a los países europeos, lo que hará posible que Europa cumpla con los requisitos de la fase primera de Kioto sin tener realmente que disminuir ni las emisiones ni el uso de los energéticos.

Las emisiones europeas de CO_2 alcanzaron los 4.245 millones de toneladas métricas en 1990 y luego descendieron a 4.123 millones de toneladas en 2002, gracias a las disminuciones en la combustión de carbón por parte de Gran Bretaña y de la antigua Alemania Oriental. No obstante, el convenio de Kioto obligaría a los miembros de la UE a disminuir sus emisiones a 3.906 millones de toneladas antes del 2012. Pero al contrario, últimamente las economías de la UE han emitido mayores cantidades de CO_2. Un informe de la ONU preparado en 2003 pronosticó que éstas no alcanzarían su objetivo, relativo a la disminución en las emisiones de CO_2 hacia el 2012, por 311 millones de toneladas.[473]

Las emisiones rusas de CO_2 en 1990 fueron de 2.405 millones de toneladas métricas; para el 2001 éstas habían descendido a 1.614 millones de toneladas. En consecuencia los rusos pudieron vender los derechos de emisión de hasta 800 millones de toneladas métricas a un precio "de subasta" que con toda probabilidad fuera muy inferior al costo económico que representaría para Europa la clausura de las centrales eléctricas alimentadas con combustibles fósiles, o bien la eliminación de los camiones de sus carreteras. El efecto neto del Protocolo de Kioto, pues, fue la transferencia de varios miles de millones de dólares del consumidor europeo al Estado ruso sin que ello resultara en ninguna disminución, en el mundo real, de la cantidad de CO_2 liberado a la atmósfera.

Los gobiernos europeos podrán comprar su "cumplimiento" de los compromisos de la fase primera de Kioto, sin en realidad tener ni que reducir las emisiones de CO_2 ni que doblar los impuestos sobre la gasolina, que ya se encuentran tan elevados. Por su dinero, Europa recibirá trozos de papel para certificar que las emisiones de CO_2 fueron disminuidas, hace años, en Rusia.

EL ALTO COSTO DE DISMINUIR LAS EMISIONES

No se sabe todavía cuán difícil resultará disminuir el empleo de los combustibles fósiles en el mundo real. Son pocas las naciones que, perteneciendo a Kioto, hayan hecho el intento de reducir las emisiones de los gases de invernadero en el mundo real. La selección de 1990 como el año de partida puso en posición de gran ventaja a la Gran Bretaña, a Alemania y a Rusia. El Reino Unido había cerrado todas sus minas de carbón para cambiar en masa al gas natural del mar del Norte. Alemania recibió créditos de Kioto por cerrar las hediondas industrias que el Estado comunista de Alemania Oriental había creado. Rusia se ganó la mayor parte de sus créditos por eliminar las fábricas, muy contaminadoras, de la antigua Unión Soviética.

El economista de la Universidad de Yale, William Nordhaus, ha calculado que las disminuciones en las emisiones determinadas por la fase primera de Kioto, costarían $716 mil millones globalmente y que EE.UU. correría con las dos terceras partes de ello.[474] El estimado puede ser tan bueno como el de cualquier otro. Nadie ha intentado siquiera valorar el costo de estabilizar por

---

[473] Los datos de las emisiones de los gases de invernadero para todos los países del ANEXO I están disponibles en <www.grida.no/climate> (accedido el 5/VIII/07)

[474] W.D. Nordhaus y J.G. Boyer, *Requiem for Kyoto: An Economic Analysis of the Kyoto Protocol*, 8 de febrero de 1999.

completo las emisiones humanas de CO_2 sin antes lograr ningún gran adelanto en la tecnología.

Los defensores del Protocolo de Kioto han inventado estimados de los costos descomunales que se supone el planeta tendrá que enfrentar si no conseguimos detener el calentamiento global. Sin embargo, estos estimados comparten ciertas deficiencias serias:

Primero, los estimados todos se basan en la existencia de un calentamiento radical. No se ha dicho mucho acerca del impacto económico de un calentamiento de 2° C por siglo, porque es poco probable que un incremento tal vaya a imponer costos de gran envergadura y hasta deberá producir beneficios netos.

En segundo lugar, en muchos de los estimados los costos relacionados con el calentamiento global se han exagerado mediante la suposición de "impactos del calentamiento global" que, como ya hemos visto, bien tienen una probabilidad minúscula de producirse o bien hasta resultan ser imposibles: las crecidas radicales en el nivel del mar, pese a que quede poco hielo en el mundo con la capacidad de derretirse rápidamente en un calentamiento moderado; la mayor incidencia de malaria y de otras enfermedades tropicales que pueden prevenirse con el uso de los pesticidas, de las mallas para las ventanas y de otras tecnologías que ya tenemos a nuestra disposición; la suposición de pérdidas en las cosechas por los trópicos, pérdidas que pudieran no producirse y que, en todo caso, serían excedidas por las muy superiores ganancias en el rendimiento de las cosechas por las extensas zonas septentrionales de cultivo en Rusia y en el Canadá.

Tercero, los alarmistas del calentamiento hacen caso omiso de algunos de los beneficios conocidos del calentamiento, entre ellos el rendimiento mayor de los cultivos y de los bosques, cuya estimulación por la elevación del nivel atmosférico de CO_2 se ha demostrado, así como la disminución de las tasas de mortalidad y de los requisitos de cuidado médico en el marco de un clima más cálido.

Los estimados que atribuyen costos inmensos al calentamiento global, de hecho no hacen caso a la historia. Los archivos que dejaron los romanos, los chinos y los europeos de la época medieval todos nos indican que las dos últimas fases del ciclo de 1.500 años fueron tiempos de prosperidad para la humanidad. Tanto el Imperio Romano como el Chino prosperaron durante el Calentamiento Romano de hace 2.000 años. La abundancia que existió durante el Calentamiento Medieval se pone de manifiesto al visitar los bellos castillos y las catedrales de Europa, que datan de aquella época principalmente. ¿Cómo habría sido posible construirlos si los calentamientos hubieran venido acompañados de las inundaciones, de las epidemias de malaria, de las grandes hambrunas y de las tormentas incesantes que suponen los sombríos proponentes de la teoría del invernadero?

Ni tampoco desean los defensores de Kioto inspeccionar muy de cerca los costos de renunciar a los combustibles fósiles. Lombard Street Research, una firma consultora londinense, recientemente ofreció la observación de que el cambio de los combustibles fósiles a cualquiera de los energéticos de bajas emisiones que fuéramos a seleccionar probablemente nos costaría \$18 billones (*n. del tr.: eso es, millones de millones*), cuando menos, y posiblemente aun más.[475] Lombard Street postuló que el cambio solamente tomaría cinco años y que le costaría al mundo medio punto de porcentaje en el crecimiento económico. Parece lógico suponer que el cambio a un sistema de energéticos completamente distinto fuera a tomar bastante más tiempo y a costar mucho más de lo que sugieren los estimados, los que la empresa reconoce son de índole cautelosa.

Aun así, según Charles Dumas, el autor principal del informe de Lombard Street, el costo de la estrategia de prevención del calentamiento rebasa por mucho todo beneficio concebible. "El costo es mayor, en órdenes de magnitud, que el costo de lidiar con las elevaciones del nivel del mar y con las pólizas de seguro para los eventos meteorológicos inusitados."[476] Eso es, suponiendo que un calentamiento moderado sí fuera a producir más fenómenos del tiempo inusitados y elevaciones importantes en el nivel de los mares: suposiciones que son susceptibles de grandes dudas.

Uno de los estudios más equilibrados de los costos y de los beneficios del calentamiento global es, *The Impact of Climate Change on the U.S. Economy* ("El impacto del cambio climático sobre la economía de EE.UU."), escrito por Robert Mendelsohn, de la Escuela de Silvicultura de la Universidad de Yale, y por James Neumann, de la firma Industrialized Economics Inc. Mendelsohn y Neumann postularon que un incremento del cien por ciento en el nivel de CO_2 en la atmósfera conduciría a una elevación de 2,5° C en la temperatura y a un incremento del 7 por ciento en la cantidad de la precipitación. Los autores descubrieron que ello produciría grandes provechos para la agricultura y provechos menores para las industrias maderera y recreativa. Los demás sectores de la economía experimentarían impactos adversos pequeños. Visto como un todo, concluyeron Mendelsohn y Neumann, la economía estadounidense se beneficiaría ligeramente de un tal calentamiento, a razón del 0,2 por ciento del producto doméstico bruto.[477]

---

[475] Brendan Keenan, "El costo de terminar el calentamiento global es 'demasiado alto'," *Irish Independent*, 18 de agosto de 2005.

[476] Ibíd.

[477] Robert Mendelsohn y James Neumann, *The Impact of Climate Change on the U.S. Economy* (Cambridge: Cambridge University Press, 1999).

Ello contrasta marcadamente con el informe de 1995 del IPCC, "Las dimensiones económicas y sociales del cambio climático," donde se reunieron cinco estudios económicos anteriores. Estos estudios todos calcularon perjuicios globales considerables a causa del calentamiento global, pero el grado amplio de variación en los estimados por sector apunta hacia la existencia de una gran incertidumbre entre los autores del informe del IPCC. Por ejemplo, el costo estimado para la agricultura varió de $1,1 mil millones a $17,5 mil millones. Los estimados de las pérdidas en la industria maderera variaron de $700 millones a más de $43 mil millones, una diferencia de 60 veces en el tamaño.

Mendelsohn y Neumann calcularon que la agricultura se beneficiaría en más de $40 mil millones, gracias a las temporadas de crecimiento más largas, a la incidencia menor de heladas, a la mayor cantidad de lluvia y a la mejorada fertilización de los suelos por el CO_2. Los estudios del sector agropecuario efectivamente han mostrado grandes ganancias para la agricultura como resultado del calentamiento global. La industria maderera se beneficiaría por los mismos factores. La industria recreativa en general sale ganando de las temperaturas más calientes. Por lo tanto la lógica respalda la tesis de Mendelsohn y de Neumann. Esta tesis además se beneficia por la inclusión, por parte de los autores, de las estrategias de adaptación y de las observaciones tomadas del mundo real en torno a los gastos relacionados con los energéticos y a las actividades de recreo en las poblaciones que ya han experimentado cambios en la temperatura.

LA NEGATIVA DE EE.UU. EN TORNO A KIOTO

¿Por qué se negó EE.UU. a ratificar el Protocolo de Kioto? Los norteamericanos tuvieron cuando menos cuatro razones para sentirse menos entusiasmados por el convenio que los europeos occidentales:

En primer lugar, el sistema bipartidista de Estados Unidos, con sus elecciones donde un solo candidato gana la elección en cada distrito, deja el movimiento ambientalista al margen de la estructura del poder en este país. Los gobiernos de Europa Occidental casi siempre tienen que formar coaliciones, lo cual permite a los partidos minoritarios como los Verdes tener influencia sobre el proceso político si consiguen aportar en bloque a sus votantes con regularidad.

Segundo, EE.UU. tradicionalmente ha gozado de impuestos bastante módicos sobre los combustibles, debido en parte a las grandes extensiones y a la ampliamente esparcida economía del país. El transporte costeable es esencial para el bienestar económico toda vez que los familiares, las amistades y las oportunidades de empleo pueden situarse bastante lejos del hogar. Los impuestos altos sobre la gasolina afectan especialmente a los pobres y a la gente que vive en comunidades rurales.

Tercero, EE.UU. considera el costo módico de los combustibles como una ventaja que alimenta los adelantos en la tecnología y en la productividad que han ayudado a la economía estadounidense a funcionar mejor que sus rivales en Europa. Los políticos en Europa esperaron poder doblegar a las empresas norteamericanas bajo el peso de los impuestos sobre los combustibles tan elevados como los suyos. Esperaron que ello fuera a aliviar las presiones políticas sobre los Estados del bienestar europeos que experimentan tasas mayores de desempleo y menores de crecimiento económico. Europa Occidental se alegró cuando Al Gore y el gobierno de Clinton inscribieron la economía estadounidense en las obligaciones energéticas de Kioto, para luego sentirse decepcionada cuando George W. Bush canceló ese compromiso.

Cuarto, como ya se ha dicho, al seleccionar el 1990 como año de partida para medir las reducciones en el nivel de las emisiones, Kioto favoreció a varios países europeos importantes. Casi la carga entera de disminuir las emisiones habría caído sobre las espaldas de los trabajadores y de los consumidores norteamericanos.

Al tomar posesión de su cargo, el presidente George W. Bush llamó el Protocolo de Kioto un convenio "con deficiencias mortales" y su gobierno se negó a respaldarlo. El 11 de junio de 2001, unos cuantos meses después de tomar posesión, el presidente Bush hizo unas declaraciones públicas acerca del Protocolo de Kioto y del "tema importante del cambio climático global." Su grupo de tarea a nivel de gabinete sobre el calentamiento global, dijo, "pidió a la bien considerada Academia Nacional de las Ciencias que nos proporcionara los datos más actualizados acerca de lo que se sabe y de lo que no se sabe con respecto a la ciencia del cambio climático."[478] Prosiguió a decir que:

> Primeramente, sabemos que la temperatura en la superficie de la Tierra va calentándose. Durante los últimos cien años ha subido en 0,6° C. Hubo una tendencia al calentamiento desde la década de 1890 hasta la de 1940, seguida de un enfriamiento de los años 40 a los 70 y luego de elevaciones marcadas en las temperaturas a partir de los años 70 hasta la actualidad.
>
> Existe un efecto natural de invernadero que contribuye al calentamiento.... Las concentraciones de los gases de invernadero, especialmente de CO_2, han aumentado notablemente desde principios de la revolución industrial. Y la ANC señala que el incremento se debe en gran parte a las actividades del hombre.

---

[478] "El Presidente Bush trata sobre el cambio climático global," transcripción de los comentarios del Presidente George W. Bush en los jardines de la Casa Blanca, 11 de junio de 2001.

No obstante, el informe de la Academia nos dice que no conocemos el efecto que las fluctuaciones naturales del clima pudieran haber tenido sobre el calentamiento. No sabemos en qué grado nuestro clima podría cambiar o habría de cambiar en el futuro. No sabemos cuán rápidamente se producirán los cambios, ni aun de qué modo algunas de nuestras acciones pudieran afectarlos. Por ejemplo, puede que nuestros esfuerzos útiles de disminuir las emisiones de azufre hayan agravado el calentamiento porque las partículas de sulfato reflejan la luz del Sol de vuelta al espacio. Y, finalmente, nadie puede decir con ningún grado de seguridad lo que constituye un nivel peligroso de calentamiento, ni por lo tanto cuál es el nivel que hay que evitar. El desafío para la política consiste en actuar de modo serio y sensato, dadas las limitaciones de nuestros conocimientos.[479]

Hasta la fecha el pueblo estadounidense ha vacilado en comprometer a los Estados Unidos a incurrir en los costos de montar todo un sistema nuevo de energéticos, cuando el sistema establecido sigue funcionando, cuando los sistemas de los combustibles alternativos que los ambientalistas recomiendan son caros y no confiables y cuando la ciencia del calentamiento global sigue siendo incierta. Se han mostrado igualmente reacios a rechazar de antemano la tesis del calentamiento global causado por el hombre, cuando tantos de sus vecinos creen fervorosamente que aquél constituye un peligro verdadero para el país y para el planeta.

LA DECADENCIA DEL PROTOCOLO DE KIOTO

¿Qué fue lo que quitó el impulso al Protocolo de Kioto? Por un lado, ninguno de los pronósticos espantosos que el IPCC y diversos grupos de científicos y de ambientalistas propagaron con tanto escándalo, llegó ni por mucho a hacerse realidad durante los siete años en que estuvo el convenio en estado de inactividad. No hubo extinción alguna de ninguna especie de fauna que pudiera vincularse con el calentamiento global. El nivel del mar no subió aceleradamente. La mortalidad por causas relacionadas con el calentamiento, no aumentó.

Durante esos siete años el mundo siguió acercándose al 2012, cuando se supone que la fase segunda del tratado entre en vigor y los Estados miembros deberán tomar medidas mayores para estabilizar los niveles atmosféricos de los gases de invernadero. Quedó de manifiesto para todos que la fase segunda tendría que ser mucho más estricta que la reducción del 5,2 por ciento (relativo a los niveles de 1990) acordada para la fase primera.

Puede que el factor crítico haya sido el salto en el crecimiento industrial y

---

[479] Ibíd.

en la riqueza del Tercer Mundo, comparado con el crecimiento relativamente lento en las economías europeas. En años recientes, la economía china ha crecido a una tasa anual de más del 8 por ciento, mientras que la de la India ha crecido en más del 5 por ciento. La economía norteamericana ha venido creciendo en un 3 ó 4 por ciento al año. Las economías de la UE han venido cojeando, con tasas de desempleo del doble de la de EE.UU. y un crecimiento mucho más reducido, aun sin imponer las reducciones serias en las emisiones avizoradas por Kioto.

Bajo el Protocolo de Kioto habría cierto nivel de creación de empleos en los países miembros, pero muchos más se perderían a causa del estancamiento económico y de los impuestos más altos que serían precisos para racionar el uso de los energéticos. Muchos empleos resultarían exportados de los países miembros de Kioto a las economías fuera del sistema de Kioto que gozarían de costos menores para los energéticos. Los sectores que con la mayor probabilidad fueran a ser exportados, serían los empleos en las industrias que dependen del uso intensivo de los energéticos, como por ejemplo las industrias minera, metalúrgica y agropecuaria (debido a sus requisitos de fertilizantes). Tanto el Asia como América se beneficiarían a expensas de Europa.

También es cierto que el mundo entero siguió los acontecimientos en California: la escasez de electricidad, los apagones en rotación, las empresas que amenazaron con mudarse y con llevar sus empleos fuera del estado y, finalmente, una racha de exigencias políticas de que el gobierno otorgase licencias para construir nuevas centrales eléctricas, no obstante el calentamiento global.

Según entra en prensa la edición inglesa de este libro, nadie sabe exactamente cuáles serán las consecuencias del fracaso del Protocolo de Kioto, pero el fracaso parece asegurado. El consentimiento de Rusia hizo entrar en vigencia el tratado de Kioto, pero los rusos también contribuyeron al protocolo su enorme cantidad de créditos para las emisiones, obtenidos por el colapso de la industria soviética desde 1990. El resultado más probable es que Europa vaya a comprar estos créditos rusos para las emisiones, sin esforzarse mayormente en realizar verdaderas disminuciones en las emisiones de CO_2 según supuestamente lo precisa el convenio.

Hacia el 2005, de todos los integrantes de la Unión Europea, solamente Suecia y el Reino Unido iban por buen camino para cumplir con sus compromisos para el 2008 referentes a Kioto. Sin embargo, el rendimiento de las energías eólica y solar ha resultado ser tan pobre que en estos dos países vienen oyéndose voces que piden nuevas inversiones en la energía nuclear. Canadá sigue un rumbo que los llevaría a cumplir poco más de la mitad de la reducción en las emisiones que les corresponde bajo el Protocolo de Kioto.[480]

El Japón también podría tratar de comprar los derechos rusos a las emisiones. Su obligación bajo las provisiones de Kioto consiste en una disminución del 6 por ciento relativo a 1990, pero las emisiones actuales alcanzan casi el 8 por ciento *por sobre* los niveles de 1990. La economía japonesa apenas sale de una recesión que duró diez años: una disminución del 14 por ciento a partir de los niveles actuales en las emisiones seguramente volvería a sumir al país en plena depresión.

¿EL COLAPSO DEL PROTOCOLO DE KIOTO?

Cuando el Protocolo de Kioto al fin entró en vigor el día 16 de febrero de 2005, a primera vista esto pareció ser el momento del triunfo para el movimiento ambientalista y para el Panel Intergubernamental del Cambio Climático de la ONU. Después de pasar siete años en el limbo, el tratado internacional enfocado en disminuir las emisiones de CO_2 por parte del hombre finalmente se hizo vigente.

Sin embargo, justo antes de las ceremonias de institución a fines del 2004, el humor fue sombrío en la X^a Conferencia de las Partes en Buenos Aires. El escritor especializado en ciencias, Ron Bailey, declaró a Kioto muerto al llegar:

> El Protocolo de Kioto ha muerto. Una vez que Kioto caduque en el 2012, no habrá nuevos convenios globales que impongan límites obligatorios sobre la emisión de los gases de invernadero.... La sabiduría convencional, de que se trata de los Estados Unidos contra el resto del mundo en lo que concierne a la diplomacia del cambio climático, se ha virado de cabeza. Al contrario, resulta que son los europeos los que han quedado aislados. China, la India y la mayor parte de los demás países en desarrollo se han unido con los EE.UU. para rechazar por completo eso de imponer nuevos límites obligatorios sobre las emisiones de los gases de invernadero. Aquí en la conferencia de Buenos Aires, Italia sorprendió a sus socios de la Unión Europea al pedir punto final para el Protocolo de Kioto en 2012. Estos países se dan cuenta de que los límites estrictos sobre las emisiones representarían obstáculos enormes para el fomento económico y para el crecimiento en el futuro.[481]

---

[480] "Ottawa: No vamos a cumplir con los objetivos de Kioto," *Toronto Star*, 2 de diciembre de 2004.

[481] Ron Bailey, "El Protocolo de Kioto ha muerto," 17 de diciembre de 2004, <techcentralstation.com>

Desde el punto de vista técnico, Kioto seguirá existiendo después del 2012. Pero la única disminución de las emisiones sobre la que los países miembros han llegado a algún acuerdo, la del 5,2 por ciento relativo a los niveles de 1990, se vence. En Buenos Aires el ministro italiano para el medio ambiente, Altero Matteoli, dijo que, "La fase primera del Protocolo termina en 2012. Después de eso sería inconcebible proseguir sin los Estados Unidos, la China y la India.... En vista de que estos países no quieren hablar de acuerdos obligatorios, debemos seguir con acuerdos voluntarios, con pactos bilaterales y con asociaciones comerciales."[482]

Los gobiernos de los países en vías de desarrollo no tienen interés alguno en comprometerse a restringir los energéticos. Están sumamente conscientes de que solamente pueden permanecer en el poder si proporcionan mejores niveles de vida a sus ciudadanos. La televisión y el Internet han dado a sus pueblos una visión de la abundancia. Los límites sobre los energéticos que Kioto significa defraudarían estas esperanzas.

El gobierno de Dinamarca, la revista inglesa *The Economist* y Bjorn Lomborg recientemente convocaron a un panel de economistas destacados para proponer las formas más eficaces de emplear $50 mil millones en beneficio de la humanidad. Este "Consenso de Copenhague" recomendó emplear los fondos, primero en combatir los casos nuevos de SIDA ($27 mil millones), seguido de disminuir la anemia por deficiencia de hierro en cientos de millones de mujeres y niños en el Tercer Mundo mediante los suplementos alimenticios ($12 mil millones), en controlar la malaria ($13 mil millones) que afecta a 300 millones de seres humanos y que mata a 2,7 millones todos los años, y finalmente en investigaciones agropecuarias para mejorar considerablemente el rendimiento de las cosechas y así menguar la competencia entre la gente y la fauna.

De las diecisiete maneras distintas de emplear los fondos, el Consenso de Copenhague clasificó el Protocolo de Kioto en la línea dieciséis. Pese a haber supuesto un calentamiento notable producido por el CO_2, a juicio de los panelistas los costos de Kioto rebasarían los beneficios. De haber conocido la evidencia física que respalda el ciclo climático de 1.500 años, puede que hubieran clasificado el convenio de Kioto más bajo aun.

"Las conclusiones del panel constituyen un reproche a muchos dirigentes europeos y a las izquierdas de enfoque ambientalista, activista de la salud y antiglobalista, cuyos lemas han dominado gran parte de la discusión de los temas relativos al bienestar global," escribe el analista James Glassman. "Este informe sobrio, no partidario y compasivo, con su énfasis en la ciencia bien fundada y en el análisis de costo-beneficio, hace lucir insensatos a los

---

[482] Robin Pomeroy, "Italia pide acabar con los límites de Kioto," Reuters, 15 de diciembre de 2004.

radicales estrepitosos."[483]

No tenemos que estar de acuerdo con las clasificaciones del Consenso de Copenhague, pero sí con que el Protocolo de Kioto debe quedar cerca del fondo. La vida y el estado de incertidumbre del Protocolo de Kioto han demostrado que las sociedades de abundancia están dispuestas a platicar acerca del racionamiento de los energéticos sin que existan pruebas de que el hombre esté creando un calentamiento climático peligroso. Sin embargo, el proceso de Kioto también ha demostrado que estas mismas sociedades de abundancia no están dispuestas a imponer a sus ciudadanos ni el racionamiento de los energéticos ni gravámenes elevados sobre el carbono, antes de tener pruebas tales.

---

[483] James Glassman, "Cómo salvar al mundo," *Washington Times*, 9 de junio de 2004, pág. A16.

Capítulo 14

La energía alternativa

Los expertos en materia de energéticos observan que la energía eólica y la energía solar no son muy confiables: solamente son generadas cuando el viento sopla bien o cuando el Sol brilla, además de lo cual resultan difíciles de almacenar. Es necesario tener centrales eléctricas de respaldo que utilicen fuentes de energía no renovables, en reserva operacional para que los semáforos del tráfico y las salas de operación de los hospitales no vayan a quedar a oscuras. Pese a las amplias subvenciones que han recibido estas fuentes durante varias décadas, la energía eólica y la energía solar solamente proporcionan un 0,5 por ciento de los requisitos actuales de la electricidad en EE.UU., y casi ninguna de la energía usada para el transporte.

Todavía los energéticos de tipo solar y eólico son de cuatro a diez veces más costosos que las fuentes de energía derivada de los fósiles y del átomo. El cambio a los "renovables" además nos obligaría a convertir cientos de millones de acres de bosque y de tierras silvestres en parques eólicos, en paneles solares, en cultivos de biocombustibles y otros por el estilo.

En un artículo del 2002 en la revista científica *Science*, un equipo de expertos en energéticos que trabajan con diversos organismos de los sectores académico, estatal y privado dijeron que sería una tarea hercúlea el sustituir el suministro de los energéticos derivados de fósiles en el futuro próximo.[484] La mayor dificultad radica en que los 12 billones de kilovatios-hora que el mundo consume actualmente cada año (el 85 por ciento de ello derivado de los combustibles fósiles), tendrá que crecer a 22-42 billones durante los próximos cincuenta años para poder satisfacer los requisitos de la creciente

---

[484] M.I. Hoffert et al., "La brújula de las ciencias: Senderos de la tecnología adelantada hacia la estabilidad del clima global: Energéticos para un planeta de invernadero," *Science* 298 (1° de noviembre de 2002): 981-87.

población del mundo y seguir proporcionando crecimiento económico para los países en vías de desarrollo. Según los expertos en energéticos, ni siquiera la energía nuclear bastará para ello, por motivo de la escasez de mineral de uranio. Será necesario construir reactores reproductores y, tarde o temprano, perfeccionar la energía de fusión. Ello significaría desarrollar tecnologías energéticas bien costosas, de las que todavía no disponemos.

La tecnología moderna ha sido el implemento de conservación ambiental más potente que el hombre posee. Los investigadores del Banco Mundial han llegado a la conclusión de que, mientras las etapas tempranas del desarrollo económico son perjudiciales para el medio ambiente, las etapas posteriores son constructivas desde el punto de vista ambiental. Los ingresos per cápita de más de $5.000 u $8.000, donde actualmente se encuentran Malasia y el Brasil, suscitan mayores inversiones en la limpieza del aire y del agua, así como en la agricultura de alto rendimiento. Además conducen a disminuciones masivas en las emisiones industriales y en la creación de parques y de cotos para la fauna con guardas para verdaderamente proteger a los animales.[485]

LA ENERGÍA EÓLICA

Los molinos de viento son estructuras enormes que producen muy poca electricidad, y eso sólo cuando el viento sopla dentro de ciertos parámetros de fuerza. Para producir la misma cantidad de electricidad que genera una central eléctrica de 500 megavatios, de carga base y ciclos combinados, se necesitarían casi dos mil nuevas turbinas de viento de 750 kilovatios cada una, funcionando al factor normal de capacidad del 28 por ciento.

La electricidad derivada de la energía eólica contribuye poco a disminuir las emisiones de las centrales eléctricas que usan el carbón y otros combustibles fósiles. Puesto que las turbinas de viento solamente producen la electricidad de manera intermitente, hay que tener otras centrales a disposición inmediata, sea funcionando a menos de su máxima capacidad o sea en reserva operacional, para poder suministrar la electricidad en aquellos momentos en que la fuerza del viento baje o desaparezca por completo. Las plantas de reserva siguen produciendo emisiones aun en esta modalidad auxiliar.

Dakota del Norte y otros estados remotos poseen cantidades considerables de recursos eólicos, pero los molinos de viento que fueran a construirse en esas comarcas no lograrían producir electricidad suficiente como para

---

[485] *International Trade and the Environment*, Libro de Discusión del Banco Mundial núm. 159, red. por Patrick Low (enero de 1992); también G. Grossman y A. Kreuger, "El desarrollo económico y el medio ambiente," *The Quarterly Journal of Economics* 370 (1995): 353-77.

justificar el gasto de construir las líneas de transmisión que serían necesarias para conectar los molinos con la red eléctrica.

La energía eólica va creciendo en términos del porcentaje, pero esto es sólo porque el punto de partida es tan diminuto, de un 0,3 por ciento del total de la capacidad generadora instalada en EE.UU. El costo de la energía eólica, especialmente al agregarle el costo de instalar las líneas de transmisión necesarias para llegar a los sitios, a menudo remotos, donde hay mucho viento, no puede competir con el carbón ni con el gas natural, de modo que los parques eólicos no pueden construirse sin recibir subvenciones en gran escala.[486] Los empresarios de esta tecnología construyen parques eólicos por cuatro motivos distintos, todos los cuales pasan sus costos al público, disimulados en las facturas de los impuestos y de la electricidad: (1) los refugios tributarios, (2) los mandatos estatales, (3) el "lavado verde" por parte de las compañías de electricidad para mejorar sus relaciones públicas y (4) los programas de precios "verdes" de la electricidad a niveles favorables.

El Departamento de Energía de EE.UU. y sus organismos antecesores han gastado cientos de millones de dólares de los contribuyentes en la investigación y en el desarrollo de la energía eólica. Sin embargo, la mayor parte de las turbinas de viento que se emplean actualmente en Estados Unidos, provienen de empresas danesas.

Los molinos de viento pueden ser una fuente económica de electricidad para las zonas remotas donde no haya otra manera de dar electricidad, o bien donde el costo de la construcción de las líneas de distribución resulte ser prohibitivo. Aun así, los molinos de viento solamente producen cuando el viento sopla, y la factibilidad de guardar la electricidad en baterías es limitada y bien cara. Los molinos de viento funcionan bien para bombear el agua, la que sí puede almacenarse. Éste es el porqué de los famosos molinos de viento en las granjas norteamericanas.

LA ENERGÍA SOLAR

Igual que la energía eólica, la energía solar es sumamente cara e idónea solamente para los nichos de mercados especializados. Además, puesto que se trata de una fuente intermitente, este tipo de energía no puede ni terminar ni aun disminuir notablemente la necesidad de conservar una capacidad generadora más convencional. Lo que mantiene a flote la industria de la energía solar mayormente son los subsidios del Estado, bien a los que producen la energía o bien al consumidor. Por ejemplo:

---

[486] R.L. Bradley, "Los energéticos renovables: Ni son baratos ni son 'verdes'," *Cato Policy Analysis* #280, Cato Institute (27 de agosto de 1997).

- Por lo menos 15 estados norteamericanos han dedicado fondos de los "beneficios públicos" para requerir el uso de los energéticos renovables y/o para subsidiarlos.[487]

- California recientemente prohibió la compra de electricidad de ninguna central que exceda las 1.100 libras de CO_2 por megavatio-hora que son típicas de las centrales de gas natural. La mayoría de las centrales a carbón serán inadmisibles, lo cual habrá de impulsar el precio del gas natural aun más, y hasta pudiera suscitar la compra de electricidad derivada de las fuentes solares o eólicas.[488]

- Un propietario de casa en Nueva Jersey instaló paneles solares que podrán generar 2,5 kilovatios de electricidad cuando el Sol brille y que hasta podrán exportar cantidades minúsculas de energía excedente a la red eléctrica. La instalación costó $21.000 pero el dueño solamente pagó $9.000. Espera recuperar la inversión en espacio de 10 años, sin contar los intereses.[489]

La Agencia de EE.UU. de Protección del Medio Ambiente (siglas en inglés: EPA) elogia a sus "25 Socios Principales en la Energía Verde," organismos que por su propia voluntad compran energía de fuentes renovables. Pero de los diez primeros, cinco son agencias del Estado: la Fuerza Aérea, la EPA, el Departamento de Energía, el Banco Mundial y la Administración de Servicios Generales de EE.UU. Los 25 Mayores en la lista de la EPA compran una cantidad insignificante de energía, equivalente a un 0,4 por ciento de la energía que usan los hogares norteamericanos, y que no se diga nada de los requisitos energéticos de las industrias, del comercio, del resto del gobierno ni del transporte.[490]

Un informe de la Academia Nacional de las Ciencias observa que la sustitución de todo el consumo actual de combustibles fósiles en EE.UU. por

---

[487] Mark Clayton, "La energía solar llega a los suburbios," *Christian Science Monitor*, 12 de febrero de 2004.

[488] "California prohíbe la compra de electricidad derivada de las centrales a carbón," enero 25 de 2007.

[489] Clayton supra, n. 487.

[490] "Empresas de Nueva Inglaterra agregadas a la lista de la EPA de los 25 Mayores compradores de energéticos renovables," comunicado de prensa de la EPA de EE.UU., 13 de febrero de 2006.

la energía solar, precisaría de unas 50.000 millas cuadradas de paneles solares, preferentemente instalados en sitios donde abunda la luz del Sol.[491] Desgraciadamente, éstos tienden a ser los mismos lugares donde el agua escasea.

En el 2003, un importante fabricante de chips de silicio en Europa anunció el descubrimiento de maneras novedosas de producir elementos solares que reducirían el costo de la electricidad solar, de $4 por vatio en la actualidad a 20 centavos, lo cual haría que la energía solar fuera aun más barata que los combustibles fósiles tales como el petróleo y el gas natural, que actualmente cuestan unos 40 centavos por vatio.[492] El anuncio recalcó tanto el atractivo de la luz del Sol gratis como los costos actuales bien elevados relacionados con la energía solar. Desafortunadamente, con anterioridad ya hemos oído pronósticos semejantes acerca de que alguna tecnología nueva fuera a disminuir el costo de los paneles solares, vaticinios que nunca se han hecho realidad. Cuatro años después de salir el informe en el canal de noticias CNN, los elementos solares se siguen fabricando con costosos cristales de silicio y no con hojas de plástico baratas.

¿QUÉ VA A SUCEDER CUANDO NO HAYA ELECTRICIDAD SUFICIENTE?

Para vislumbrar los efectos de las reducciones en el consumo de energéticos que el tratado de Kioto exige, basta con ver los apagones en rotación en California y la crisis que aquéllos causaron en ese estado en el 2001. La capacidad para generar electricidad en California no había llevado el paso con los aumentos en la demanda. En razón de la oposición ambientalista a la construcción de nuevas centrales que usaran el carbón, el petróleo, el gas o la energía nuclear, no se había introducido en el estado ninguna central eléctrica nueva en más de doce años. Entonces, en el 2000, una sequía disminuyó el suministro de electricidad proveniente de las represas hidroeléctricas del oeste norteamericano. Simultáneamente, el precio del gas natural ascendió vertiginosamente según todo el mundo occidental intentaba satisfacer las exigencias políticas del "aire limpio," mediante la sustitución masiva del carbón y del petróleo con el gas natural—todo al mismo tiempo.

---

[491] *Policy Implications of Greenhouse Warming: Mitigation, Adaptation and the Science Base* (Washington, D.C.: National Academy Press, 1992), 775.

[492] "Descubrimiento podría alentar la energía solar barata" <www.cnn.com/2003/TECH/biztech/10/02/solar.cells.reut/index.html> (accedido el 5/VIII/07)

La escasez de electricidad fue un golpe fuerte para California. Los clientes "interrumpibles" fueron los primeros en quedarse sin luz. Pero entonces los apagones en rotación afectaron a millones de clientes regulares: las escuelas quedaron en la oscuridad y los semáforos muertos, las computadoras apagadas y los ascensores detenidos a medio camino. Las pérdidas a la economía del estado fueron descomunales. Las bombas de irrigación tuvieron que dejar morir las cosechas sedientas. En las industrias, el apagón dejó inoperables las "salas limpias" que producen los elementos electrónicos de alta tecnología que habían producido el crecimiento económico californiano. Los principales empleadores anunciaron su intención de irse de California.

La ciudad de San Francisco presentó una demanda contra las empresas de energía, con el alegato de que estaban aprovechándose del mercado desregulado para derivar utilidades desmedidas. Algunos analistas señalaron que el programa absurdo de California para la desregulación, era el que había obligado a las empresas de servicio público a vender sus centrales generadoras y a comprar la energía en el mercado al contado. A estas empresas se les había prohibido hacer contratos de suministro a largo plazo, pese a que por otra parte estaban obligadas a vender la electricidad a precios controlados bajos, en nombre de "proteger al consumidor." Fue la fórmula ideal para la bancarrota. Y desde luego las empresas de electricidad en California en breve quedaron en bancarrota.

Entonces el estado actuó. Con el fin de proveer la electricidad que nadie había firmado contratos a largo plazo para proporcionar, California gastó rápidamente el superávit de $8 mil millones de que gozaba, y aun más. En los años posteriores al final de los apagones en rotación, el gobierno de California quedó cargado con excedentes de electricidad contratada a los precios de emergencia bien elevados. Tan sólo en el 2004, se anticipaba que el estado fuera a volver a vender el 25 por ciento de la electricidad contratada bajo la clasificación de "excedente," absorbiendo pérdidas de $772 millones. Mientras tanto las tarifas al consumidor habían aumentado entre el 15 y el 50 por ciento.

¿Qué es lo que habría sucedido si Estados Unidos en su totalidad, o si todo el Primer Mundo, hubiera quedado en la misma situación que California, sin electricidad suficiente para mantener suplidos los hogares, las escuelas y los negocios? Parece indiscutible que un mundo tal experimentaría mucha más penuria y sufrimiento que lo que vemos hoy en día. No obstante, algunos ambientalistas destacados luchan precisamente por convertir esta utopía a la inversa en la nueva realidad.

Stephen Schneider, biólogo y defensor de la tesis del calentamiento global causado por el hombre, ha censurado la idea de que los descubrimientos de la ciencia pudieran ayudar a la humanidad a proteger el medio ambiente y al mismo tiempo mantener un nivel de vida elevado para el hombre. Schneider llama estas investigaciones, "un paliativo irresponsable."[493] Según él, la idea "Esquiva la necesidad de encontrar un verdadero remedio, como por ejemplo refrenar el consumo entre los ricos y el crecimiento de la población entre los pobres, así como cobrar a los contaminadores por utilizar la atmósfera como una cloaca gratis." Schneider también lucha vigorosamente por la creación de un "Estado mundial" que tuviera la autoridad de "obligar el uso responsable de los bienes comunes globales."

Pero resulta que el crecimiento de la población entre los pobres ya se ha visto frenado, y con una velocidad que impresiona. Los nacimientos por mujer en el Tercer Mundo han bajado de unos 6,2 en 1960 a unos 2,8 en la actualidad, y el nivel de estabilidad es de 2,1. Por lo tanto los países pobres ya han recorrido el 75 por ciento del camino hacia la estabilidad en la población. Los países "ricos" promedian 1,7 hijos por mujer o menos. La División de Población de la ONU anticipa que la población mundial vaya a alcanzar su punto máximo, alrededor del 2035 ó del 2040, entre los 8 y 9 mil millones de almas. Posteriormente el número de seres humanos empezará a disminuir lentamente.

Schneider dice sentirse preocupado por el progreso en "limitar el consumo de los ricos."[494] Sin embargo, parece no darse cuenta de que la gente más rica tiene menos hijos, recibe su alimento de una extensión mucho menor de terreno per cápita, disminuye paulatina pero enormemente la contaminación industrial, en general planta más árboles de los que corta, conduce la mayor parte de las investigaciones relativas a la conservación del medio ambiente y realiza la mayor parte de las inversiones en la conservación. Los países que gozan de ingresos per cápita superiores a los $8.000, en vez de ser la maldición del planeta, ofrecen la esperanza de lograr la sostenibilidad.

Schneider y otros ambientalistas como él operan bajo la falsa creencia de que los pueblos primitivos "viven en armonía con la naturaleza." Al contrario, dichos pueblos han explotado la naturaleza de manera insostenible porque sus poblaciones siempre crecen hasta el límite absoluto de sus recursos, para luego excederlo.[495] Los pueblos pobres practican la agricultura de corte y quema, cocinan y se calientan con leña de árboles que no reemplazan y matan animales en peligro de extinción para fabricar afrodisiacos. Y cuando ello no basta para satisfacer sus necesidades, libran guerras con sus vecinos para robarles lo que no pueden producir ellos mismos.

---

[493] S. Schneider, "Ingeniería y administración de los sistemas de la Tierra," *Science* 291 (2001): 417-21.

[494] Ibíd.

[495] Stephen LeBlanc, "Luchas incesantes," *Archeology* (mayo/junio de 2003): 18-25.

El ejemplo reciente más vívido de la competencia entre tribus por los recursos naturales, sucedió en Ruanda en 1994, cuando miembros de la tribu de los hutu exterminaron a casi un millón de los tutsis que vivían entre ellos, asesinándolos mayormente con machetes. Parece que los hutus temieron que no fueran a haber recursos suficientes en las tierras altas, cada vez más atestadas de gente, para las dos tribus. Ruanda sí tenía una estación para la agricultura experimental, pero no había logrado ganancias suficientes en el rendimiento de las cosechas de maíz y de patatas del país como para poder asegurar a las dos tribus de que fueran a poder compartir el mismo futuro.

LA TECNOLOGÍA ENERGÉTICA DEL FUTURO

Para echar un vistazo al posible porvenir energético del mundo, nos dirigimos a expertos auténticos en ese campo: los autores de, "Senderos de la tecnología adelantada hacia la estabilidad del clima global," artículo de la sección "Brújula" de la revista científica *Science* que salió el día 1° de noviembre de 2002. Los autores del escrito son miembros de las facultades de institutos tales como el Laboratorio Lawrence Livermore en California, el Departamento de Física de la Universidad de California en Irvine, el Instituto de las Operaciones de los Sistemas Espaciales en la Universidad de Houston, el Laboratorio del Instituto de Teconología de Massachusetts para los Energéticos y el Medio Ambiente, la Compañía de Investigación e Ingeniería de Exxon Mobil, la División para la Física de los Plasmas del Laboratorio de Investigaciones Navales de EE.UU. y, finalmente, la NASA. El autor principal fue Martin I. Hoffert, físico basado en la Universidad de Nueva York. La conclusión fundamental del equipo fue que la disminución de los niveles de CO_2 "precisaría un esfuerzo hercúleo." Según ellos, el CO_2 es un elemento clave de la sociedad moderna, que "no puede eliminarse mediante la regulación."[496]

El IPCC declaró, en su informe *Climate Change 2001*, que "las alternativas tecnológicas conocidas podrían alcanzar una amplia gama de niveles de estabilización del CO_2 atmosférico, tales como las 550 ppm, las 450 ppm o menores a lo largo de los próximos 100 años o más.... Por las alternativas tecnológicas conocidas, queremos decir las tecnologías que ya existen en forma operacional o en etapa de planta piloto hoy en día. No incluye ninguna tecnología novedosa que vaya a precisar de adelantos

---

[496] M.I. Hoffert et al., "La brújula de las ciencias: Senderos de la tecnología adelantada hacia la estabilidad del clima global: Energéticos para un planeta de invernadero," *Science* 298 (1° de noviembre de 2002): 981-87. Las referencias posteriores a "Hoffert" todas provienen de esta fuente.

drásticos en la tecnología."[497]

El equipo de Hoffert disiente fundamentalmente: "Esta declaración no reconoce los requisitos para los energéticos sin emisiones de CO_2 que los informes del propio IPCC implican, y no se ve apoyada por nuestra evaluación." Ello dice que, "¡No!" con todo el vigor que el decoro de las revistas científicas permite.

Hoy en día el consumo global de energéticos es de unos 12 billones de kilovatios-hora al año, de lo cual el 85 por ciento viene de los combustibles fósiles. Para el 2052, el mundo necesitará de 10 a 30 billones más de kilovatios-hora al año. Ello tendríamos que conseguirlo sin producir emisiones, aun a medida que hiciéramos el cambio de un sistema que en la actualidad produce muy poca energía carente de emisiones. Efectivamente, la diminuta cantidad de energía sin emisiones que sí producimos viene mayormente de las represas hidroeléctricas y de las centrales de energía nuclear, las cuales son objeto de oposición por parte del mismo movimiento verde que nos dice que todo el calentamiento actual se debe a las emisiones de gases de invernadero producidas por el hombre. En otras palabras, el IPCC ha formulado un manifiesto político acerca de la producción de los energéticos que no causan emisiones, que está reñido con la realidad de los energéticos.

La no solución de los renovables

El equipo de Hoffert dice que la eficiencia de las fuentes de los energéticos renovables es muy pobre y que tiene una baja "densidad energética," lo que quiere decir que precisarían de cantidades enormes de terreno. Por ejemplo, un conjunto de 1.300 turbinas de viento propuesto para Dakota del Norte, solamente tendría una capacidad de 2.000 megavatios. Sin embargo, cada una de las 1.300 turbinas propuestas necesitaría de 50 a 100 acres, dando un requerimiento total de 100 a 200 millas cuadradas. En los días buenos, estas turbinas podrían generar un 2 por ciento del *incremento* necesario para *este año* en la capacidad generadora de EE.UU., y apenas la mitad de la cantidad de electricidad que una sola central nuclear puede producir. Un controvertido parque eólico que se ha propuesto para el Cape Cod en Massachusetts no podría ni dar abasto a la electricidad requerida por la población, relativamente pequeña, de ese centro elegante de turismo.

Supóngase que intentáramos producir, a partir de las fuentes renovables, apenas los 30 billones de kilovatios-hora adicionales de electricidad al año que es probable que vayan a ser necesarios para el año 2050, basado en una

---

[497] Resumen para los responsables de la política, Grupo de Trabajo III, *IPCC Third Assessment Review*, 2001: 8.

combinación de biocombustibles (el 33 por ciento), la energía solar (el 33 por ciento) y la energía eólica (el 33 por ciento). El equipo de Hoffert sugiere que la producción de 10 billones de kilovatios-hora al año, derivados de los biocombustibles, haría necesario el convertir 15 millones de kilómetros cuadrados de hábitat para la fauna en tierras agrícolas. Puesto que los suelos que se emplearan para los biocombustibles serían de calidad inferior a la de las tierras agrícolas actuales, y que estaríamos obligados por mandato a emplear los métodos de la agricultura orgánica, podría ser necesario sembrar hasta 30 millones de kilómetros cuadrados para los biocultivos.

Para dar otro ejemplo, la utilización de los campos de alto rendimiento de maíz para producir etanol en vez de alimentos, después de sustraer los requisitos de fertilizante (derivado del gas natural) y de combustible para los tractores, así como la energía necesaria para el calor del procesamiento en la fábrica de etanol, solamente rinde en neto 50 galones de equivalente de gasolina por acre al año. EE.UU. consume más de 134 mil millones de galones de gasolina todos los años. Solamente en este país, para obtener alguna proporción importante de sus combustibles para el transporte con base al etanol de maíz, sería necesario despejar quizás 100 millones de acres de tierras forestales. El muy loado etanol derivado de las virutas de madera y de la hierba switchgrass todavía no puede elaborarse sin que antes venga algún adelanto técnico en la creación de enzimas para disolver las fibras duras de la celulosa.

Los paneles solares, para generar 10 billones más de kilovatios-hora de electricidad, requerirían unos 220.000 kilómetros cuadrados adicionales de terrenos para los sistemas de células fotovoltaicas, más el terreno que ocuparían las líneas de transmisión, las calzadas de servicio, los talleres de mantenimiento, etcétera. Diez billones de kilovatios-hora al año de energía eólica harían necesaria la construcción de molinos de viento para ocupar más de 600.000 kilómetros cuadrados. Gran parte de los terrenos debajo de los molinos podría cultivarse, pero no podría ser bosque, el mejor hábitat para los animales silvestres. La lógica indica que algunos de los molinos podrían establecerse frente a la costa, pero la polémica persistente sobre las vistas desde el litoral no es muy prometedora para las perspectivas de la energía eólica marina.

Teniendo en cuenta todo lo dicho, la extensión de las tierras que serían necesarias para la "energía verde" probablemente terminaría por despejar un área de bosques equivalente a la superficie de Suramérica (22 millones de km cuadrados) y además podría requerir toda la extensión terrestre de China (10 millones de km cuadrados) y de la India (3 millones de km cuadrados). ¿Cómo es posible que alguien diga que esto es conservar la Naturaleza? Todavía quedarían por construir miles de centrales eléctricas adicionales para los días nublados o que fueran de vientos o muy escasos o excesivos, así como para sustituir los biocombustibles en caso de que surgiera alguna enfermedad o algún insecto nocivo para los biocultivos, o de que el mal tiempo hiciera perder las cosechas de los biocombustibles.

Los energéticos de las fuentes "renovables" han tenido utilidad política en la forma de alternativas imaginarias a las centrales eléctricas que podemos ver y lamentar. Pero siempre que alguien hace el intento de convertir en realidad los parques eólicos y los sistemas de paneles solares, la misma gente que los había exigido de repente cambia de actitud para entrar en oposición, porque nunca parece haber un "lugar aceptable" donde instalar esos sistemas. Sin embargo, para que los renovables puedan contribuir a satisfacer los requisitos de energéticos, será necesario encontrar muchos "lugares aceptables" para ellos.

En el fondo del corazón, el movimiento verde ha creído durante largo tiempo que los habitantes del Primer Mundo son muy ricos y que deberían llevar un estilo de vida más sencillo. Los Verdes a lo mejor suponen que, aun si se equivocaran acerca de la energía renovable, al menos van empujando en la dirección correcta, o sea hacia niveles de vida muy inferiores. No parecen haber pensado mucho en el enorme precio que habría que pagarse en términos de la calidad de vida o por la misma Naturaleza, si las "soluciones" chapuceras que ellos proponen llegaran a ver la luz.

Duplicando la eficiencia en la utilización de los combustibles para el transporte

Los autores del artículo en la sección "Brújula" de la revista *Science* dicen que debe de ser posible mejorar, al doble de lo que es actualmente, la eficiencia de los automóviles y de los camiones actuales en su utilización de los combustibles, y eso con o sin prohibir los vehículos utilitarios deportivos. Ello probablemente tendría poco que ver con los coches eléctricos que los activistas exigieron en California, y que los californianos sensatamente no quisieron comprar. El desempeño y la capacidad para llevar cargas que tienen los vehículos eléctricos fueron malísimos y el alcance, antes de tener que volver a cargar la batería, era bien reducido.

Por otro lado, el modelo Prius, automóvil de tecnología híbrida fabricado por la Toyota, fue nombrado el Automóvil del Año 2004 por la revista *Car and Driver*, editada para los entusiastas del automovilismo. A juicio de los redactores, el Prius combinó un grado sorprendente de potencia con un tamaño servible y con una eficiencia excepcional de 60 millas por galón en ciudad y de 43 mpg en carretera. Parece cosa segura que los híbridos vayan a tener un papel importante en mejorar el millaje de una gran variedad de automóviles, de camiones ligeros y hasta de los vehículos utilitarios deportivos.

"Desgraciadamente," advierten los autores de Hoffert, "los efectos de esta gran eficiencia quedarían más que neutralizados si China y la India siguieran los pasos de EE.UU., de cambiar de las bicicletas y del transporte colectivo a los automóviles. (El Asia ya representa más del 80 por ciento del crecimiento mundial en el consumo de petróleo.) Por lo tanto, o los combustibles carbono-neutrales o los procesos de captura de CO_2 podrían ser la mejor alternativa para los vehículos.... La captación más sencilla es la forestación... pero la capacidad de los árboles para captar CO_2 es limitada."

Dos de los más ruidosos activistas del calentamiento global, Amory Lovins y Jeremy Rifkin, han propuesto una flota nacional de "hipercarros" impulsados por hidrógeno. Según ellos, además de proporcionar transporte, durante el "96 por ciento del tiempo" que están estacionados estos automóviles además podrían conectarse a la red nacional y contribuir más de dos kilovatios de electricidad cada uno. Pero el equipo de Hoffert advierte que el hidrógeno no sería muy útil: "Por unidad de calor generada, más CO_2 se produce sacando H_2 de los combustibles fósiles que quemando los combustibles fósiles directamente." El H_2 sin emisiones, extraído mediante el proceso de electrólisis de agua accionado por fuentes renovables o nucleares, todavía no alcanza el nivel de eficacia en función de los costos. En el momento presente, el hidrógeno no es tanto una fuente de energía como un medio para transmitirla.

A juicio del equipo de Hoffert, la tecnología del carbón "limpio" cobrará importancia, dado que hay tanto carbón disponible a precios relativamente bajos. "El carbón y/o la biomasa y los desechos son gasificados en una gasificadora soplada con oxígeno. Luego el azufre se limpia del producto y éste se hace reaccionar con vapor para formar H_2 y monóxido de carbono. Después de extraer el calor, el monóxido de carbono se convierte en dióxido de carbono, el que puede ser aislado, y el H_2 puede utilizarse para el transporte o para la generación de electricidad." La dificultad central todavía radica en cómo desechar el CO_2.

Los autores de Hoffert no se sienten muy optimistas por la idea predilecta de Schneider, acerca de captar el CO_2 para hundirlo por debajo de la superficie de la Tierra o en el fondo del mar. Para mediados de siglo, a no ser que ya se disponga de otras fuentes primarias de energéticos sin emisiones, "podrían necesitarse tasas enormes de aislamiento para poder estabilizar el CO_2 atmosférico." La presencia de niveles muy elevados de CO_2 en los océanos los volvería más ácidos, lo cual afectaría la ecología marina.

La energía nuclear tiene sus propias limitaciones. El equipo de Hoffert señala que a la larga habrá una escasez de uranio, ya que al paso de 10 billones de vatios-hora de energía al año, el suministro actual de mineral de uranio recuperable se agotaría en menos de treinta años.

El equipo de expertos en materia de energía de Hoffert, manifiestamente pone sus esperanzas en la introducción de tecnologías aun más avanzadas, lo que no dejaría muy contentos ni a Schneider ni a sus colegas verdes. En particular, estos peritos quieren la fisión nuclear y los reactores reproductores, seguidos a la larga de reactores por fusión.

"Hoy en día [los reactores reproductores] comerciales están prohibidos en Estados Unidos, por motivo de inquietudes relacionadas con los desechos y con la proliferación (Francia, Alemania y el Japón también han abandonado sus programas de reproducción). La reproducción podría ser más aceptable con la institución de ciclos de combustible más seguros y con la transmutación de los desechos de alto nivel a productos inocuos.... Sin realizar investigaciones agresivas no es muy probable que ni la fisión ni la fusión vayan a desempeñar papeles de importancia en la estabilización del clima. En el caso de la fisión, sería preciso además resolver las cuestiones relativas a la eliminación de los desechos de alto nivel y a la proliferación de las armas nucleares."

"Pese a los enormes obstáculos, la fuente de energía nuclear más prometedora a largo plazo sigue siendo la fusión," escribe Hoffert con su equipo. La afirmación de que ésta representa nuestra mejor alternativa, sirve sencillamente para subrayar su tesis de que, para detener los incrementos en las emisiones de CO_2 de la humanidad, sería necesario emprender esfuerzos hercúleos o aceptar disminuciones mayores en el nivel de vida.

El equipo de Hoffert es quizás muy pesimista en cuanto a las perspectivas a largo plazo de la fisión. Cuando el uranio se vuelva muy caro, el torio abundante será otro candidato para los reactores por fisión. Otros expertos opinan que, con el reprocesamiento del combustible agotado y el empleo de los reactores reproductores, los reactores de fisión basados en uranio podrán mantener su eficacia durante miles de años.

En el presente la mayor parte de los reactores presentan el diseño de agua ligera que se empleó por primera vez en los submarinos de los años 50. Los accidentes debidos a la pérdida de refrigerante, tales como el que sucedió en Three Mile Island en Pensilvania, en el futuro podrían evitarse con el uso de reactores de "regulación pasiva."

Antes de poder construir centrales nucleares nuevas, primero debe lograrse un consenso político en torno a la eliminación del combustible nuclear agotado. Hasta el momento, los grupos ambientalistas han dirigido la campaña de oposición a la instalación de sitios centralizados para almacenar los desechos nucleares, como por ejemplo el Monte Yuca en el estado de Nevada, aunque tal parece que los gritos de peligro en torno a estos sitios no son más que un método eficaz para obstaculizar una fuente de energéticos que, a pesar de no emitir CO_2, sigue siendo políticamente inaceptable.

Estas actitudes apuntan a que los ambientalistas no toman muy en serio sus propias declaraciones al efecto de que todos los demás peligros globales no admiten comparación con el calentamiento global.

LAS ALTERNATIVAS TECNOLÓGICAS PARA ADAPTARSE

Un norteamericano, al preguntársele cuál fue el invento más grande del siglo XX, respondió, "el aislamiento térmico." Se había criado en una casa de montaña construida en el siglo XIX, pobremente aislada del frío, y su tarea consistía en cortar leña para la familia. El aislamiento es barato, seguro y sostenible, además de ayudar a disminuir los requisitos energéticos independientemente de si el clima va calentándose o enfriándose. Representa una tecnología excelente que precisa de un nivel mínimo de mantenimiento y que no da motivos para arrepentirse. Un mejor aislamiento de nuestros edificios sería una buena idea, independientemente de si el clima cambiase mucho o no.

Las centrales nucleares representan una estrategia adaptiva eficaz en función de los costos, sea para un planeta que experimente el cambio climático provocado por el hombre, sea para un mundo que se vaya calentando naturalmente y que a la larga se quedará sin combustibles fósiles. La energía nuclear es la fuente mayor del mundo, de energéticos no derivados de fósiles, y prácticamente no emite gases de invernadero. El Primer Mundo en general ha vuelto la espalda a la energía nuclear a medida que los litigios que los activistas han montado en los tribunales han aumentado los costos relacionados con la reglamentación de esta industria. La decisión inexplicable de la Unión Soviética, de construir la central en Chernobyl sin incluir una estructura para contener el reactor, también proyectó una sombra sobre toda la industria nuclear durante varios años, aunque ahora el sitio de Chernobyl se ha convertido en atracción turística y el saldo de muertos queda en cuarenta y tres.

No obstante, el mundo recibe un 16 por ciento de su electricidad derivada de la energía nuclear y Francia deriva unas tres cuartas partes de su luz de los reactores económicos y estandarizados que allá se han construido. En la actualidad, en Finlandia se construye la única central nuclear nueva en toda Europa. China, la India, el Japón y Corea del Sur están edificando dieciséis reactores nuevos, y tanto China como la India anuncian la intención de cuadruplicar la cantidad de energía nuclear en los años próximos.

Existe una maravillosa variedad de fuentes de energéticos que los verdes rechazan. Muchos de ellos ahora están dando marcha atrás en torno a la energía eólica. ¿Acaso habrá alguna fuente importante de energéticos que los ecoactivistas sí vayan a aceptar? Según un informe reciente de la Prensa Asociada,

> Los grupos de ambientalistas han entablado una acción judicial contra el gobierno federal, relativa a los proyectos geotérmicos que éste ha aprobado para la remota región de las Tierras Altas del lago Medicinal, la que las tribus de los indios consideran sagrada. La demanda, que fue presentada el martes y anunciada el miércoles, se opone a la aprobación de las dos primeras centrales geotérmicas que ha propuesto la Calpine Corp. Se propone construir las dos centrales dentro de la caldera del lago Medicinal, que es el remanente de un volcán antiguo situado a 30 millas al este del Monte Shasta... en el noreste de California. Las cuatro coaliciones de ambientalistas que pusieron el pleito en el tribunal federal en Sacramento alegan que los proyectos de electricidad... convertirían la que por lo demás es una zona escénica y natural, en "un yermo industrial feo, ruidoso y apestoso."[498]

Las centrales geotérmicas que se propone construir, ni emitirían gases de invernadero ni producirían desechos radioactivos. Hasta podrían ligarse con la red eléctrica que ya existe en Bonneville sin tener que montar extensas líneas de transmisión nuevas ni que obtener derechos de vía adicionales. Terminaría por crear unas cuantas centrales eléctricas de nueve pisos sobre plataformas de 15 acres cada una, en un lugar remoto donde casi nadie tendría que verlas. No obstante, para los activistas actuales del medio ambiente hasta esto resulta ser inaceptable.

El tratamiento dado en este capítulo deja claro que, tanto en la actualidad como en el futuro próximo, la única alternativa posible a los combustibles fósiles es la energía nuclear. La oposición de los ambientalistas a la energía nuclear, contando entre éstos a los alarmistas principales del calentamiento global, descubre las verdaderas intenciones del movimiento Verde. No tienen nada que ver con el "calentamiento global," ni tampoco con proteger la Naturaleza. Más bien tienen que ver con clausurar las economías mayores del mundo y con imponer a los pueblos del mundo, tanto los ricos como los pobres, un modo de vida que éstos no aceptarían por su propia voluntad.

---

[498] Don Thompson, "Los ambientalistas ponen pleito contra los proyectos geotérmicos en el lago Medicinal," Prensa Asociada, 20 de mayo de 2004.

Capítulo 15

Conclusión

La luz se nos fue por 30 horas después de la tormenta. Fue algo horrible. Hacía frío y no teníamos agua....

> - Vecino de Dennis Avery, que apoya el convenio de Kioto, después de una tormenta de hielo en febrero del 2007

En nuestro concepto no deben imponerse restricciones obligatorias sobre las emisiones humanas de los gases de invernadero, hasta que los que advierten de la catástrofe climática no puedan probar tres cosas:

1. Que sea cosa segura el que los gases de invernadero vayan a aumentar las temperaturas globales a niveles notablemente más elevados que los que ya se alcanzaron durante los ciclos anteriores del calentamiento natural del clima;
2. Que un calentamiento tal terminaría por perjudicar seriamente tanto la naturaleza como el bienestar humano;
3. Que las acciones racionales del hombre en verdad pudieran prevenir cualquier calentamiento que pudiera suceder.

Hasta la fecha, los alarmistas del calentamiento global no han podido satisfacer ninguno de estos requisitos mínimos. La afirmación del IPCC al efecto de que ellos han descubierto las "huellas digitales del hombre" en el Calentamiento Moderno, fue falsa cuando Ben Santer cambió el capítulo científico en el informe del IPCC, *Climate Change 1995*, y sigue siendo falsa en la actualidad.

EL CICLO DE 1.500 AÑOS

De la evidencia física se sabe que el clima de nuestro orbe siempre pasa por ciclos, ora de calor, ora de frío. Tenemos núcleos de hielo, anillos del crecimiento de los árboles antiguos y análisis de las estalagmitas para documentar la existencia de un ciclo climático de 1.500 años de duración. Tenemos registros por satélite que muestran la variabilidad del Sol. Hemos documentado la existencia de una válvula del calor climático sobre el Pacífico que sirve para impedir que el planeta se sobrecaliente.

Las distintas regiones del planeta responden a diversos subciclos como lo son la Oscilación del Atlántico Norte, la Oscilación del Hielo Marino en el Ártico, la Oscilación Decadal del Pacífico y la Oscilación Meridional El Niño. Todo ello hace del proceso de pronosticar el clima uno que es sumamente complejo, difícil y posiblemente hasta peligroso. De haber actuado sobre los temores del enfriamiento global en los años 70, nos hubiéramos preparado precisamente para lo opuesto de lo que hemos experimentado en el clima.

En una presentación meteorológica reciente, difundida por una estación de televisión en Cleveland, estado de Ohio, participaron meteorólogos de las cuatro teledifusoras de la ciudad.[499] Mark Johnson, de la estación WEWS-TV, dijo que, "¿Me vas a decir que puedes pronosticar el cambio climático basado en 100 años de datos, para una roca que lleva 6 mil millones de años?" Mark Nolan, de WKYC-TV, opinó que la Tierra tiene unos períodos en que se calienta y otros períodos en que se enfría, y que es una locura fundamentarse en datos a corto plazo para formular las políticas a largo plazo. "No sé cuál declaración es más altanera: el pensar que causamos [el calentamiento global], o que podemos arreglarlo," dijo. Don Johnson, meteorólogo de televisión ya retirado que sirvió de moderador, observó que en sus tratos con otros meteorólogos por todo el país, "un 95 por ciento" comparten sus dudas acerca de los pronósticos del calentamiento global causado por el hombre.

Nadie ha podido distinguir entre el calentamiento natural y el calentamiento causado por el hombre, salvo en términos cronológicos: la mayor parte del calentamiento posterior al 1850 vino antes de 1940 y por ello no puede achacarse legítimamente al CO_2 emitido por el hombre. Hay que suponer que el ciclo de 1.500 años ha seguido funcionando desde 1940 y que éste puede ser responsable también de parte del calentamiento posterior a 1940. La lógica dictamina que con toda probabilidad no podemos culpar al hombre por más de la mitad del calentamiento visto desde entonces—a lo sumo.

Puesto que las regiones industrializadas han visto la gran mayoría del

---

[499] Según informe de S. Suttell, "Los meteorológos se muestran fríos ante la tesis del calentamiento global," *Crain's Cleveland Business*, 25 de marzo de 2007.

calentamiento, puede ser que lo que enfrentamos sea un calentamiento de extensión local y limitado a la superficie, llevado principalmente por las islas de calor urbano y por los cambios en la modalidad del uso de los terrenos y, una vez más, no por el CO_2 emitido por el hombre. Sin embargo, sí parece prudente suponer que el hombre sea responsable de agravar el calentamiento actual en cierto grado pequeño.

Lo que no parece prudente es detener las tecnologías críticas para la humanidad, basado apenas en un modesto calentamiento y en una débil teoría. En particular cuando los pronósticos anteriores que emanan de esta teoría, tales como un fuerte calentamiento que se ha pronosticado durante largo tiempo para el Ártico y para la Antártida, no se hayan convalidado.

EL PORVENIR DE LA TEORÍA DEL INVERNADERO

En comparación con la contundente cantidad de datos y de teoría que apoyan el ciclo climático de 1.500 años, la tesis del invernadero luce penosamente floja. Pero lo del "calentamiento global" causado por el hombre persiste en la mente del público, merced a la potente combinación de los ONG con las investigaciones subvencionadas por los Estados y con los políticos dispuestos a complacer a un público mal informado. Aquellos que reconocen las señales del ciclo climático, natural y moderado, de 1.500 años de duración, carecen de grupos de presión y poseen escasos recursos.

El movimiento ambientalista podrá hallarse algo pasado de su punto de máxima influencia, pero sigue recibiendo puntuaciones altas en las encuestas de la opinión pública. Están dedicados no solamente a hacer que nuestra sociedad se sienta culpable por su abundancia y por su materialismo, sino también a aprovecharse de las poderosas palancas del Estado para obligarnos a adoptar el modo de vida que ellos juzgan ser el mejor.

La mayoría de los periodistas de los medios de comunicación principales se han comprometido con la causa del ambientalismo. Ésta apela a su sentido de superioridad y les da una fuente inagotable de noticias espeluznantes para la primera plana y para los telediarios. ¿De qué otro modo pueden los periodistas generar informes de primera plana, en un mundo donde la vida del hombre sigue alargándose, el hambre se va conquistando y el espectro de la destrucción mutua de la Guerra Fría ha desaparecido? Aun en las guerras de la actualidad (contando la guerra contra el terrorismo), el saldo de muertos se cuenta en los miles y no en los millones.

La comunidad investigadora del clima ha llegado a depender enormemente de los miles de millones de dólares al año en subvenciones estatales para la investigación que la campaña del calentamiento global le genera. Miles de doctorados se han otorgado, cientos de proyectos de investigación se han emprendido, y docenas de revistas científicas han sido fundadas para publicar los resultados de todas estas investigaciones del clima.

Si el público de repente quedara convencido de la existencia del ciclo natural y moderado de 1.500 años de duración, sería aplastante el impacto que resultara sobre los donativos y sobre las subvenciones de los grupos ambientalistas, así como sobre la reputación de los periodistas que escriben los reportajes tremebundos acerca del calentamiento global. Además resultaría en una carestía profesional para numerosas facultades universitarias, para los laboratorios estatales y para divisiones enteras de la NASA y de la EPA.

Ciertamente habrá una cantidad de eventos "calientes" y de desastres meteorológicos que pudieran atribuirse al calentamiento global, suficiente como para mantener el tema vigente en los medios de comunicación. Más allá de lo cual, en cualquier momento podría suceder un salto súbito en las temperaturas para reanimar la presión intensa de "hacer algo." En el calor del momento, ese "algo," ¿pudiera ser la segunda fase del Protocolo de Kioto?

EL PORVENIR DEL PROTOCOLO DE KIOTO

Actualmente parecería apenas posible el que las mayorías en los países ricos renunciaran voluntariamente a su modo de vida, que tanto depende de los energéticos. Nuestros hogares y nuestros sitios de trabajo gozan cada vez más de climas interiores controlados, los que dependen de la energía suministrada por los combustibles fósiles. Nuestras sociedades y nuestros comercios están formulados en torno a la movilidad personal que los automóviles nos proporcionan, con híbridos de gasolina y electricidad, más eficientes, vislumbrados en el horizonte. Hasta nuestras sesiones de ejercicios tienen lugar, cada vez más, dentro de edificios con el aire acondicionado. En vez de salir a la intemperie para ir de excursión, para montar en bicicleta o para escalar rocas, tenemos gimnasios donde podemos sudar en comodidad y a conveniencia propia, para luego poco después darnos duchazos con agua que ha sido calentada por el uso intensivo de los energéticos.

Al observar la experiencia de California con los apagones en rotación en el año 2000, parece poco probable el que los gobiernos elegidos por los procesos democráticos vayan a imponer los requisitos de la fase segunda de Kioto para pasar radicalmente al proceso de la estabilización del CO_2. Ningún presidente ni senador estadounidense va a querer poner en peligro de tal modo ni a su partido ni su perspectivas de salir reelegido.

El cambio reciente en el control del Congreso estadounidense, de los republicanos a los demócratas, es probable que no vaya a producir cambios en la posición norteamericana en torno a Kioto. Bárbara Boxer, senadora por California, exige leyes estrictas contra el CO_2, mientras que John Dingell, representante por Michigan, labora por poner trabas a estas medidas. El presidente Bush se reserva el poder del veto.

Aun si el Congreso tomara medidas fuertes, la respuesta del público a un alza repentina del precio de los energéticos y a la pérdida de las fuentes de energía, podría provocar una reacción rápida y estruendosa. Lo mismo ha sucedido muchas veces en el pasado y es muy probable que vuelva a suceder en nuestro futuro energético.

No parece haber gran apetito para instituir disminuciones verdaderas en el consumo de los combustibles fósiles, ni siquiera en aquellos países de Europa occidental que más sonoramente han llamado a "hacer algo" acerca del calentamiento global. Los ministros de economía en Europa pelean con los ministros del medio ambiente en torno a la cuestión de si se debe actuar sobre el CO_2 y de qué manera, pero ningún país europeo ha disminuido sus emisiones en grado notable desde que se firmara el Protocolo de Kioto. Por ejemplo, la propuesta actual de Alemania consiste en una reducción del 0,5 por ciento para el 2012.

Los gobiernos de China y de la India están firmes en extender las redes de electricidad y los suministros de combustibles, no a disminuirlos. Los países del Primer Mundo todos sentirán inquietud por la posibilidad de que se trasladen más empleos al Tercer Mundo, lo que pudiera suceder de limitarse el acceso a la energía en el Primer Mundo.

Cualquier tratado nuevo relativo al cambio climático deberá al menos dar tributo retórico a las obligaciones de los países en vías de desarrollo, aunque no es probable que pueda obligarlos de veras a disminuir las emisiones. Al contrario, el próximo Protocolo de Kioto podría verse enmarcado por el concepto de la "contracción y convergencia" que ha cobrado popularidad en los círculos ambientalistas europeos. La idea consiste en que cada ser humano sobre el planeta tiene derecho a emitir la misma cantidad de dióxido de carbono y que, por lo tanto, los ciudadanos de los países en vías de desarrollo recibirían el mismo cupo de emisiones que los ciudadanos de los países industrializados. Éstos tendrían el privilegio de comprar los derechos a las emisiones que no se hayan utilizado, de los que no puedan emplear todo el cupo que se les haya asignado. En otras palabras, el mundo presenciaría una enorme transferencia de dinero, de los países desarrollados a los países en desarrollo.

La ONU se sentiría extática. Los miles de millones de dólares sobornados mediante el programa de la ONU del Petróleo por Alimentos en Irak, serían poco en comparación con lo que sucedería al convertir la ONU en la "junta de racionamiento" de los energéticos del mundo. Pero, ¿acaso este "hijo de Kioto" pudiera ser más eficaz para reducir las emisiones de los gases de invernadero, que el primer Protocolo de Kioto? Es muy poco probable. Sin embargo, sí terminaría por enriquecer a los defensores de la teoría del invernadero y por alargar sus carreras.

LOS COSTOS REALES DE PROLONGAR
LAS RESTRICCIONES SOBRE EL CO_2

Un esfuerzo prolongado tipo Kioto permitiría a los profesionales del calentamiento global seguir recaudando sus miles de millones de dólares anuales para realizar sus estudios y para fomentar el miedo. Además lograría evitar una lucha sin cuartel entre los Verdes y los que no creen en eso del calentamiento global causado por el hombre, los que probablemente sean más numerosos pero que no tienen interés especial en los enfrentamientos. Esta política de prolongación, sin embargo, conllevaría grandes inconvenientes, más allá de los miles de millones de dólares que seguirían derrochándose en aquellos modelos climáticos tan poco realistas.

Una estrategia de prolongación de Kioto negaría al mundo el crecimiento económico que no sólo podría resultar, sino que resultaría, si sus cuantiosas reservas de carbón y de hidrocarburos de baja calidad se quemaran en sistemas limpios de alta eficiencia y alta tecnología, como por ejemplo la gasificación del carbón. El carbón es el combustible fósil de mayor abundancia y actualmente proporciona una mitad de la electricidad en EE.UU. Según la Agencia de Información de los Energéticos, el mundo contiene alrededor de un billón de toneladas de reservas conocidas. Ello equivale a unos doscientos años de consumo a los niveles recientes. Estados Unidos, Rusia y posiblemente Ucrania poseen las mayores reservas, pero China, Australia, Alemania y Sudáfrica también tienen grandes depósitos de carbón—todos ellos situados fuera del Medio Oriente.

El mundo además goza de cantidades colosales de bitumen. Esta es una mezcla, parecida al alquitrán, de hidrocarburos de petróleo que, al mezclarlos con pequeñas cantidades de agua y de emulsor para crear una lechada, puede emplearse como combustible para las centrales eléctricas. Venezuela tiene el equivalente de 270 mil millones de barriles de reservas recuperables de bitumen, una cantidad mayor que las reservas probadas de petróleo que tiene Arabia Saudita (240 mil millones de barriles). China ya lo está comprando.

La provincia canadiense de Alberta dice que el total de sus reservas de arenas asfálticas y de petróleo no recuperables con la tecnología actual, pudiera alcanzar los 2,5 billones de barriles. Actualmente, el consumo mundial de petróleo es de unos 30 mil millones de barriles al año.

El esquisto bituminoso ofrece la posibilidad de proporcionar billones de barriles de un combustible parecido al petróleo. Las tecnologías modernas de recuperación son costosas porque precisan de alto calor y de maquinarias para triturar la roca. ¿Sería posible que un sistema biológico de recuperación, basado en bacterias modificadas con técnicas de manipulación genética, pudiera recuperar este recurso químico a un precio módico? En un mundo que intentara evitar el CO_2, ¿hasta habría alguien que se propusiera buscar un adelanto de tal envergadura?

Si el CO_2 no está causando un calentamiento global peligroso, no hay motivo alguno para no servirse del carbón, del esquisto bituminoso y de las arenas asfálticas. Estos recursos deben utilizarse con cuidado y dentro de sistemas de quema limpia para mantener al mínimo la contaminación del aire, pero no es sabio dejarlos en el suelo para las generaciones venideras que posiblemente no tengan mayor uso para ellos que el que nosotros tenemos para el, antaño muy estimado, aceite de ballena. En una sociedad humana que todavía carece de un sustituto eficaz para los combustibles fósiles, una reserva de trescientos años de combustibles fósiles de calidad inferior podría ser inmensamente importante.

Imagínese unos Estados Unidos donde solamente se le permitiera conducir su coche dos días al mes; donde el acondicionamiento de aire estuviera prohibido para los hogares y en las oficinas; donde no hubiera refrigeradores eléctricos ni tampoco fábricas de hielo consumidoras de combustibles fósiles. Imagínese la Franja del Sol, evacuada por el calor y la humedad: ¿cuántas inversiones comerciales e industriales se volverían inútiles? ¿Cuántas miles de muertes sufriríamos, nada más por las intoxicaciones alimentarias porque los comestibles no pudieran refrigerarse? ¿Cuántos morirían a causa de la falta de los equipos de diagnóstico de alta tecnología que hoy día funcionan con la electricidad?

¿Cuántos millones de hogares que apenas subsisten en los "sitios calientes" de la biodiversidad de mundo, podrán seguir cazando los animales en peligro de extinción, o despejando las tierras ricas en especies y muy susceptibles a la erosión para conducir la agricultura de bajo rendimiento, o quemando millones de árboles, que no van a volver a sembrar, para la cocina y la calefacción? ¿Cuántas mujeres pobres perecerán por la contaminación del aire casero, que es mucho más perjudicial para los pulmones que el hábito de fumar una cajetilla de cigarrillos al día?

ADAPTACIÓN AL CAMBIO CLIMÁTICO

La fase de calentamiento del ciclo climático de 1.500 años traerá consigo algunos cambios moderados en las temperaturas globales. Las temperaturas de verano sólo aumentarán ligeramente, en promedio. Las noches de invierno serán menos frías en las zonas templadas, pero la mayor parte de las personas seguirá necesitando de sus sistemas de calefacción.

Millones de norteamericanos ya han participado voluntariamente de este "calentamiento global," al mudarse a las regiones del sur y del suroeste del país, recién acondicionadas de aire. El cambio climático que ellos han experimentado es tan grande como el que la mayoría de los habitantes del mundo puede anticipar *durante los próximos varios siglos*, y les encanta. Eso sí, habrá oleadas de calor incómodas, tal y como las hay hoy en día.

Más cerca de la línea del ecuador, es probable que se produzca cierto cambio en los patrones de la lluvia y de las sequías. Habrá sequías en los siglos XXI a XXIII, algunas de ellas prolongadas. Pero la evidencia física muestra que siempre hay sequías, algunas de ellas extensas, sea la tendencia en el clima hacia el calor o hacia el frío.

No es posible proteger todas las regiones de las desventajas que los cambios en el clima acarrean. Lo que sí es posible es utilizar la tecnología para adaptarnos, con cambios menos radicales en nuestras vidas que los que experimentaron los infortunados noruegos que sucumbieron al frío o al hambre en Groenlandia, o los mayas que tuvieron que irse de las ciudades para subsistir en la jungla abrasada por las sequías. Quedaremos mucho mejor que los eslavos y los escoceses que fueron desplazados de sus fincas en tierras altas para vagar desposeídos durante la Pequeña Edad de Hielo, cuando, a no ser en la agricultura, prácticamente no había empleos para nadie.

La producción de alimentos cambiará durante los cambios climáticos, pero nuestra agricultura de alto rendimiento asegurará el suministro adecuado de los comestibles. Podremos fácilmente transportar los alimentos a las ciudades que no puedan sustentarse de otro modo. De hecho, esto ya se hace. Podríamos invertir en la desalinización del agua de mar para las ciudades situadas en los litorales, como Los Ángeles y San Diego, así como mejorar el reciclaje de las aguas de desecho en todas las ciudades.

Donde surjan las sequías bien serias, es posible que sea necesario adoptar la solución de los mayas: la gente pudiera tener que mudarse. Ello no resulta tan difícil en nuestra época, especialmente con los pagos estatales de ayuda de emergencia. La gente que no sufra sequías prolongadas y extremas son lo suficientemente ricas como para poder ayudar a las víctimas, tal y como los contribuyentes dieron auxilio a las víctimas del Huracán Katrina por el litoral estadounidense del Golfo de México en el 2005.

El mensaje que nos dan los núcleos de hielo es claro: el calentamiento global es algo natural e imparable y no será ni mucho menos tan peligroso como lo es el histerismo del público sobre él.

AMBIENTALISMO HUMANITARIO

En un futuro indeterminado, alguna generación venidera, que habrá sobrevivido amenazas reales como lo son el terrorismo internacional y las armas de destrucción masiva, podrá recordar este episodio en la historia del hombre como un histerismo transitorio que por breves momentos tuvo en sus garras a gran parte de Occidente. Para entonces, los combustibles fósiles puede que se encuentren casi agotados, con el costo de los energéticos contenido merced a la energía nuclear o al desarrollo de tecnologías energéticas que todavía están por descubrirse.

La preocupación mayor de ese tiempo futuro es probable que vaya a ser la Edad de Hielo que viene acercándose a medida que nuestro benigno período interglacial llega a su fin. Más que nunca antes, los conceptos clave serán "aislar los edificios," "adaptarse" y "cultivar más alimentos en terrenos menores," para dejar más espacio para los seres humanos y para la fauna que serán desplazadas hacia el ecuador por los mantos de hielo, de una milla de profundidad, que avanzarán por el medio de Chicago.

Los autores

S. Fred Singer es un físico investigador del clima que ha cobrado renombre internacional por sus trabajos en asuntos climáticos, de los energéticos y del medio ambiente. Es profesor emérito de las ciencias ambientales en la Universidad de Virginia y actualmente sirve como Distinguido Profesor Investigador en la Universidad George Mason. Además es presidente del Science & Environmental Policy Project (Proyecto para la ciencia y la política ambiental), un organismo de investigación sin fines de lucro fundado por él en 1990.

El Dr. Singer fue decano fundador de la Escuela de las Ciencias Ambientales y Planetarias en la Universidad de Miami, primer director del Servicio Nacional de Satélites Meteorológicos de EE.UU., y además sirvió durante cinco años en el cargo de vicepresidente del Comité Asesor Nacional de EE.UU. sobre los Océanos y la Atmósfera.

Es autor o redactor de más de una docena de libros o monografías, entre ellos *Global Climate Change* ("El cambio climático global;" 1989) y *Hot Talk, Cold Science: Global Warming's Unfinished Debate* ("Discusión acalorada, ciencia fría: El debate inconcluso sobre el calentamiento global;" 1997), así como *Climate Policy—From Rio to Kyoto* ("La política climática desde Río hasta Kioto;" 2000).

El Dr. Singer ha publicado más de cuatrocientos informes técnicos en revistas dedicadas a las ciencias, a los estudios de la economía y a la política pública. Recientemente fue coautor de una serie de informes revisados inter pares que hacen enfoque en las diferencias entre los datos tomados por los termómetros terrestres y las mediciones por sobre la superficie terrestre que toman los satélites y los globos sonda de gran altitud.

El Dr. Singer realizó sus estudios de pregrado en la Universidad Estatal de Ohio y recibió su doctorado en física de la Universidad de Princeton. Vive en Crystal City, Arlington, estado de Virginia.

Dennis T. Avery ha sido asociado principal del Instituto Hudson desde 1989.

Antes de eso fue analista principal en el Departamento de Estado de EE.UU. (1980-1988), donde en 1983 recibió la Medalla de Éxito en Servicio de la Inteligencia Nacional. Además ha recibido premios del Departamento de Agricultura de EE.UU. y de la Comisión del Mercado de Futuros de EE.UU., por su desempeño excepcional.

El Sr. Avery actualmente escribe una columna dedicada a los temas del medio ambiente, la que se distribuye a los periódicos por todo el país. Sus escritos han salido en los periódicos *Wall Street Journal, Christian Science Monitor, St. Louis Post-Dispatch, Miami Herald, Seattle Times, Des Moines Register* y docenas de otros más. También ha salido en las revistas *Fortune, Forbes, The National Journal* y *The Atlantic Monthly.*

La obra de Avery, *Saving the Planet with Pesticides* and *Plastic: The Environmental Triumph of High-Yield Farming* ("Salvando al planeta con los pesticidas y el plástico: El triunfo ambiental de la agricultura de alto rendimiento"), fue editada en 1995, con una segunda edición en el 2000.

La inspiración de la presente obra vino en 1998 cuando Avery escribió un artículo para la revista, *American Outlook,* del Instituto Hudson que llevó el título, "El calentamiento global: ¿bendición para la humanidad?" El artículo ofreció la observación de que, "el Calentamiento Moderno fue uno de los períodos más favorables en la historia del hombre. Las cosechas fueron abundantes, la tasa de mortalidad disminuyó y el comercio y la industria crecieron mientras que las artes y la arquitectura florecieron." Posteriormente el artículo fue condensado y editado por *Reader's Digest* (agosto de 1999).

Avery vive con su esposa Anne en una pequeña granja en el Valle del Shenandoah, en Virginia.